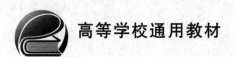

高等学校通用教材

检测技术与应用

主 编 闫 蓓

副主编 杨 波 高占宝 于劲松

北京航空航天大学出版社

内 容 简 介

本书的编写以物理参数检测为主线,以传感器敏感机理为辅线,阐述了温度检测、压力检测、流量检测、相对位移检测、速度和加速度检测、力和力矩检测的敏感机理、变换电路、测量的特点和适用的条件,以及智能传感器的关键技术和智能检测的发展等。

本书针对北京航空航天大学自动化学院本科传感器和检测类知识宽口径教学需求编写,可作为高等院校测控技术与仪器、自动化、电气工程及其自动化、机器人工程、物联网工程、工业智能等专业本科生教材,也可供从事传感器与检测技术相关领域的研究人员、工程技术人员参考。

图书在版编目(CIP)数据

检测技术与应用 / 闫蓓主编. -- 北京 : 北京航空
航天大学出版社,2024.3
ISBN 978 - 7 - 5124 - 4377 - 8

Ⅰ. ①检⋯ Ⅱ. ①闫⋯ Ⅲ. ①传感器—检测 Ⅳ.
①TP212

中国国家版本馆 CIP 数据核字(2024)第 061870 号

检测技术与应用
主 编 闫 蓓
副主编 杨 波 高占宝 于劲松
策划编辑 蔡 喆 戚 爽 责任编辑 蔡 喆 戚 爽
*
北京航空航天大学出版社出版发行

北京市海淀区学院路 37 号(邮编 100191) http://www.buaapress.com.cn
发行部电话:(010)82317024 传真:(010)82328026
读者信箱:goodtextbook@126.com 邮购电话:(010)82316936
北京时代华都印刷有限公司印装 各地书店经销
*
开本:787×1 092 1/16 印张:17.5 字数:448 千字
2024 年 3 月第 1 版 2024 年 3 月第 1 次印刷 印数:2 000 册
ISBN 978 - 7 - 5124 - 4377 - 8 定价:55.00 元

前　言

为了适应高等学校自动化专业人才"两性一度"金课建设要求,针对北京航空航天大学自动化学院平台课和跨院系选修课的需求,将教学中使用了 15 年的《传感器与测试技术基础》讲义进行了全新的整理,编写为《检测技术与应用》一书。

本书的撰写以物理参数检测为主线,以传感器敏感机理为辅线,阐述了检测技术与传感器的基本概念、工作原理、典型应用和技术发展,包括温度检测、压力检测、流量检测、相对位移检测、速度加速度检测、力和力矩检测的敏感机理、变换电路及测量的特点和适用的条件,以及智能传感器的关键技术和智能检测的发展等。

本书知识结构合理,内容全面,重点突出,工程性强,资源丰富。内容既包括物理参数测量的经典方法,也包括智能传感器新技术、新方法和新应用,注重参数检测的知识衔接、物理参数测量的基本理论、方法与工程应用和航空航天应用的结合,加强了教材的工程教育特色。本书涉及的物理参数多,编写时将传感器的敏感机理融合到物理参数的检测中,兼顾了物理参数的检测方法和传感器敏感机理,适用于宽口径素质教育的传感器平台课教学使用。

本书共 10 章,第 1 章由于劲松编写,第 3～6 章由闫蓓编写,第 2 章和第 7～9 章由杨波编写,第 10 章和全书的航空航天应用案例由高占宝编写。全书由闫蓓主编并统稿,于劲松审阅了全书。

本书在编写过程中,参考引用了诸多专家学者的论著和教材,在此一并表示衷心的感谢。检测技术内容广泛,发展迅速,由于编者学识、水平有限,书中如有错误和不妥之处,敬请读者批评指正。

编　者
2023 年 7 月

目　　录

第1章 绪 论

1.1 检测技术与传感器

1.1.1 检测的定义

检测是指在科学研究、试验、生产及社会生活等各个领域,以获得被测对象或被控对象的相关信息为目的,对某些参数进行检查和测量的操作过程,而获得的测量值可能是实时的,也可能是非实时的。检测的参数涵盖各个领域,一般被分为物理参数、化学参数和生物参数三种类型,不同类型的参数检测原理和方法不同,本书所述检测的参数指物理参数。

检测使机器、设备、控制系统、物联网系统等具有获取信息的能力,具有了类似于人类的五官和感知系统,是这些系统的信息输入通道。伟大的化学家门捷列夫说过"科学仅仅是在人们懂得了测量才开始的",没有检测和测量科学就无从谈起,可见检测技术在科研生产中的重要作用,检测技术是所有技术的基础,是物理世界通往数字世界的技术桥梁。

信息技术是当今社会先进生产力的代表,在全球广泛使用,不仅深刻地影响着经济结构与经济效率,而且对社会文化和精神文明产生着深刻的影响。信息技术是指利用电子计算机和现代通信手段实现获取信息、传递信息、存储信息、处理信息、显示信息、分配信息等的相关技术,信息技术的三大支柱是检测技术、通信技术和计算机技术。检测技术作为信息技术的核心技术之一,它的作用是扩展人获取信息的感觉器官功能,包括信息识别、信息提取、信息检测等,这类技术亦称为"传感技术"。物联网和云计算作为信息技术新的高度和形态已经被提出,物联网为当下几乎所有技术与计算机互联网技术的结合,让信息更快更准地收集、传递、处理并执行,是科技的最新呈现形式与应用。

信息技术的快速发展,促进了检测技术的发展,检测技术在工业、农业、服务业、科学研究、武器装备、航空航天及日常生活等各个领域广泛应用,先进的检测技术提高了制造业、服务业的自动化、信息化水平和劳动生产率,极大地促进了科学研究和国防建设的进步,提高了人民的生活水平。我国重大技术装备研制和工业发展的"中国梦"中,无论是系统技术最全、集成能力最强、运营里程最长、运行速度最高、在建规模最大的国家高速铁路,还是标志着顶尖建造技术的港珠澳大桥,或是在轨飞行的神州飞船,都饱含着检测技术的支持与奉献。检测技术是这些技术成就的坚实基石,它将未知物理世界的参数变换成人类可以观测的数字量值,供技术人员研究;变换为计算机可以识别的数字量,进行复杂的运算与控制。信息技术如果缺失了检测技术,将会失去信息的来源,就像一个人失去了眼睛、耳朵、鼻子等感官系统,即便拥有最强大的计算能力和控制能力,系统一旦失去输入信息,设备和机器将完全失去控制功能;同样检测技术也需要计算机技术和通信技术的支持,否则系统也枉有输入信息,缺少决策和信息通信的能力,设备和机器依旧无法正常运作。因此检测技术、计算机技术和通信技术形成一个信息技术的整体,互相促进,共同发展。

1.1.2 检测系统的结构

检测系统结构如图 1.1.1 所示,由敏感元件、调理电路、数据采集和信号分析与处理、信号显示、信号输出和信号记录等构成。检测系统的核心是传感器,由敏感元件和调理电路组成,传感器将物理量变换成为电量。有些物理参数检测时,传感器的敏感元件需要处于某种工作状态,比如谐振式测量,检测系统中还往往包含激励装置。有些物理量的检测过程比较复杂,传感器输出的电信号不能完成检测,还需要对电信号进行更复杂的运算,因此检测系统中一般会有数据采集和信号分析与处理单元,对传感器输出信号进行进一步的分析处理,完成检测任务。

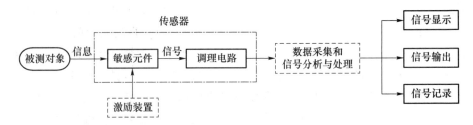

图 1.1.1　检测系统结构原理

一般情况下,一个检测系统可以独立实现一个物理参数的测量。在复杂物理参数的检测中,有多个传感器实现一个物理参数测量的情况,也存在将一个传感器的输出电信号送到多个检测系统,参与多个参数测量的情况。

传感器中敏感元件敏感被测物理量,基于敏感机理将物理量变换为电荷、电阻、电容或电感等电信号,电信号与所测的物理量之间存在线性或者非线性的关系,一般都无法直接接入控制系统或者输出显示,需要接入调理电路,实现信号的放大、调制解调、阻抗匹配等信号变换,变换为可以使用的电信号输出。敏感元件将被测物理量转换成电信号时,有时会将一类信号变换为另一类信号,此时敏感元件又称作换能器。

传感器种类繁多,复杂性差异大,调理电路的工作原理与敏感元件的换能原理密切相关,有可能调理电路简单,也可能调理电路很复杂,甚至于和敏感元件集成在一起,无法区分。

在复杂物理参数或者复杂敏感机理测试时,传感器输出的电信号还要进一步地分析,此时一般将传感器信号输入数据采集 & 信号分析处理电路,进行数据采集、特征参数提取、频谱分析、相关分析等复杂分析运算,转换为标准模拟信号、数字信号或者符合某种通信协议的信号等,接入自动控制系统或者输出显示。

显然,有些传感器自身就是一个检测系统,可将检测的物理量以一定精确度按照一定规律,转换为便于测量的和传输的信号装置,在精确度范围内,传感器的输出量与输入量具有对应关系。因此在一些国家和有些学科领域,将传感器称为检测器、探测器、转换器、变送器、自动化仪表等,这些不同叫法其内容和含义都相同或相似。

国家标准 GB/T7665—2005《传感器通用术语》中,传感器被定义为:能感受被测量并按照一定的规律转换成可用输出信号的器件或装置,通常由敏感元件和转换元件组成。其中,敏感元件是指传感器中能直接感受或响应被测量的部分,转换元件是指传感器中将敏感元件感受或响应的被测量转换成适于传输或测量的电信号部分。

1.1.3　检测、测量与计量

检测、测量、计量这些概念看起来有些相似,但实际含义不尽相同。

① "测量"以确定被测对象属性和量值为目的全部操作,例如用游标卡尺测量工件的直径,用体重秤测量体重等,通过简单的操作就可以获得量值的大小,如图1.1.2所示。

(a) 工件直径测量　　　　　　　　　　　　　(b) 体重测量

图 1.1.2　工件直径测量和体重测量

② "检测"和"测试"的含义一致,是为了获得未知参数复杂的测量,通常是指在生产、实验等现场,使用一定精度的仪器或设备对被测对象进行测量,最终获得参数的量值大小或者状态。"测试"相对于"检测"有时会侧重于试验性质的检测。从信息获取的角度来讲,完成了信息提取和信号调理变换,即从物理量到弱电量再到模拟量或者数字量的变化,例如利用动态系统的阶跃响应的回归算法测量大桥的固有频率,缆车钢索的缺陷检测等,如图1.1.3所示。

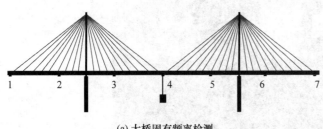

(a) 大桥固有频率检测　　　　　　　　　　　(b) 缆车钢索缺陷检测

图 1.1.3　大桥固有频率检测和缆车钢索缺陷检测实例

③ "计量"是实现单位统一和量值准确可靠的活动。计量的目的是不同的人员在不同的地方,用不同的手段测量同一量时,所得的结果一致,就要求统一的单位、基准、标准和测量器具。计量有三个特征:统一性、准确性和法制性。计量涉及整个测量领域,它对整个测量领域起指导、监督、保证和仲裁作用。计量的本质特征是测量,但又不等同于一般的测量。广义而言,计量包括单位的统一、基准和标准的建立、量值传递与跟踪、计量监督管理、测量方法及其手段的研究等。在技术管理和法制管理的要求上,计量要高于一般的测量。

中国计量认证(China Metrology Accreditation,CMA),只有取得计量认证合格证书的第三方检测机构,才允许在检验报告上使用CMA章,盖有CMA章的检验报告可用于产品质量评价、成果及司法鉴定,具有法律效力。计量值的溯源与传递和CMA认证标识如图1.1.4所示。

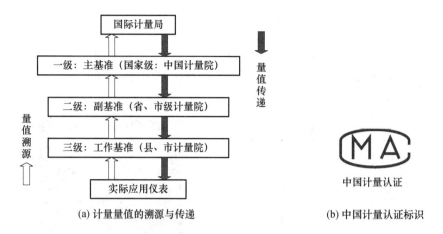

(a) 计量量值的溯源与传递   (b) 中国计量认证标识

图 1.1.4 计量量值的溯源与传递和中国计量认证标识 CMA

1.1.4 变送器

变送器是从传感器发展而来的,是输出符合国际标准信号的传感器,例如直流电流 4~20 mA、空气压力 20~100 kPa 等通用的标准信号。我国还有一些变送器以直流电流 0~10 mA 为输出信号的。变送器无论测量的是哪种参数,也不论测量的测量范围如何,经过变送器之后的输出信号都必须包含在标准信号范围内。安装在工业现场的压力变送器如图 1.1.5 所示。

图 1.1.5 安装在工业现场的压力变送器

具有统一的信号形式和数值范围的变送器,兼容性和互换性大为提高,仪表的配套也变得极为方便,在工业现场便于和其他仪表组成检测系统。无论什么仪表或装置,只要有同样标准的输入电路或接口,就可以从各种变送器获得被测变量的信息。

新一代的变送器除具有模拟传输信号外,还有可寻址远程传感器高速通道的开放通信协议(Highway Addressable Remote Transducer,HART),HART 协议使用 FSK 技术,在 4~20 mA 信号上叠加一个频率信号,成功实现了模拟信号和数字信号双向通信,而互相之间没有干扰。HART 协议使用 OSI 标准的第一层物理层、第二层数据链路层和第七层应用层。

HART 协议是一种主从协议,规定了传输的物理形式、消息结构、数据格式等一系列操作指令,HART 协议支持双主站,一对电缆线上最多可以连接 15 个从设备。物理层规定了信号的传输方法、传输介质。采用 Bell202 标准的 FSK 频移键控信号,在低频的 4~20 mA 模拟信号上叠,加一个频率数字信号进行双向数字通信。数字信号的幅度为 0.5 mA,数据传输率为 1 200 bps,1 200 Hz 代表逻辑"1",2 200 Hz 代表逻辑"0",数字信号波形如图 1.1.6 所示。

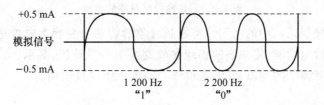

图 1.1.6 HART 数字通信信号

随着现场总线技术的进一步成熟,带有总线数字接口的智能变送器也已出现,数字信号所传输的信息要比模拟量丰富许多,除被测参数外,还有测量单位、量程、仪表厂商信息、仪表型号、工位号和自诊断故障信息,等等。

1.2 检测与控制系统

随着信息技术的飞速发展,自动控制系统已被广泛应用于各个领域。在工业领域对于冶金、化工、机械制造等生产过程中遇到的各种物理量,包括温度、流量、压力、速度、转速、振动和位置等都有相应的控制系统。在军事技术方面,自动控制的应用实例有各种类型的伺服系统、火力控制系统、制导与控制系统。在航天、航空和航海方面,除了各种形式的控制系统外,应用的领域还包括导航系统、遥控系统和各种仿真器。此外,在办公室自动化、图书管理、交通管理乃至日常生活方面,自动控制技术也都有着实际的应用。随着控制理论和控制技术的发展,自动控制系统的应用领域还在不断扩大,几乎涉及生物、医学、生态、经济和社会等所有领域。

自动控制系统千变万化,功能和结构也各不相同,但闭环控制系统基本组成均包括被控对象、控制器、执行器和检测器四个环节,如图 1.2.1 所示。系统各部分协同工作完成自动控制任务,其中控制器按照设定控制算法输出控制量,执行机构接收控制器的控制电量,输出机械位移、角度或者力矩等作用于控制对象,被控对象接收到执行结构的动作,改变被控对象的位置、运动速度、加速度或者姿态等,此时检测器检测被控对象的物理参数,变换为电量送入比较器,与自动控制系统的给定值比较,差值再送入控制器,控制器按照设定算法给出新的控制量,直至给定值与检测值的偏差趋于零,实现闭环的控制。由此可见,检测器在自控制系统中所起的作用是检测物理量的作用,相当于人体的感官系统;执行机构在系统中的作用是动作执行,相当于人体的四肢;控制器根据内置的控制算法计算并输出控制量,相当于人的大脑。自动控制系统欲实现控制功能,这三个环节缺一不可,必须相互协作才能完成控制任务。检测器的精度、特性直接影响自动控制系统的控制策略和控制指标参数,因此检测器是自动控制系统的重要组成部分。

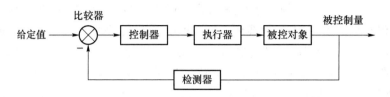

图 1.2.1　自动控制系统的组成

检测器在自动控制系统中的功用是将控制对象的物理量变换为电量送入比较器,检测器自身就具有独立的检测功能,将被测的物理参数变换为电量输出、显示、远传或者记录。检测器在控制系统外具有独立的检测功能,可以作为检测系统单独使用。

1.3　检测系统的分类

对于一种物理量的检测,选择的传感器有多种。同样,一种敏感的传感器也可以被用于多种物理量的检测。而需要检测的物理参数是无穷尽的,因此检测系统的种类繁多,分类的方法也不尽相同。

1. 按照被测的物理参数分类

按照被测量的参数分类是最常见的传感器分类方式,检测系统可以测量物理量、化学量和生物量,本书讨论的传感器仅限于物理量测量范畴。物理量检测又可以分为:温度检测、压力检测、流量检测、物位检测、位移检测、速度加速度检测、力和力矩检测等,本书是按照物理参数为主线、敏感机理为辅线来编写的。

2. 按照传感器敏感机理分类

另一种常见的分类方式是根据传感器的敏感机理分类,这是传感器研究人员所常用的分类方式,更具科学性,也有助于减少传感器的类别数,并使传感器的研究与信号调理电路直接相关。可以分为:电阻式、应变式、压阻式、压电式、热阻式、热电式、电感式、电容式、互感式、电涡流式、磁电式、霍尔式、谐振式、光电式、红外式和超声波式等。

3. 接触式和非接触式检测

根据按照检测时与被测介质是否直接接触,检测时传感器与被测介质接触完成检测的称为接触式检测,反之称为非接触式检测。例如,水银体温计测量人体温度就是接触式检测,而公共场所的红外测温仪的人体温度检测就是非接触式检测。有的检测只能是采用非接触式检测,比如高速公路行驶汽车的速度测量等。

4. 根据输入/输出关系分类

根据输入/输出信号间的动态关系,传感器可分为零阶、一阶、二阶或高阶传感器。具体的阶次与传感器中存在的储能环节有关。储能环节影响传感器的精确度和响应速度。在实时测量系统或闭环测控系统中,传感器的阶次是需要重点考虑的因素。

5. 根据输出信号类型分类

根据输出信号的类型,可以将传感器分为模拟传感器与数字传感器。模拟传感器将被测量的非电学量转换成模拟电信号,其输出信号中的信息一般由信号的幅度表达。输出为方波信号,其频率或占空比随被测参量变化而变化的传感器称为准数字传感器。由于这类信号可直接输入到微处理器内,利用微处理器内的计数器即可获得相应的测量值,因此,准数字传感器与数字电路具有很好的兼容性。

数字传感器将被测量的非电学量转换成数字信号输出,数字输出不仅重复性好、可靠性高,而且不需要模数转换,比模拟信号更容易传输。令人遗憾的是,由于敏感机理、研发历史等多方面的原因,目前实际应用的数字传感器种类非常少。市场上的许多所谓数字传感器实际上是输出为频率或占空比的准数字传感器。

检测系统分类方法的多样性,一方面表明检测器技术具有很强的跨学科性,几乎涉及现代科学各个领域;另一方面则说明检测技术本身的学科方向性较弱,甚至在严格意义上可以说不是一个学科方向。这一点可以从图 1.3.1 中看出,检测技术的相关研究几乎涵盖了从面向具体检测问题的检测系统到具体敏感机理的全部,越靠近检测系统研究工作的工程性越强,越接近敏感机理研究工作的科学性越强。

虽然检测和传感器技术经过多年的研究发展,已经有了许多共性的理论基础,但毕竟敏感机理是传感器的根本,传感器的性能受变换原理和变换方式或者构造所左右,传感器的属性不过是处于被支配地位。现实的研究状况是:由于几乎任何学科方向的原理或工艺都可能在传感器领域有所体现,传感器的研究群体中包含了各个研究领域的专家。这种现状要求传感器的研究者与应用者不仅要具备多学科的知识与工程设计能力,更要有对新的基础研究成果与新技术、新工艺的敏锐洞察力。

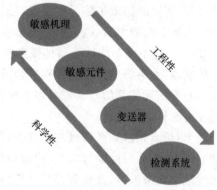

图 1.3.1　检测和传感学科特点

1.4　检测技术发展趋势

1.4.1　传感器的发展方向

传感器的核心是敏感元件,敏感机理利用物理定律和物质的物理、化学和生物特性,将非电量转换成电量,涉及多个学科领域。探索新理论、新的敏感激励现象,或者采用新技术、新工艺、新材料提高传感器的性能,实现传感器的集成化、微型化与智能化,是传感器金属的发展方向。

1. 探索敏感机理,研发新型传感器

探索新的物理现象、化学反应和生物效应,研发新的敏感机理,是研制新型传感器的前提与技术基础。例如,目前世界主要发达经济体均有不少科研机构、高技术企业投入大量人力、物力、财力,大力开展仿生技术研究和高灵敏度仿生传感器研发。可以预见,这类仿生传感器将不断问世,一旦被大量成功应用,其意义和影响将十分深远。

2. 采用新技术、新工艺、新材料,提高现有传感器的性能

由于材料科学的进步,传感器材料有更多更好的选择。采用新技术、新工艺、新材料,可提高现有传感器的性能。例如采用新型的半导体氧化物可以制造各种气体传感器,而用特种陶瓷材料制作的压电加速度传感器,其工作温度可远高于半导体晶体制作的同类传感器。传感器制造新工艺的发明与应用往往将催生新型传感器诞生,或相对原有同类传感器可大幅度提高某些指标,如采用薄膜工艺可制造出远比干湿球、氯化锂等常用湿度传感器响应速度快的湿敏传感器。

3. 研究和开发集成化、微型化、智能化与网络化传感器

① 传感器集成化主要是指把同一功能敏感器件微型化、实现多敏感器件阵列化,同一类、同规格的众多敏感元件排成阵列型组合传感器,排成一维的构成线型阵列传感器(如线型压阻传感器),排成二维的构成面型阵列传感器(如 CCD 图像传感器)。

把传感器的功能延伸至信号放大、滤波、线性化、电压/电流信号转换电路等,诸如在工业自动化领域广泛使用的压力、温度、流量等变送器,就是典型的集成化传感器,它们内部除有敏感器件外,还同时集成了信号转换、信号放大、滤波、线性化、电压/电流信号转换等电路,最终输出均为抗干扰能力强、适合远距离传输的 4～20 mA 标准电流信号。

② 通过把不同功能敏感器件微型化后再组合、集成在一起、构成能检测两个以上参量的集成传感器,此类集成传感器特别适合需要大量应用的场合和空间狭小的特殊场合,例如将热敏元件和湿敏元件及信号调理电路集成在一起的温、湿度传感器,一个传感器可同时完成温度和湿度的测量。

微米/纳米技术和微机械加工技术,特别是 LIGA(深层同步辐射 X 射线光刻、电铸成型及铸塑)技术与工艺的问世与应用,为微型传感器研制奠定了坚实的基础。微型传感器的敏感元件尺寸通常为微米级,其显著特征就是"微小",通常其体积、质量仅为传统传感器的几十分之一、几百分之一。微型传感器对航空、航天、武器装备、侦察和医疗等领域检测技术的进步和影响巨大,意义深远。

③ 智能传感器是一种带微处理器、具有双向通信功能的传感器(系统),它除具有被测参量检测、转换和信息处理功能外,还具有存储、记忆、自补偿、自诊断和双向通信功能。

④ 传感器网络是由部署在作用区域内的、具有无线通信与计算能力的微小传感器,通过自组织方式构成的能根据环境自主完成指定任务的分布式智能化网络系统。传感网络的间距很短,一般采用多跳(multi-hop)的无线通信方式进行通信。传感器网络可以在独立的环境下运行,也可连接到 Internet,使用户可以远程访问。传感器网络的每个节点除了配备一个或多个传感器之外,还装备了一个无线电收发器、微控制器和电池。2009 年我国开展"感知中国"行动,促进"无线传感网络技术"研究,这些均是对智能传感器发展方向的肯定与推动。

1.4.2　检测技术的发展趋势

随着世界各国现代化步伐的加快,对检测技术的需求与日俱增。伴随着大规模集成电路技术、微型计算机技术、机电一体化技术、微机械和新材料技术的不断进步,大大促进了检测技术的发展。目前,现代检测技术发展趋势大体有以下几个方面。

1. 拓展测量范围,提高检测精度和可靠性

随着科学技术的发展,对检测仪器和检测系统的性能要求,尤其是精度、测量范围、可靠性指标的要求愈来愈高。以温度为例,为满足某些科学实验的需求,不仅要求研制测温下限接近

0 K(−273.15 ℃),且测温范围尽可能达到 15 K(约−258 ℃) 的高精度超低温检测仪表。同时,某些场合须连续测量液态金属的温度或长时间连续测量 2 500～3 000 ℃的高温介质温度,目前虽然已能研制和生产最高上限超过 2 800℃的钨铼系列热电偶,但测温范围一旦超过 2 300℃,其准确度将下降,而且极易氧化从而严重影响其使用寿命与可靠性。因此,寻找能长时间连续准确检测上限超过 2 300 ℃ 被测介质温度的新方法、新材料和研制(尤其是适合低成本大批量生产)出相应的测温传感器是各国科技工作者多年来一直努力要解决的课题。目前,非接触式辐射型温度检测仪表的测温上限,理论上最高可达 10^5℃以上,但与聚核反应优化控制理想温度约 10^8℃ 相比还相差 3 个数量级,可见超高温检测的需求远远高于当前温度检测技术所能达到的技术水平。

随着微米/纳米技术和微机械加工技术研究与应用,对微机电系统、超精细加工高精度在线检测技术和检测系统需求十分强劲,缺少在线检测技术和检测系统业已成为各种微机电系统制作成品率十分低下、难以批量生产的根本原因。

目前,除了超高温、超低温度检测仍有待突破外,诸如混相流量、脉动流量的实时检测,微差压(几十帕)、超高压在线检测、高温高压下物质成分的实时检测等都是急需攻克的检测技术难题。

随着我国工业化、信息化步伐加快,各行各业高效率的生产更依赖于各种可靠的在线检测设备。努力研制在复杂和恶劣测量环境下能满足用户所需精度要求且能长期稳定工作的各种高可靠性检测仪器和检测系统将是检测技术的一个长期发展方向。

2. 非接触式检测技术研究

在检测过程中,传感器与被测对象接触,便可灵敏地感知被测参量的变化,这种接触式检测方法通常直接、可靠,测量精度较高。在某些情况下,因传感器的加入会对被测对象的工作状态产生干扰,而影响测量的精度。而在有些被测对象上,根本不允许或不可能安装传感器,例如高速旋转轴的振动、转矩测量等。因此,非接触式检测技术的研究愈来愈受到重视,目前已商品化的光电式传感器、电涡流式传感器、超声波检测仪表、核辐射检测仪表、红外检测与红外成像仪器等正是在这些背景下不断发展起来的。今后不仅需要继续改进和克服非接触式(传感器)检测仪器易受外界干扰及精度较低等问题,而且相信对一些难以采用接触性检测或无法采用接触方式检测的,尤其是那些具有重大军事、经济或其他应用价值的非接触检测技术课题的研究投入会不断增加,非接触检测技术的研究、发展和应用步伐将会明显加快。

3. 检测系统智能化

近十年来,由于包括微处理器、微控制器在内的大规模集成电路的成本和价格不断降低,功能和集成度不断提高,使得许多以微处理器、微控制器或微型计算机为核心的现代检测仪器(系统)实现了智能化,这些现代检测仪器通常具有系统故障自测、自诊断、自调零、自校准、自选量程、自动测试和自动分选功能,强大数据处理和统计功能,远距离数据通信和输入、输出功能,可配置各种数字通信接口,传递检测数据和各种操作命令等,还可方便地接入不同规模的自动检测、控制与管理信息网络系统。与传统检测系统相比,智能化的现代检测系统具有更高的精度和性价比。

随着现代三大信息技术(现代传感技术、通信技术和计算机技术)的日益融合,各种最新的检测方法与成果不断应用到实际检测系统中,如基于机器视觉的检测技术、基于雷达的检测技术、基于无线通信的检测技术,以及基于虚拟仪器的检测技术等,都给检测技术的发展注入了新的活力。

习题与思考题

1.1 综述并举例说明传感器与检测技术在现代化建设中的作用。

1.2 检测系统通常由哪几个部分组成?其中对传感器的一般要求是什么?

1.3 试述信号调理和信号处理的主要功能和区别,并说明信号调理单元和信号处理单元通常由哪些部分组成?

1.4 传感器有哪些分类方法?各包含哪些传感器种类。

1.5 根据被检测参量的不同,检测系统通常可分成哪几类?

1.6 传感器与检测技术的主要发展趋势有哪些?

第2章　检测技术基础知识

2.1　检测误差及其不确定度

任何测试都存在误差,误差存在于一切科学实验和检测过程中,这就是"误差公理"。研究检测误差的目的就是为了减小检测误差,使检测结果尽可能接近真值。

2.1.1　真值及检测误差

1. 真值的定义

真值是指被检测量客观存在实际具备的量值,即真实值。一般情况下真值很难准确获得,但真值是客观存在的。真值可以分为理论真值、约定真值和相对真值。理论真值又称为绝对真值,是根据科学理论知识,在量值规定的条件下,按定义确定的数值,例如在标准大气压下,冰水混合物的温度真值是 0 ℃。约定真值是指用约定的办法确定真值,约定真值充分接近真值,例如砝码的质量。相对真值是指采用高一等级的计量器具检测的值,也叫实际值,相对真值在误差检测中的应用最为广泛。

2. 检测误差

检测结果与被检测真值之差称为检测误差,即

$$检测误差＝检测结果－真值 \tag{2.1.1}$$

由于实际的检测中真值无法确定,常用约定真值或相对真值代替,因此检测误差准确值也无法得到,只能估计误差大小。

常用的检测误差有绝对误差和相对误差两种表示方法,绝对误差是检测值 x 与真值 A_0 之差,记作 Δ,即

$$\Delta＝x－A_0 \tag{2.1.2}$$

显然绝对误差具有量纲的物理量,当检测值大于真值,绝对误差为正,当检测值小于真值,绝对误差为负,表示的是测量值与真值偏差的大小。

相对误差又分为真值相对误差和示值相对误差。真值相对误差是绝对误差 Δ 与真值 A_0 之比,用百分数来表示,记作 δ_0,即

$$\delta_0＝\frac{\Delta}{A_0}\times100\% \tag{2.1.3}$$

真值相对误差计算中,真值 A_0 常常也用检测值代替,称为示值相对误差,记作 δ_x,即

$$\delta_x＝\frac{\Delta}{x}\times100\% \tag{2.1.4}$$

当检测误差比较小时,真值相对误差 δ_0 和示值相对误差 δ_x 相差不大,无需区分这两种误差;当检测误差比较大时,则两种相对误差相差悬殊,不能混淆二者,需加以区分。

在实际的检测中,常用相对误差评定精度,相对误差越小,精度越高。

2.1.2 检测误差的分类

检测误差按照误差的性质一般分为系统误差、随机误差和粗大误差。

1. 系统误差

系统误差是指在相同的条件下,对同一被检测进行多次检测,所得的误差保持定值或按一定规律变化。系统误差中保持定值的误差称为已定系统误差,在误差处理中是可被修正的;而按一定规律变化的误差称为未定系统误差,在实际检测中其方向往往是不确定的,误差估计时可归结为检测不确定度。

系统误差的来源包括检测理论和方法不完善、检测设备的基本误差、读数方法不科学以及环境误差等。

2. 随机误差

在相同的条件下,对同一被检测进行多次检测,所得误差的绝对值和符号以不可预知的方式变化,则该误差为随机误差。

引起随机误差的原因复杂多变,例如检测环境中温度、气压、湿度、振动、电磁干扰等微小变化因素都可以引起,随机误差的大小是对检测值影响微小且又互不相关多种因素的综合反应。因此,每个随机误差无规律可循,检测的次数足够多时,随机误差的总体服从统计规律,可以通过理论公式计算它对检测结果影响的大小。

3. 粗大误差

检测时明显超出规定条件下的预期值的误差称为粗大误差。粗大误差一般是由于操作人员粗心大意、操作不当或者不可控制的环境因素等造成,如检测人员读错数值、使用了发生故障的检测仪表等。对于粗大误差在数据处理时应予以剔除。

2.1.3 检测不确定度

检测不确定度是建立在概率论和统计学基础上的概念,表示由于检测误差的影响而对检测结果的不可信程度或不能确定的程度。它表示被检测参数分散性的参数,是定量描述检测结果优劣的重要指标,是指检测值在某一区域内以一定的概率分布。

不确定度数值大小通常可用标准偏差来表示,也可用标准偏差的倍数或用具有一定置信水平的置信区间的半宽度来表示。根据不确定度计算及表示方法的不同,不确定度可分为标准不确定度、合成标准不确定度和扩展不确定度。

1. 标准不确定度

标准不确定度是指用概率分布的标准偏差表示的不确定度,通常用符号 μ 表示。由于检测不确定度是由多个检测数据子样组成,各个检测数据子样不确定度的标准偏差,称为标准不确定度分量,用符号 μ_i 表示。

根据评定方法是否由统计的方法获得,标准不确定度分为 A 类标准不确定度和 B 类标准不确定度,两类不确定度评定的方法不同。A 类标准不确定度是由统计方法得到的不确定度,用符号 μ_A 表示;B 类标准不确定度由非统计方法得到的不确定度,根据资料或假设的概率分布估计的标准偏差表示的不确定度,用符号 μ_B 表示。

2. 合成标准不确定度

合成标准不确定度是由各个标准不确定度分量合成,用符号 μ_C 表示。间接检测时,检测结果是由其他若干个检测量通过函数关系计算获得,此时检测的不确定度采用合成标准不确定度,为其他量的方差和协方差相应和的正平方根。合成标准不确定度仍然是标准差,表示检测结果的分散性。这种合成方法通常被称为"不确定度传播律"。

3. 扩展不确定度

扩展不确定度由合成标准不确定度的倍数表示,用符号 U 表示,即

$$U = k \cdot \mu_C \tag{2.1.5}$$

式中 k 的取值范围为 $2\sim3$,其大小取决于检测结果的概率分布和置信水平(或置信概率),k 称作包含因子(置信因子),表 2.1.1 表示正态分布时概率与置信因子 k 的关系。

置信水平(或置信概率)通常用 p 表示,是指检测结果落在取值区间中的概率大小。取值区间又称置信区间,即被检测值以置信水平 p 落在区间 $[x-U, x+U]$ 中。因此扩展不确定度是检测结果置信区间的半宽度,U_p 表示置信水平为 p 的扩展不确定度,例如 $U_{0.95}$ 表示检测结果落在以 U 为半宽度区间的概率为 95%。

表 2.1.1　正态分布时概率与置信因子 k 的关系

概率 $p/\%$	50	68.27	90	95	95.45	99	99.73
置信因子 k	0.676	1	1.645	1.960	2	2.576	3

2.1.4　不确定度的评定

不确定度评定前首先检测数据应进行异常数据判别,然后将异常数据逐一剔除,确保不确定度计算数据都是正常的数据,再进行不确定度的评定。

1. A 类标准不确定度的评定

A 类标准不确定度评定一般采用统计的方法。在同一条件下对被检测 x 进行 n 次检测,假设每次的检测值为 $x_i (i = , 2, \cdots, n)$,则样本算术平均值 $\bar{x}$ 视为被检测量 x 的估计值,即检测结果

$$\bar{x} = \frac{1}{n} \sum_{i=1}^{n} x_i \tag{2.1.6}$$

若选用贝塞尔公式计算被检测量 x 的标准偏差,则标准偏差为

$$S(x) = \sqrt{\frac{1}{n-1} \sum_{i=1}^{n} (x_i - \bar{x})^2} \tag{2.1.7}$$

用算术平均值 $\bar{x}$ 作为检测结果的估计值,$\bar{x}$ 的标准偏差 $S(\bar{x})$ 则为检测结果的 A 类标准不确定度,μ_A 为

$$\mu_A = S(\bar{x}) = \frac{S(x)}{\sqrt{n}} \tag{2.1.8}$$

2. B 类标准不确定度的评定

当检测次数较少时,不确定度评定就不能采用统计计算的方法,此时要用 B 类方法。在工程实际中仅检测一次,甚至于不检测(依据检测仪器)就可以评定 B 类标准不确定度。B 类

标准不确定度评定不使用直接检测获得的数据,而是需要查阅以前的检测数据信息,主要信息来源包括:

- 检测仪器本次检测前类似的大量检测数据与统计规律;
- 检测仪器近期的性能指标和校准报告;
- 检测仪器技术说明书中的技术指标和参数;
- 与被检测参数值相近的标准器件对比检测获得的数据和误差。

B 类不确定度根据不同的信息来源,按照一定的换算关系进行评定,与 A 类不确定度同样的可靠。例如可以根据检测仪器近期的性能指标和校准报告等,按照置信概率 p 评估扩展不确定度 U_p,假设被检测值的概率分布,由要求的置信水平估计包含因子 k,则 B 类检测不确定度为:

$$\mu_B = \frac{U_p}{k} \tag{2.1.9}$$

例如,检定证书说明标称值为 10 Ω 的标准电阻 R 在 23 ℃时为$(10.000\ 742 \pm 0.000\ 129)$Ω,其不确定度区间具有 99%的置信水平,查表 2.1.1,$k = 2.576$,则电阻的标准不确定度为

$$\mu_B(R) = \frac{129\ \mu\Omega}{2.576} = 50\ \mu\Omega$$

B 类标准不确定度评定的可靠性取决于所提供信息的可信程度,同时应充分估计概率分布。多数情况下,只要检测次数足够多,其概率分布近似为正态分布,若无法确定分布类型时,一般假设为均匀分布,均匀分布时概率与置信因子 k 的关系见表 2.1.2 所列,例如 $p=1$ 时,置信因子 $k = \sqrt{3}$。

表 2.1.2 均匀分布时概率与置信因子 k 的关系

概率 $p/\%$	57.74	95	99	1
置信因子 k	1	1.65	1.71	1.732

3. 合成标准不确定度的评定

在间接检测时,被检测 Y 是由 N 个输入量 $x_1, x_2, \cdots, x_N$ 的函数关系 $Y = f(x_1, x_2, \cdots, x_N)$ 来确定。当输入量 x_i 互不相关且彼此独立时,不必区分各分量不确定度是由 A 类评定方法还是 B 类评定方法获得的情况下,合成标准不确定度可简化为各标准不确定度平方和的正算术平方根,由下式表示

$$\mu_C(y) = \sqrt{\sum_{i=1}^{N} \left(\frac{\partial f}{\partial x_i}\right)^2 \mu^2(x_i)} = \sqrt{\sum_{i=1}^{N} c_i^2 \mu^2(x_i)} \tag{2.1.10}$$

式中:$\dfrac{\partial f}{\partial x_i} = c_i$——灵敏系数或传播系数,是被检测 Y 对输入量 x_i 的偏导数;

$\mu(x_i)$——输入量 x_i 的 A 类或 B 类标准不确定度分量。

如果输入分量可能彼此相关时,合成标准不确定度可由下式表示

$$\mu_C(y) = \sqrt{\sum_{i=1}^{N} \left(\frac{\partial f}{\partial x_i}\right)^2 \mu^2(x_i) + 2\sum_{i=1}^{N-1} \sum_{j=i+1}^{N} \frac{\partial f}{\partial x_i} \frac{\partial f}{\partial x_j} r(x_i, x_j) \mu(x_i) \cdot \mu(x_j)} \tag{2.1.11}$$

式中:$r(x_i, x_j)$——输入量 x_i 和 x_j 的互相关系数估计值;

$r(x_i, x_j)\mu(x_i) \cdot \mu(x_j) = \mu(x_i, x_j)$——输入量 x_i 和 x_j 的协方差函数。

有关概念参阅概率论及数理统计等书籍。

若不能写出输出和输入函数关系时,合成标准不确定度由下式表示

$$\mu_C(y) = \sqrt{\sum_{i=1}^{N} \mu_i^2} \qquad (2.1.12)$$

式中:μ_i——第 i 个标准不确定度分量;

　N——标准不确定度分量的个数。

4. 扩展不确定度的评定

扩展不确定度 U 由合成不确定度 μ_C 与包含因子 k 的乘积得到,即

$$U = k\mu_C \qquad (2.1.13)$$

包含因子 k 的选择取决于检测结果的置信度,即希望检测结果以多大的置信概率落入 $y \pm U$ 的区间。扩展不确定度 U 主要用于检测结果的报告,根据被检测的检测值 y 和该检测值的不确定度,检测结果可表示为

$$Y = y \pm U \qquad (2.1.14)$$

5. 检测不确定度的评定流程

① 建立检测过程数学模型,即确定被检测 Y 和输入量 X_i 之间的关系

$$Y = f(X_1, X_2, \cdots, X_N) \qquad (2.1.15)$$

② 确定输入量的检测值 x_i,它们已包括所有系统误差影响的修正值;

③ 计算 x_i 的标准不确定度 $\mu(x_i)$,包括 A 类和 B 类评定方法;

④ 计算灵敏度系数 c_i,包括数值法、偏导法和实验法;

⑤ 确定输入量的相关性及相关系数,包括统计法或公式法。如果已确认各分量相互独立,则可不进行此步骤;

⑥ 由 x_i 计算输出量即检测结果 y 的估计值

$$y = f(x_1, x_2, \cdots, x_N)$$

⑦ 确定 y 的合成标准不确定度 $\mu_C(y)$;

⑧ 选择 k 值,确定扩展不确定度 $U = k \cdot \mu_C(y)$,估计区间 $[y-U, y+U]$ 的置信水平 p;

⑨ 报告检测结果及其不确定度。

检测不确定度反映的是对检测结果不可信程度,可以根据试验、资料、经验等信息定量评定获得具体的数值大小。但是检测不确定度不是具体的误差,不能用来修正检测值。检测误差客观存在,但其大小涉及到真值一般不能准确获得,因此是一个定性概念。

随机误差和系统误差是两种不同性质的误差,检测不确定度评定时一般不必区分其性质,A 类或 B 类标准不确定度与随机误差、系统误差之间不存在简单的对应关系,A 类和 B 类不确定度是表示两种不同的评定方法。随机误差和系统误差都可以引起不确定度,在需要区分不确定度性质的情况下,可用"由随机误差引起的不确定度分量"和"由系统误差引起的不确定度分量"两种表述方法,注意这两种方法表述的不确定度分量既可能用 A 类也可能用 B 类评定方法得到,即误差性质和评定方法之间没有对应关系。

2.2　检测数据处理

检测数据处理是对检测所获得的一系列数据进行深入的分析,找出变量之间相互影响、相

互联系的依存关系,有时需要使用数学解析的方法,推导出各变量之间的函数关系。只有经过科学的处理,才能去粗取精、去伪存真,从而获得反映被测对象的物理状态和特性的真实信息,是检测数据处理的目的。

常见的检测数据处理方法包括统计特性分析、粗大误差剔除、检测数据表述以及一元线性回归方法等。

2.2.1　检测数据的统计特性分析

检测数据总是存在误差的,而误差又包含各种因素产生的分量,如系统误差、随机误差、粗大误差等。只有通过多次的重复检测才能由检测数据的统计分析获得误差的统计特性,而仅凭一次检测或者几次检测是无法判别误差的统计特性。

但是实际的检测不可能无限次,而是有限次的,因而检测数据只能用样本的统计量作为检测数据总体特征量的估计值。检测数据处理的任务就是求得检测数据的样本统计量,得到一个既接近真值又可信的估计值以及它偏离真值程度的估计。

误差分析的理论大多数基于检测数据的正态分布,而实际检测由于受各种因素的影响,使得检测数据的分布情况复杂。因此,检测数据必须经过消除系统误差、正态性检验和剔除粗大误差后,才能作进一步处理,从而得到可信的结果。

2.2.2　粗大误差的判断和剔除

含有粗大误差的检测数据属于异常值,应予以剔除。判别粗大误差的准则很多,本书重点介绍拉依达准则和格拉布斯准则。

1. 拉依达(3σ)准则

对于服从正态分布的精度检测,某次检测数据误差大于3σ的概率仅为0.27%,为小概率事件。若检测次数为有限次,因此可将检测误差(通常用残差表示)大于3σ(或其估计值$\hat{\sigma}$)的检测数据作为坏值,判定该检测数据含有粗大误差,应予以剔除。实际使用拉依达准则的表达式为

$$|\Delta x_k| = |x_k - \bar{x}| > 3\hat{\sigma} = K_L$$

式中,x_k被疑似为坏值的异常检测值,$\bar{x}$为包含异常检测值在内的所有检测值的算术平均值,$\hat{\sigma}$为包含此异常值在内的所有检测值的标准误差估计值,$K_L = 3\hat{\sigma}$为拉依达准则的鉴别值。当实际检测的可疑数据x_k的$|\Delta x_k| > 3\hat{\sigma}$时,则认为该检测值为坏值,予以剔除。剔除坏值后,剩余的检测数据继续按照这个规则剔除坏值,直至检测数据中没有坏值。

拉依达准则简单实用,但不适合检测次数$n \leqslant 10$的情况,因为当$n \leqslant 10$时,残差总是小于3σ,拉依达准则失效。

2. 格拉布斯(Grubbs)准则

格拉布斯准则适用于小样本的检测数据,以t分布为基础用数理统计的方法推导得出,是实际工程中广泛采用的粗大误差判别准则。

当小样本检测数据中,某数据x_k的残差满足

$$|\Delta x_k| = |x_k - \bar{x}| > K_G(n, \alpha)\hat{\sigma}(x) \tag{2.2.1}$$

则该检测数据含有粗大误差,应予以剔除。

式中，x_k 为被疑似为坏值的异常检测值，$\bar{x}$ 为包含异常检测值在内的所有检测值的算术平均值，$\hat{\sigma}(x)$ 为包含此异常值在内的所有检测值的标准误差估计值，$K_G(n,\alpha)$ 为格拉布斯准则的鉴别值，n 为检测次数，α 为危险概率或者超差概率，与置信概率 P 的关系为 $\alpha = 1 - P$。

格拉布斯准则的鉴别值 $K_G(n,\alpha)$ 可以根据检测次数、超差概率等数值，查格拉布斯准则数据表（见表 2.2.1 所列）获得。

应当注意，剔除一个粗大误差后应重新计算检测数据的平均值和标准差，再进行判别，反复检验直到粗大误差全部剔除为止。

表 2.2.1　格拉布斯准则 $K_G(n,\alpha)$ 数值表

n \\ α	3	4	5	6	7	8	9	10	11	12	13
0.01	1.155	1.492	1.749	1.944	2.097	2.221	2.323	2.410	2.485	2.550	2.607
0.05	1.153	1.462	1.672	1.822	1.938	2.032	2.110	2.176	2.234	2.285	2.331

n \\ α	14	15	16	17	18	19	20	21	22	23	24
0.01	2.659	2.705	2.747	2.785	2.821	2.854	2.884	2.912	2.939	2.963	2.987
0.05	2.371	2.409	2.443	2.475	2.504	2.532	2.557	2.580	2.603	2.624	2.644

n \\ α	25	30	35	40	45	50
0.01	3.009	3.103	3.178	3.240	3.292	3.336
0.05	2.663	2.745	2.811	2.866	2.914	2.956

例 2-1　对某量进行了 15 次重复检测，检测的数据为：20.42，20.41，20.30，20.43，20.40，20.39，20.43，20.42，20.43，20.39，20.40，20.43，20.42，20.39，20.40。试判定检测数据中是否存在粗大误差（$P = 99\%$）。

解　检测数据的平均值

$$\bar{x} = \frac{1}{n}\sum_{i=1}^{15} x_i = 20.404$$

检测数据的标准偏差

$$\hat{\sigma} = \sqrt{\frac{1}{n-1}\sum_{i=1}^{n}(x_i - \bar{x})^2} = \sqrt{\frac{0.014\,96}{14}} \approx 0.033$$

第 3 个数据的残差 $|x_i - \bar{x}| = 0.104 > 3\sigma = 0.099$，根据拉依达准则可以判定，数据 20.30 为异常值，应当剔除。剔除该数据后，重新计算平均值和标准偏差

$$\bar{x}' = 20.404$$

$$\hat{\sigma}' = \sqrt{\frac{0.003\,374}{13}} \approx 0.016$$

这时剩余数据的残差 $|x_i - \bar{x}| \leqslant 3\sigma = 0.048$，即剩余数据不再含有粗大误差。

根据已知的置信概率 $P = 99\%$，也可用格拉布斯准则判定，结果相同。

2.2.3 检测数据的表述方法

检测数据通常采用表格法、图示法和经验公式法等方法表述。通过检测数据的表述,被检测的变化规律将会表现出来,以便对数据进一步分析和应用。

1. 表格法

表格法是图示法和经验公式法的基础,具有简单、方便的优点。根据检测的目的和要求,把全部检测数据列成表格,然后再进行其他的处理。表格法数据易于参考比较,同一表格内可以同时表示多个变量之间的变化关系。但是表格法具有不直观的缺点,很难从表格中观察到数据变化的趋势,如要进行更深入的分析,表格法就不适用了。

2. 图示法

图示法反映数据变化趋势更为形象直观。采用图形或曲线表示数据之间的关系,能够形象地表示数据变化的递增、递减、极值和周期性等特点。但是图示法不能进行定量的数学分析。

工程实际检测中,一般采用直角坐标系绘制检测数据的图形,也可采用对数坐标系、极坐标系等其他坐标系来描述。在直角坐标系中将检测数据描绘为曲线时,应该使曲线通过尽可能多的数据,曲线两侧数据点数目大致相等,不在曲线上的数据与曲线偏差尽量小等,最后得到一条平滑曲线。

图示法图形比例尺和坐标分度的适当选取十分重要,直接影响回归曲线是否能够真实反映检测数据的函数关系,它们的选择要具体问题具体分析,以能够表示出极值确切位置和曲线急剧变化的确切趋势为准。

3. 经验公式法

根据检测数据图示法表示各变量之间的关系,可以用与图形对应的数学公式来描述变量之间的关系,进一步分析和处理检测数据。该数学模型称为经验公式,也称回归方程。

检测数据经验公式或回归方程的建立,需要正确表达检测数据函数关系,这在很大程度上取决于检测人员的经验和判断能力,有时反复多次才能得到与检测数据接近的正确公式。由于各变量之间的关系具有某种程度的不确定性,往往只能采用数理统计的方法确定经验公式。

通常建立经验公式的步骤如下:

① 以输入的自变量作为横坐标,输出量或检测数据作为纵坐标,选择合适的坐标系、坐标的比例尺和分度,在坐标中绘制检测数据曲线。

② 对图形回归曲线进行分析,确定经验公式或回归方程的基本形式。

如果检测数据点近似为直线,一般采用一元线性回归方法(线性拟合)确定直线方程。如果检测数据关系近似为曲线,则要根据曲线的特点判断曲线类型,选择已知的数学曲线进行近似,例如双曲线、指数曲线、对数曲线、S形曲线等。

如果检测曲线特征不显著,很难判断属于何种类型,可以按多项式回归方程处理,即

$$y = a_0 + a_1 x + a_2 x^2 + \cdots + a_n x^n \tag{2.2.2}$$

多项式的次数 n 可以用差分法确定。

如果检测数据曲线可近似为某种确定类型的曲线,通过数学变换先将检测数据的曲线方程构造为直线方程,然后按一元线性回归方法处理。

例如,指数曲线的经验公式为:$\dfrac{1}{Y}=a+\dfrac{b}{X}$,令 $y=\dfrac{1}{Y}$,$x=\dfrac{1}{X}$,则原方程转化为线性方程为 $y=a+bx$。

其他形式的曲线也可以按类似的方法变换为直线,然后按照线性方程回归处理方法。

线性回归的方法有端基法、最小二乘法等,与第 3 章检测系统静态特性的线性度计算的方法类似,这里就不再赘述。但是也要根据实际的数据,选择正确的线性回归方法确定方程 $y=a+bx$,然后再变换回原曲线化的函数形式。

③ 检验所回归经验公式的准确性。将检测数据中的自变量代入经验公式,按照回归的经验公式计算回归的数值,验证回归数据与实际检测值是否一致。如果偏差比较大,说明回归经验公式存在错误,此时应寻找其他经验公式重新回归。

习题与思考题

2.1　什么是检测误差?检测误差有哪些分类方法?

2.2　为什么选用电测仪表时,不仅要考虑它的精度,还要考虑其量程?用量程为 150 V、0.5 级和量程为 30 V、1.5 级的电压表检测 25 V 的电压,应选用哪一个电压表检测合适?

2.3　请简述不确定度与误差的关系。

2.4　对某被检测进行了 10 次检测,检测值为:812.40,812.48,812.43,812.50,812.38,812.48,812.42,812.46,812.45,812.43,求被检测的最佳估计值和检测不确定度。

2.5　设间接检测量 $z=x+y$,在检测 x 和 y 时是一对一同时读数,检测数据如题表 2.1,试求 z 及其标准不确定度。

题表 2.1　检测数据

检测序号	1	2	3	4	5	6	7	8	9	10
x 读数	100	104	102	98	103	101	99	101	105	102
y 读数	51	51	54	50	51	52	50	50	53	51

2.6　测量不确定度 A 类评定方法和 B 类评定方法分别依据什么?

2.7　卡尺在测量某工件的长度时,在相同的条件下重复进行了 9 次检测,检测值为:19.3 cm,19.2 cm,18.9 cm,18.8 cm,19.0 cm,20.2 cm,19.1 cm,19.4 cm,18.7 cm,卡尺检定证书说明卡尺检定合格,其最大允许误差为 0.1 cm,请计算该工件的长度及扩展不确定度。

2.8　为什么要进行粗大误差的判断和剔除?

2.9　检测数据的表述方法有哪些?

第 3 章　检测系统特性分析

3.1　检测系统的不失真条件

　　检测系统在工作时,最基本的要求就是能够真实地反映被检测量的大小,并满足一定的精度,即实现不失真测试。检测系统实现不失真测试的条件分为时域不失真条件和频域不失真条件。如果被检测量是一个缓变量,描述检测系统的特性为代数方程,满足时域不失真条件。如果被检测量是一个快变量,描述检测系统的特性为微分方程,满足频域不失真条件。

　　被检测量是一个缓变量时,如图 3.1.1(a)所示,检测系统的输入为信号 $x(t)$,输出为信号 $y(t)$,被检测量 $x(t)$ 随时间缓慢变化,检测值 $y(t)$ 如果满足要满足不失真条件的话,必须与 $x(t)$ 同步变化,可以与 $x(t)$ 有线性的增益,以及时间的延迟 t_0,$x(t)$ 和 $y(t)$ 信号如图 3.1.1(b)所示,则时域不失真检测条件为

$$y(t) = kx(t-t_0) \tag{3.1.1}$$

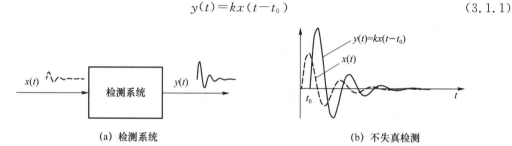

(a) 检测系统　　　　　　　　　　(b) 不失真检测

图 3.1.1　不失真检测条件

　　将式(3.1.1)进行傅里叶变换可得

$$Y(\omega) = kX(\omega)\mathrm{e}^{-\mathrm{j}\omega t_0} \tag{3.1.2}$$

则可得到系统的频响函数为

$$H(\omega) = \frac{Y(\omega)}{X(\omega)} = k\mathrm{e}^{-\mathrm{j}\omega t_0} \tag{3.1.3}$$

幅频特性和相频特性分别为

$$|H(\omega)| = k, \quad \varphi(\omega) = -\omega t_0 \tag{3.1.4}$$

式(3.1.4)即为不失真测试的频域条件,当所检测的物理量为快变量时,则需要满足频域不失真条件。

　　时域不失真条件式(3.1.1)比较容易理解,式(3.1.4)频域不失真条件有些抽象。如果将检测的过程比喻为打电话的过程,远方亲朋听到你的声音便是检测结果,如果听到的声音与你的真实声音特征一致,仅仅是声音大小和实时性有偏差的话,接听电话的人能够迅速辨别出你的声音,这便是不失真的含义。实际上听筒传出的声音与你远端发出的声音不完全相同,但是二者偏差较小,因此接听时第一时间可以判断出是谁的声音。假设电话音频传输过程中,带宽很差,通话的高频成分被过多的抑制,则你的声音变得低沉,甚至于接听电话的亲朋无法辨别,即发生了信号的失真。可见,不失真是检测值与真值偏差较小的描述,时域条件和频域条件都

是理想化的条件,实际检测都会存在一定范围的偏差,偏差值较小。

3.2 静态特性的描述和标定

3.2.1 静态特性的描述

静态特性是指被检测的物理量不随时间变化,或者随时间缓慢变化。例如超市电子秤称重和房间温度检测等,检测系统的输出量 y 与输入量 x 之间的函数关系为代数方程,如图 3.2.1(a)所示,函数形式为:

$$y = f(x) = \sum_{i=0}^{n} a_i x^i \tag{3.2.1}$$

式中:a_i——为检测系统通过静态实验标定的系数,反映了系统静态特性曲线的形态。

通常采取非线性补偿或者分段线性化等方法,将复杂输出-输入特性简化为线性约束关系,如图 3.2.1(b)所示,函数形式为

$$y = a_0 + a_1 x \tag{3.2.2}$$

此时静态特性为一条直线,a_0 为零位输出,a_1 为静态传递系数(或静态增益)。

一般检测系统的零位输出可以补偿,则系统的静态特性简化为比例输出,如图 3.2.1(c)所示,函数形式为

$$y = a_1 x \tag{3.2.3}$$

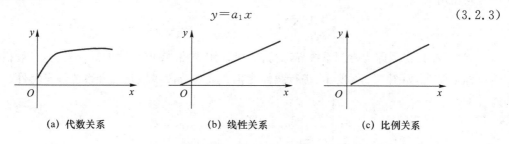

(a) 代数关系   (b) 线性关系   (c) 比例关系

图 3.2.1 检测系统的静态特性

3.2.2 静态标定

检测系统的静态标定称作静态校准,即系统静态特性实验。在实验室标准条件下,采用满足静态标定等级的仪器和设备,对检测系统进行多次重复检测,再对实验数据进行处理,从而获得检测系统静态特性。

检测系统的静态特性实验分为绝对法和相对法两种,绝对法如图 3.2.2(a)所示,被校准的检测系统直接加载标准的待检测量,记录标准量值下检测设备的输出。相对法如图 3.3.2(b)所示,被校准的检测设备加载输入量由高等级精度标准的设备检测,与被校准的检测系统检测值比对以确定测量的偏差。

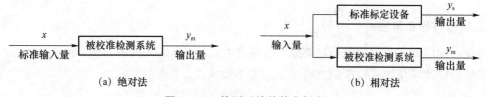

(a) 绝对法   (b) 相对法

图 3.2.2 检测系统的静态标定

3.2.3　静态标定条件

静态标定条件包括环境条件和标定设备条件。标定环境要求温度在 $15\sim25\ ℃$，湿度不大于 $85\%RH$，大气压力为 $0.1\ MPa$，无加速度、无振动、无冲击。标定设备的随机误差 σ_s 小于被标定的检测系统的随机误差 σ_m 的三分之一，即 $\sigma_s\leqslant\dfrac{1}{3}\sigma_m$；标定设备的系统误差 ε_s 小于被标定的检测系统的系统误差的十分之一，即 $\varepsilon_s\leqslant\dfrac{1}{10}\varepsilon_m$。

3.2.4　静态标定和静态特性

静态标定条件下，根据技术要求在标定的范围内，选择等分的测量点或不等分的测量点，设 n 个测量点为 $x_1<x_2<\cdots<x_n$，被测量最小值 x_{min}）为第一个测点 x_1，被测量最大值 x_{max} 第 n 个测点 x_n。依次增大输入，得到 n 个正行程输出，然后依次减小输入，得到 n 个反行程输出，标定实验共进行 m 个循环，可得到 $2mn$ 个检测数据。令 j 为重复循环实验的次数，第 j 个循环，正行程第 i 个测点记为 (x_i,y_{uij})，反行程的第 i 个测点记为 (x_i,y_{dij})。

对于检测点 x_i，有 m 个正行程的检测数据记录，有 m 个反行程的检测数据记录，该检测点的平均输出为

$$\bar{y}_i=\frac{1}{2m}\sum_{j=1}^{m}(y_{uij}+y_{dij}),\quad i=1,2,\cdots,n \qquad (3.2.4)$$

式（3.2.4）得到即为检测系统静态特性，可以用表格、图或函数来拟合表述，一般根据静态特性标定曲线，如图 3.2.3 所示，进行线性化拟合或者分段线性化拟合系统静态特性。

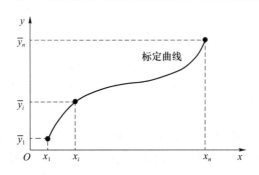

图 3.2.3　检测系统的标定曲线

3.3　主要静态性能指标及其计算

1. 测量范围和量程

检测系统的测量范围为最小被测量 x_{min} 到最大被测量 x_{max} 之间的范围，即 (x_{min},x_{max})。

量程为检测系统测量范围的上限值 x_{max} 与下限值 x_{min} 的差，即 $x_{max}-x_{min}$。

2．静态灵敏度

检测系统静态灵敏度为被测量的单位变化量引起的输出变化量,静态灵敏度记为 S,定义为

$$S = \lim_{\Delta x \to 0} \frac{\Delta y}{\Delta x} = \frac{\mathrm{d}y}{\mathrm{d}x} \tag{3.3.1}$$

检测系统静态特性如果为线性特性则静态灵敏度为常数,若静态特性为非线性,则静态灵敏度为变量,如图 3.3.1 所示,检测点 x_i 的静态灵敏度为静态特性曲线在测量点$(x_i,\bar{y_i})$的斜率。

3．分辨力与分辨率

对于标定的第 i 个检测点 x_i,若输入发生最小变化量 $\Delta x_{i,\min}$,必然能够引起输出发生变化,则 $\Delta x_{i,\min}$ 为该检测点的分辨力,如图 3.3.2 所示,该检测点分辨率为

$$r_i = \frac{\Delta x_{i,\min}}{x_{\max} - x_{\min}} \tag{3.3.2}$$

在测量范围内,各检测点的分辨力不一样,各检测点最小输入量的最大值 $\max|\Delta x_{i,\min}|$($i=1,2,\cdots,n$)为该检测系统的分辨力。检测系统分辨力的含义是在测量范围内,输入发生该量值变化时,一定能够产生输出变化,检测系统分辨率为

$$r = \frac{\max|\Delta x_{i,\min}|}{x_{\max} - x_{\min}} \tag{3.3.3}$$

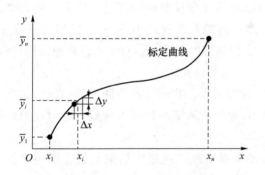

图 3.3.1　检测系统的静态灵敏度　　　　图 3.3.2　分辨力

检测系统在最小(起始)测点处的分辨力称为阈值或死区。

4．时　漂

当输入和环境温度等都保持不变时,检测系统的输出量随时间变化的现象即为时漂。是检测系统的稳定性指标,一般考察检测系统时漂的时间范围可以是一小时、一天、一个月、半年或一年等。

5．温　漂

当输入等因素保持恒定不变,仅改变外界环境温度,检测系统输出量变化的现象称为温漂,温漂分为零点温漂和灵敏度温漂。

零点温漂是检测系统零点处的温漂,反映了温度变化时零点的变化以及系统特性的平移

特性;灵敏度温漂是检测系统特性斜率漂移大小。设室温 t_1 时,检测系统的零点输出平均值为 $\bar{y}_0(t_1)$,满量程输出的平均值为 $\bar{y}_{FS}(t_1)$;在温度 t_2 保持一小时后,零点输出平均值为 $\bar{y}_0(t_2)$,满量程输出的平均值为 $\bar{y}_{FS}(t_2)$,则温漂为

$$零点温漂:\nu = \frac{\bar{y}_0(t_2) - \bar{y}_0(t_1)}{\bar{y}_{FS}(t_1)(t_2 - t_1)} \times 100\% \tag{3.3.4}$$

$$灵敏度温漂:\beta = \frac{\bar{y}_{FS}(t_2) - \bar{y}_{FS}(t_1)}{\bar{y}_{FS}(t_1)(t_2 - t_1)} \times 100\% \tag{3.3.5}$$

6. 测量过程的精密度、准确度、精确度

（1）精密度

精密度又称精密性,指在一定条件下进行多次检测时,检测结果之间的符合程度或者离散程度,一般用随机不确定度来表示。精密度表示的是检测再现性,精密度是准确度的重要组成部分,是保证准确度的先决条件,但是高的精密度不一定能保证高的准确度,测量精密度不好就不可能有好的准确度。反之,测量精密度好,准确度也不一定好,这种情况表明测定中随机误差小,但系统误差较大。

精密度用重复测量的过程来估计,可用一个样本的重复结果,或由许多样本所得的信息合并在一起来估计精密度。

（2）准确度

准确度又称准确性,指在规定的实验条件下多次测定的平均值与真值相符合的程度,表示测量中的系统误差大小。从测量误差的角度来说,准确度所反映的是测量中所有系统误差的综合。准确度高,不一定精密度高。也就是说,测得值的系统误差小,不一定随机误差亦小。反之,精密度不好,当测定次数相当多时,有时也会得到好的准确度。对于一组理想的检测值,既要求精密度好,又要求准确度好。

在工程应用中引入准确度等级概念,用符号 G 来表示。我国工业检测仪器（系统）精度等级常用的有七个:0.1、0.2、0.5、1.0、1.5、2.5、5.0,为检测系统测量范围的最大绝对误差的绝对值与测量范围比值的百分数。

例如,量程为 4～20 mA 的压力检测系统,如果测量范围内最大的绝对误差的绝对值为 $|-16.8\,\mu A|$,则最大的相对误差为

$$\gamma_{max} = \frac{|-16.8 \times 10^{-6}|}{(20-4) \times 10^{-3}} \times 100\% = 0.105\%$$

0.105% 不是标准等级精度值,在 0.1 级和 0.2 级之间,按照选大不选小的原则,该压力传感器精度等级 G 为 0.2 级。

（3）精确度

精确度简称精度,指被测量的测得值之间的一致程度以及与其"真值"的接近程度,即是精密度和准确度的综合概念。从测量误差的角度来说,精确度是测得值的随机误差和系统误差的综合反映。

对于测量结果,若已修正了所有已定系统误差,则精确度也可用不确定度来表示。

如果将检测系统检测的过程视作打靶,测量的真值为靶心,而射击者打靶的弹着点为检测系统的测量值,如图 3.3.3 所示弹着点的三种分布情况说明了精密度、准确度、精确度三个不

同概念的含义。图 3.3.3(a)中弹着点虽然偏离靶心较远,但是弹着点非常集中,说明分散性小,检测的再现性好,检测的精密度高,但是精度较低;图 3.3.3(b)中每一个弹着点分散且偏离靶心远,但是弹着点均布于靶心的四周,弹着点的几何平均值非常接近靶心,说明测量的准确度高,但精密度低;图 3.3.3(c)中弹着点集于靶心,密集且分散性小,距离靶心几何距离很近,因此精密度、准确度都高,精度也高。

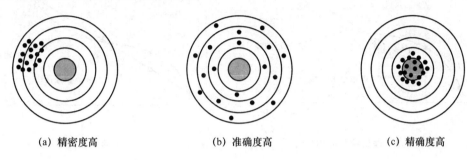

(a) 精密度高   (b) 准确度高   (c) 精确度高

图 3.3.3　弹着点和检测值

7. 线性度

检测系统的静态特性一般是一条曲线,为了简化线性输入、输出关系,一般采用非线性校正和分段线性化的方法,将输入输出关系理想化为一条直线,这条直线称作参考直线,根据检测系统的静态特性输入输出特点,参考直线理想化的方法各不相同。参考直线与实际检测系统的静态校准曲线存在偏差,实际特性曲线与该线性关系不吻合程度的最大值就是线性度。

如图 3.3.4 所示,设检测系统的满量程输出为 y_{FS},参考直线的斜率为 B,则 $y_{FS} = |B(x_{max} - x_{min})|$。令 $\Delta y_{iL} = \bar{y}_i - y_i$ 为第 i 个校准点的非线性偏差,是第 i 个校准点平均输出与参考直线输出的偏差,$\Delta y_{Lmax} = \max|\Delta y_{iL}|$ 是 n 个检测点中最大的偏差绝对值,则线性度为

$$\xi_L = \frac{|\Delta y_{Lmax}|}{y_{FS}} \times 100\% \qquad (3.3.6)$$

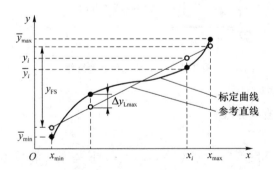

图 3.3.4　线性度

参考直线理想化的方法不同,则确定的参考直线就不同,常用的线性度的计算方法有以下四种:

(1) 理论线性度

理论线性度又称绝对线性度,参考直线为通过坐标原点和满量程输出点,即(0,0)和 $(x_{max}, \bar{y}_{max})$,以理论直线为参考直线计算的线性度为理论线性度,如图 3.3.5 所示。

（2）端基线性度

参考直线为标定实验的起始点和满量程点的连线,即$(x_{min},\bar{y}_{min})$和$(x_{max},\bar{y}_{max})$端点,以端基直线为参考直线计算的线性度为端基线性度,如图 3.3.6 所示。

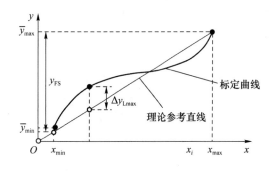

图 3.3.5　理论参考直线

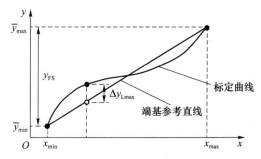

图 3.3.6　端基参考直线

端基直线一般存在最大正偏差 Δy_{Pmax} 与最大负偏差 Δy_{Nmax},偏差的绝对值不相等。如果将端基直线平移 $\frac{1}{2}(\Delta y_{Pmax}+\Delta y_{Nmax})$,则最大正、负偏差绝对值相等,最大的偏差绝对值为

$$\Delta y_{Lmax}=\frac{1}{2}(\Delta y_{Pmax}-\Delta y_{Nmax}) \tag{3.3.7}$$

以平移端基直线为参考直线,计算的线性度为平移端基线性度,如图 3.3.7 所示。

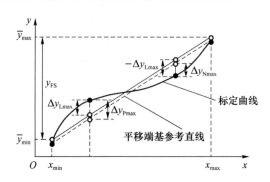

图 3.3.7　平移端基参考直线

（3）最小二乘线性度

设静态特性的拟合直线方程为

$$y=a+bx \tag{3.3.8}$$

如果该直线满足与 n 个标定点$(x_i,\bar{y}_i)(i=1,2,\cdots,n)$偏差平方和最小,则该参考直线称最小二乘直线,得到的线性度为最小二乘线性度。其中第 i 个测点的偏差为

$$\Delta y_i=\bar{y}_i-y_i=\bar{y}_i-(a+bx_i) \tag{3.3.9}$$

则偏差平方和为

$$J=\sum_{i=1}^{n}(\Delta y_i)^2=\sum_{i=1}^{n}[\bar{y}_i-(a+bx_i)]^2 \tag{3.3.10}$$

令 $\frac{\partial J}{\partial a}=0,\frac{\partial J}{\partial b}=0$ 可以得到最小二乘法最佳 a,b 值,分别为

$$a = \frac{\left(\sum_{i=1}^{n} x_i^2\right)\left(\sum_{i=1}^{n} \bar{y}_i\right) - \left(\sum_{i=1}^{n} x_i\right)\left(\sum_{i=1}^{n} x_i \bar{y}_i\right)}{n \sum_{i=1}^{n} x_i^2 - \left(\sum_{i=1}^{n} x_i\right)^2} \tag{3.3.11}$$

$$b = \frac{n \sum_{i=1}^{n} x_i \bar{y}_i - \left(\sum_{i=1}^{n} x_i\right)\left(\sum_{i=1}^{n} \bar{y}_i\right)}{n \sum_{i=1}^{n} x_i^2 - \left(\sum_{i=1}^{n} x_i\right)^2} \tag{3.3.12}$$

将 a 和 b 代入式(3.3.9)则可得到最小二乘的拟合直线,进而求出最小二乘线性度。

(4) 独立线性度 ξ_{Ld}

"最佳直线"的线性度,又称最佳线性度。最佳直线是以此直线作为参考直线时,得到的最大偏差最小。

8. 符合度

符合度与线性度的概念类似,当静态特性标定特性拟合为曲线时,输入输出为代数形式,实际静态特性与代数形式的相对偏差就是符合度。

9. 迟　滞

由于检测系统内部磁性材料的磁滞,机械结构的摩擦和间隙等原因,检测系统在正、反行程在同一个测量点的输出不一致,这一现象就是"迟滞",如图 3.3.8 所示。对于第 i 个检测点,其正行程输出的平均校准点为

$$\bar{y}_{ui} = \frac{1}{m} \sum_{j=1}^{m} y_{uij} \tag{3.3.13}$$

反行程输出的平均校准点为

$$\bar{y}_{di} = \frac{1}{m} \sum_{j=1}^{m} y_{dij} \tag{3.3.14}$$

正、反行程的偏差绝对值为 $\Delta y_{iH} = |\bar{y}_{ui} - \bar{y}_{di}|$,则迟滞为

$$(\Delta y_H)_{max} = \max(\Delta y_{iH}), \quad i = 1, 2, \cdots, n \tag{3.3.15}$$

迟滞误差为

$$\xi_H = \frac{\frac{1}{2}(\Delta y_H)_{max}}{y_{FS}} \times 100\% \tag{3.3.16}$$

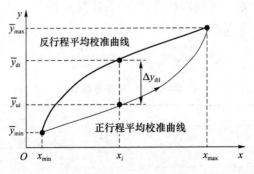

图 3.3.8　迟　滞

10. 非线性迟滞

非线性迟滞是表征检测系统正行程和反行程标定曲线与参考直线不一致或不吻合的程度,如图 3.3.9 所示。

对于第 i 个测点,非线性特性输出为 y_i,则正、反行程输出的平均校准点非线性参考输出的偏差绝对值较大者就是该检测点的非线性迟滞,即

$$\Delta y_{i\text{LH}} = \max(|\bar{y}_{ui} - y_i|, |\bar{y}_{di} - y_i|) \tag{3.3.17}$$

各检测点最大的非线性迟滞为系统的非线性迟滞,为

$$(\Delta y_{\text{LH}})_{\max} = \max(\Delta y_{i,\text{LH}}), \quad i = 1, 2, \cdots, n \tag{3.3.18}$$

非线性迟滞误差为

$$\xi_{\text{LH}} = \frac{(\Delta y_{\text{LH}})_{\max}}{y_{\text{FS}}} \times 100\% \tag{3.3.19}$$

11. 重复性

重复性是重复检测一致性的指标,例如系统第 i 个测点,多次重复正行程或反行程检测时,得到的检测值大小具有随机性,如图 3.3.10 所示,用检测过程的标准偏差 s 来计算,标准偏差的计算方法有极差法和贝塞尔法。

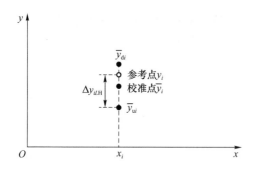

图 3.3.9　非线性迟滞

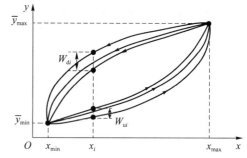

图 3.3.10　重复性

(1) 极差法

设第 i 个测点正行程为 W_{ui},反行程极差为 W_{di},如下:

$$W_{ui} = \max(y_{uij}) - \min(y_{uij}), \quad j = 1, 2, \cdots, m \tag{3.3.20}$$

$$W_{di} = \max(y_{dij}) - \min(y_{dij}), \quad j = 1, 2, \cdots, m \tag{3.3.21}$$

设 d_m 为极差系数,决定于循环次数 m,极差系数与 m 的关系见表 3.3.1 所列。则第 i 个测点正行程和反行程的标准差为

$$s_{ui} = \frac{W_{ui}}{d_m}, \quad s_{di} = \frac{W_{di}}{d_m} \tag{3.3.22}$$

表 3.3.1　极差系数表

m	2	3	4	5	6	7	8	9	10	11	12
d_m	1.41	1.91	2.24	2.48	2.67	2.83	2.96	3.08	3.18	3.26	3.33

(2) 贝赛尔(Bessel)公式

正反行程检测值都符合正态分布,则第 i 个测点正行程标准差 s_{ui} 的物理意义是,y_{uij} 偏离

期望值 $\bar{y}_{ui}$ 的范围在 $(-s_{ui},s_{ui})$ 之间的概率为 68.37%；在 $(-2s_{ui},2s_{ui})$ 之间的概率为 95.40%；在 $(-3s_{ui},3s_{ui})$ 之间的概率为 99.73%。第 i 个测点反行程的标准差 s_{di} 的物理意义与正行程相同。

$$s_{ui}^2 = \frac{1}{m-1}\sum_{j=1}^{m}(\Delta y_{uij})^2 = \frac{1}{m-1}\sum_{j=1}^{m}(y_{uij}-\bar{y}_{ui})^2 \tag{3.3.23}$$

$$s_{di}^2 = \frac{1}{m-1}\sum_{j=1}^{m}(\Delta y_{dij})^2 = \frac{1}{m-1}\sum_{j=1}^{m}(y_{dij}-\bar{y}_{di})^2 \tag{3.3.24}$$

第 i 个检测点的子样标准偏差为

$$s_i = \sqrt{0.5(s_{ui}^2+s_{di}^2)} \tag{3.3.25}$$

则标准偏差 s 为

$$s = \sqrt{\frac{1}{n}\sum_{i=1}^{n}s_i^2} = \sqrt{\frac{1}{2n}\sum_{i=1}^{n}(s_{ui}^2+s_{di}^2)} \tag{3.3.26}$$

也可以利用 n 个测点的正反行程子样标准偏差中的最大值为标准偏差 s，即

$$s = \max(s_{ui},s_{di}), \quad i=1,2,\cdots,n \tag{3.3.27}$$

则检测系统的重复性指标为

$$\xi_R = \frac{3s}{y_{FS}}\times100\% \tag{3.3.28}$$

式（3.3.28）中，3 为置信概率系数，$3s$ 为置信限或随机不确定度。其物理意义是：在整个测量范围内，检测系统相对于满量程输出的随机误差不超过 ξ_R 的置信概率为 99.73%。

12. 精　度

精度是系统误差与随机误差的综合，是反映检测系统测量误差的重要指标。精度计算方法不统一，通常会参考非线性 ξ_L、迟滞 ξ_H、重复性 ξ_R 和非线性迟滞 ξ_{LH} 等静态特性指标。如果各个分项误差是线性相关的，直接采用代数和累加的方法计算；如果各个分项误差是完全独立、相互正交，则为各项的方和根，常见的精度计算方法见表 3.3.2 所列。

表 3.3.2　常见的几种精度计算方法

非线性 ξ_L	迟滞 ξ_H	重复性 ξ_R	非线性迟滞 ξ_{LH}	精度 ξ_a	
√	√	√		$\xi_a=\xi_L+\xi_H+\xi_R$	$\xi_a=\sqrt{\xi_L^2+\xi_H^2+\xi_R^2}$
		√	√	$\xi_a=\xi_{LH}+\xi_R$	
	√	√		$\xi_a=\xi_H+\xi_R$	

3.4　检测系统动态响应及动态性能指标

3.4.1　检测系统动态特性方程和响应

在检测过程中，当被检测量 $x(t)$ 随时间变化时，由于检测系统的测量原理和结构，以及检测系统内部机械的、电气的、磁性的、光学的等各种因素，使得检测系统不能实时的、不失真的反映被检测量，因此就必须要研究检测系统的动态特性。

检测系统的动态特性反映的是检测系统在动态检测过程中的特性。在动态检测过程中，

输入输出都随时间变化,且输入随时间的变化程度与检测系统固有的最低阶运动模式的变化程度相比,不是缓慢的变化过程,通常采用时域的微分方程、状态方程和复频域的传递函数来描述动态检测系统的特性。

系统的动态特性可以通过时域的阶跃响应和冲激响应,或者频域的幅频特性和相频特性来描述,对于检测系统的动态特性的时域特性仅讨论阶跃响应的时域特性和频域的频率特性,先总结一阶系统和二阶系统的时域、频域性能指标,再讨论动态特性回归方法。

3.4.2 检测系统时域动态性能指标

当被测量为单位阶跃时

$$x(t) = \varepsilon(t) = \begin{cases} 1, & t \geqslant 0 \\ 0, & t < 0 \end{cases} \tag{3.4.1}$$

设检测系统的静态增益为 k,则检测系统不失真、无延迟的理想输出为

$$y(t) = k \times \varepsilon(t) \tag{3.4.2}$$

此时检测系统的特性为

$$H(s) = k \quad \text{或} \quad H(j\omega) = k \tag{3.4.3}$$

上式不失真条件很难实现,讨论在一定的误差的范围内,满足不失真的检测。

1. 一阶检测系统的时域响应特性及其动态性能指标

设一阶检测系统的时间常数为 T,静态增益为 k,则检测系统的传递函数为

$$H(s) = \frac{k}{Ts+1} \tag{3.4.4}$$

当输入为单位阶跃时,一阶检测系统归一化阶跃时域响应为

$$y(t) = L^{-1}\left(\frac{1}{Ts+1} \times \frac{1}{s}\right) = \varepsilon(t) - e^{-\frac{t}{T}} \tag{3.4.5}$$

令相对动态误差 $\xi(t)$ 为

$$\xi(t) = \frac{y(t) - y_s}{y_s} \times 100\% = -e^{-\frac{t}{T}} \times 100\% \tag{3.4.6}$$

可见,时间常数越大,到达稳态的时间就越长,检测系统的动态特性就越差。因此,应减小时间常数,以减小动态检测误差,时域动态性能指标和阶跃响应见表 3.4.1 所列。

表 3.4.1 一阶系统时域特性指标

时域特性	符 号	阶跃响应 t_1	稳态误差	与时间常数的关系
时间常数	T	$63.2\% y_s$	$36.8\% y_s$	
响应时间	$t_{0.1}$		$10\% y_s$	$t_{0.1} = 2.3T$
	$t_{0.05}$		$5\% y_s$	$t_{0.05} = 3T$
	$t_{0.02}$		$2\% y_s$	$t_{0.02} = 3.91T$
延迟时间	t_d	$50\% y_s$		$t_d = 0.69T$
上升时间	t_r	$0.1 y_s \rightarrow 0.9 y_s$		$t_r = 2.20T$
		$0.05 y_s \rightarrow 0.95 y_s$		$t_r = 2.25T$

2. 二阶检测系统的时域响应特性及其动态性能指标

设某二阶检测系统的固有频率 ω_n，阻尼比系数 ζ_n，静态增益 k，检测系统的传递函数为

$$H(s)=\frac{k\omega_n^2}{s^2+2\zeta_n\omega_n s+\omega_n^2} \tag{3.4.7}$$

二阶检测系统归一化阶跃响应与 ω_n，ζ_n 有关。下面分三种情况进行讨论。

(1) $\zeta_n>1$

当 $\zeta_n>1$ 时，过阻尼无振荡系统，检测系统归一化阶跃响应为

$$y(t)=\varepsilon(t)-\frac{(\zeta_n+\sqrt{\zeta_n^2-1})e^{(-\zeta_n+\sqrt{\zeta_n^2-1})\omega_n t}}{2\sqrt{\zeta_n^2-1}}+\frac{(\zeta_n-\sqrt{\zeta_n^2-1})e^{-(\zeta_n+\sqrt{\zeta_n^2-1})\omega_n t}}{2\sqrt{\zeta_n^2-1}} \tag{3.4.8}$$

根据式(3.4.8)可以确定不同误差带 σ 对应的系统的响应时间 t_s；而上升时间 t_r，延迟时间 t_d 可以近似写为

$$t_r=\frac{1+0.9\zeta_n+1.6\zeta_n^2}{\omega_n} \tag{3.4.9}$$

$$t_d=\frac{1+0.6\zeta_n+0.2\zeta_n^2}{\omega_n} \tag{3.4.10}$$

(2) $\zeta_n=1$

当 $\zeta_n=1$ 时，为临界阻尼无振荡系统，检测系统归一化阶跃响应为

$$y(t)=\varepsilon(t)-(1+\omega_n t)e^{-\omega_n t} \tag{3.4.11}$$

根据式(3.4.11)可以确定不同误差带 σ 对应的系统的响应时间 t_s；上升时间 t_r，延迟时间 t_d 可以利用式(3.4.9)和(3.4.10)近似计算(将 $\zeta_n=1$ 代入)。

(3) $0<\zeta_n<1$

当 $0<\zeta_n<1$ 时，系统为欠阻尼振荡系统，检测系统归一化阶跃响应为

$$y(t)=\varepsilon(t)-\frac{1}{\sqrt{1-\zeta_n^2}}e^{-\zeta_n\omega_n t}\cos(\omega_d t-\varphi) \tag{3.4.12}$$

式中：ω_d——检测系统的阻尼振荡角频率(rad/s)$\omega_d=\sqrt{1-\zeta_n^2}\omega_n$，阻尼振荡周期 $T_d\left(T_d=\frac{2\pi}{\omega_d}\right)$；

　　φ——检测系统的相位延迟，$\varphi=\arctan\left(\frac{\zeta_n}{\sqrt{1-\zeta_n^2}}\right)$。

二阶检测系统的响应以其稳态输出 $y_s=k$ 为平衡位置的衰减振荡曲线，其包络线为 $1-\frac{1}{\sqrt{1-\zeta_n^2}}e^{-\zeta_n\omega_n t}$ 和 $1+\frac{1}{\sqrt{1-\zeta_n^2}}e^{-\zeta_n\omega_n t}$，响应的振荡频率和衰减的快慢程度取决于 ω_n，ζ_n 的大小。

利用式(3.4.12)可以确定不同误差带 σ 对应的系统响应时间 t_s；而上升时间 t_r、延迟时间 t_d 可以近似写为

$$t_r=\frac{0.5+2.3\zeta_n}{\omega_n} \tag{3.4.13}$$

$$t_d=\frac{1+0.7\zeta_n}{\omega_n} \tag{3.4.14}$$

当 $0<\zeta_n<1$ 时，二阶检测系统的响应过程有振荡，所以还应当讨论一些衡量振荡的动态性能指标。

① 振荡次数 N。相对振荡误差曲线 $\xi(t)$ 的幅值超过允许误差限 σ 的次数。

② 峰值时间 t_p 和超调量 σ_p。动态误差曲线由起始点到达第一个振荡幅值点的时间间隔 t_p 称为"峰值时间"，$t_p = \dfrac{T_d}{2}$。超调量 σ_p 是指峰值时间对应的相对动态误差值。

ζ_n 越小，σ_p 越大。在实际检测系统中，往往可以根据所允许的相对误差 σ 为系统的超调量 σ_p 的原则来选择检测系统应具有的阻尼比系数 ζ_n，并称这时的阻尼比系数为"时域最佳阻尼比系数"，以 ζ_{best,σ_p} 表示。表 3.4.2 给出了 ζ_{best,σ_p} 与 σ_p 的关系。可以看出：所允许的相对动态误差 σ_p 越小，时域最佳阻尼比系数就越大。

表 3.4.2　二阶检测系统阶跃响应允许相对动态误差 σ_p 与时域最佳阻尼比系数 ζ_{best,σ_p} 的关系

$\sigma_p(\times 0.01)$	ζ_{best,σ_p}	$\sigma_p(\times 0.01)$	ζ_{best,σ_p}	$\sigma_p(\times 0.01)$	ζ_{best,σ_p}	$\sigma_p(\times 0.01)$	ζ_{best,σ_p}
0.1	0.910	1.5	0.801	4.0	0.716	8.0	0.627
0.2	0.892	2.0	0.780	4.5	0.703	9.0	0.608
0.3	0.880	2.5	0.762	5.0	0.690	10.0	0.591
0.5	0.860	3.0	0.745	6.0	0.667	12.0	0.559
1.0	0.826	3.5	0.730	7.0	0.646	15.0	0.517

③ 振荡衰减率 d。是指相对动态误差曲线相邻两个阻尼振荡周期 T_d 的两个峰值 $\xi(t)$ 和 $\xi(t+T_d)$ 之比。

3.4.3　检测系统频域动态性能指标

当被测量为正弦函数时

$$x(t) = \sin \omega t \tag{3.4.15}$$

要求检测系统能对此信号进行无失真、无延迟测量，使其输出为

$$y(t) = k \times \sin t \tag{3.4.16}$$

式中：k——系统的静态增益。

实际的检测系统的稳态输出响应为

$$y(t) = k \times A(\omega) \sin[\omega t + \varphi(\omega)] \tag{3.4.17}$$

式中：$A(\omega)$——检测系统的归一化幅值频率特性，即幅值增益；

$\varphi(\omega)$——检测系统的相位频率特性，即相位差。

下边就检测系统的 $A(\omega)$ 和 $\varphi(\omega)$ 进行研究。

1. 一阶检测系统的频域响应特性及其动态性能指标

设某一阶检测系统的传递函数为

$$G(s) = \frac{k}{Ts+1}$$

其归一化幅值增益和相位特性分别为

$$A(\omega) = \frac{1}{\sqrt{(T\omega)^2 + 1}} \tag{3.4.18}$$

$$\varphi(\omega) = -\arctan T\omega \tag{3.4.19}$$

被检测量的频率 ω 变化时，检测系统的稳态响应的幅值增益和相位特性随之而变。当 $\omega=0$ 时，归一化幅值增益 $A(0)$ 最大为 1，相位差 $\varphi(0)=0$，即检测系统的输出信号并不衰减。

当 ω 增大,归一化幅值增益逐渐减小,相位差由零变负,绝对值逐渐增大,当 $\omega \to \infty$ 时,幅值增益衰减到零,相位误差达到最大,为 $-\pi/2$(-90 值)。

一阶检测系统被测量为正弦时,检测值与被测量的频率相关,当频率较低时,系统的输出能够在幅值和相位上较好地跟踪输入量;若频率较高时,系统的输出就很难在幅值和相位上跟踪输入量,出现较大的幅值衰减和相位延迟。因此一阶检测系统对被测量的频率范围在低频。

一阶检测系统,其动态性能指标有通频带和工作频带:

① 通频带 ω_B。幅值增益的对数特性衰减 $-3\ dB$ 处所对应的频率范围,$\omega_B = \dfrac{1}{T}$。

② 工作频带 ω_g。归一化幅值误差小于所规定的允许误差 σ 时,幅频特性曲线所对应的频率范围,$\omega_g = \dfrac{1}{T}\sqrt{\dfrac{1}{(1-\sigma)^2}-1}$,提高一阶检测系统的工作频带的有效途径是减小系统的时间常数

2. 二阶检测系统的频域响应特性及其动态性能指标

设某二阶检测系统的传递函数为

$$G(s) = \frac{k\omega_n^2}{s^2 + 2\zeta_n\omega_n s + \omega_n^2}$$

其归一化幅值增益和相位特性分别为

$$A(\omega) = \frac{1}{\sqrt{\left[1-\left(\dfrac{\omega}{\omega_n}\right)^2\right]^2 + \left(2\zeta_n\dfrac{\omega}{\omega_n}\right)^2}} \tag{3.4.20}$$

$$\varphi(\omega) = \begin{cases} -\arctan \dfrac{2\zeta_n\dfrac{\omega}{\omega_n}}{1-\left(\dfrac{\omega}{\omega_n}\right)^2}, & \omega \leqslant \omega_n \\[4mm] -\pi + \arctan \dfrac{2\zeta_n\dfrac{\omega}{\omega_n}}{\left(\dfrac{\omega}{\omega_n}\right)^2-1}, & \omega > \omega_n \end{cases} \tag{3.4.21}$$

被测量角频率 ω 变化时,检测系统的稳态响应的幅值增益和相位特性随之而变,变化规律与阻尼比系数密切相关。

① 当 $\omega = 0$ 时,幅值增益为 1,相位差为 0,检测系统的输出信号不失真、不衰减;

② 当 $\omega = \omega_n$ 时,相对幅值误差为 $\dfrac{1}{2\zeta_n}-1$,相位差为 $-\dfrac{\pi}{2}$;

③ 当 $\omega \to \infty$ 时,幅值增益衰减到零,相对幅值误差为 -1,相位差为 $-\pi$;

④ 幅频特性曲线是否出现峰值取决于系统的阻尼比系数 ζ_n,当阻尼比 $0 \leqslant \zeta_n < \dfrac{1}{\sqrt{2}}$ 时,$\omega = \omega_r = \sqrt{1-2\zeta_n^2}\,\omega_n$ 为谐振频率时,幅频特性曲线出现峰值,谐振峰值为 $A_{max} = A(\omega_r) = \dfrac{1}{2\zeta_n\sqrt{1-\zeta_n^2}}$。

综上可知:二阶检测系统,由于幅值增益有时会产生峰值,且峰值可能比较大,故二阶系统的工作频带更具有实际的意义。

下面讨论二阶检测系统的阻尼比系数 ζ_n 和固有频率 ω_n 对其工作频带 ω_g 的影响情况。

① 阻尼比系数 ζ_n 的影响。二阶检测系统的固有频率 ω_n 不变时,系统的阻尼比系数 ζ_n 对其动态特性的影响非常大。

对于相同的允许误差 σ,必定有一个使二阶检测系统获得最大工作频带的阻尼比系数,称之为"频域最佳阻尼比系数",以表示 $\zeta_{\text{best},\sigma}$,当系统阻尼比为最佳阻尼比时,系统取得最大的工作频带,满足下式

$$\frac{\omega_{g,\max}}{\omega_n} \approx 1.848 \sqrt[4]{\sigma} \tag{3.4.22}$$

二阶检测系统所允许相对幅值误差 σ 增大时,其最佳的阻尼比系数随之减小,而最大工作频带随之增宽。当二阶检测系统所允许的相对动态误差 $\sigma \leqslant 0.085\,8$ 时,系统的最大工作频带 $\omega_{g,\max}$ 要比其固有频率小,介于系统的谐振频率和固有频率之间,即 $\omega_n \geqslant \omega_{g,\max} \geqslant \omega_r$;而当所允许的相对动态误差 $\sigma > 0.085\,8$ 时,系统的最大工作频带 $\omega_{g,\max}$ 要比其固有频率大,即 $\omega_{g,\max} \geqslant \omega_n \geqslant \omega_r$。

② 固有频率 ω_n 的影响。二阶检测系统的阻尼比系数 ζ_n 不变时,系统的固有频率 ω_n 越高,系统的频带越宽。

3.5　检测系统动态特性检测与动态模型建立

3.5.1　检测系统动态标定

通过静态标定可以获取检测系统的静态模型,来分析其静态特性;若要分析、研究检测系统的动态性能指标就必须要对检测系统进行动态标定,建立检测系统动态模型,分析检测系统的动态特性。目前对检测系统进行动态标定也没有统一的方法,本书仅针对一般意义的动态标定过程,通过典型输入下的动态响应过程来获取一阶或二阶检测系统的动态模型。

对实际的检测系统进行动态标定要有合适的动态测试设备,包括典型信号发生器、动态信号记录设备和数据采集处理系统等。

由于标定设备动态特性会影响检测系统的动态特性,为了获得较高准确度的动态测试数据,要求典型信号发生器、动态信号记录设备和数据采集处理系统等具有很宽的频带。实际动态标定中,常选择记录设备的固有频率不低于动态检测系统的固有频率的 $3 \sim 5$ 倍,或记录设备的工作频带不低于被标定测试设备固有频率的 $2 \sim 3$ 倍。信号采集系统采样频率比检测系统的固有频率高一个数量级,即 $f_s \geqslant 10 f_n$。

如果检测系统为二阶系统,当其阻尼比系数较小时,系统的输出响应相当于在一个衰减振荡周期内采集 10 个以上的数据;当阻尼比系数为 0.7 时,相当于在一个衰减周期内采集 14 个以上的数据。

3.5.2　由阶跃响应曲线获取系统的传递函数的回归分析法

对于一阶检测系统来说,在阶跃输入作用下,系统的输出响应按指数规律变化。对于二阶检测系统来说,在阶跃输入作用下,当阻尼比系数 $\zeta_n \geqslant 1$ 时,系统的输出响应按指数规律变化;当 $0 < \zeta_n < 1$ 时,系统的输出为幅值按指数规律衰减的正弦。下面分别讨论。

1. 由指数规律变化的阶跃响应过渡过程回归检测系统的传递函数

（1）一阶检测系统

如果检测系统的阶跃响应过渡过程按指数规律变化,则可以将检测系统回归为一阶模型。

对于一阶检测系统,其归一化的阶跃过渡过程为

$$y_n(t) = 1 - e^{-\frac{t}{T}} \tag{3.5.1}$$

将式(3.5.1)变换为

$$e^{-\frac{t}{T}} = 1 - y_n(t) \tag{3.5.2}$$

$$-\frac{t}{T} = \ln[1 - y_n(t)] \tag{3.5.3}$$

令 $Y = \ln[1 - y_n(t)]$,$A = -\dfrac{1}{T}$,则上式可以转换为

$$Y = At \tag{3.5.4}$$

通过求解,由式(3.5.4)求解回归直线的斜率 A,就可以获得回归传递函数。

计算实例:表 3.5.1 给出了某系统的单位阶跃响应的实测动态数据(见表前三行)及相关处理数据(见表后三行),试回归其传递函数。

表 3.5.1　某系统的单位阶跃响应的实测动态数据及相关处理数据

实验点数	1	2	3	4	5	6	7
时间 t/s	0	0.1	0.2	0.3	0.4	0.5	0.6
实测值 $y(t)$	0	0.426	0.670	0.812	0.892	0.939	0.965
$Y_i = \ln[1 - y(t)]$	0	−0.555	−1.109	−1.671	−2.226	−2.797	−3.352
回归值 $\hat{y}(t)$	0	0.427	0.672	0.812	0.893	0.938	0.965
偏差 $\hat{y}(t) - y(t)$	0	0.001	0.002	0	0.001	−0.001	0

解　首先计算 $Y_i = \ln[1 - y(t)]$,列于表 3.5.1 中的第四行。

利用最小二乘法求回归直线的斜率:

$$A = \frac{\sum\limits_{i=1}^{7} Y_i}{\sum\limits_{i=1}^{7} t_i} = -5.576$$

故回归时间常数为

$$T = -\frac{1}{A} = 0.179\,3$$

回归得到的传递函数为

$$G(s) = \frac{1}{0.179\,3s + 1}$$

计算出回归得到的过渡过程曲线,结果列于表 3.5.1 中的第五行,同时在表 3.5.1 中的第六行列出了回归结果与实测值的偏差,结果表明回归效果好。

(2) 二阶检测系统

当阻尼比系数 $\zeta_n \geqslant 1$ 时,$-p_1$,$-p_2$ 为特征方程两个负实根,

$$p_1 = \omega_n(\zeta_n - \sqrt{\zeta_n^2 - 1}), \quad p_2 = \omega_n(\zeta_n + \sqrt{\zeta_n^2 - 1})$$

① 当 $\zeta_n = 1$ 时,$p_1 = p_2 = \omega_n$,特征根相等,归一化单位阶跃响应为

$$y_n(t) = 1 - (1 + \omega_n t)e^{-\omega_n t} \tag{3.5.5}$$

当 $t = \dfrac{1}{\omega_n}$ 时,$y_n\left(t = \dfrac{1}{\omega_n}\right) = 1 - 2e^{-1} = 0.26$,则对于归一化单位阶跃响应曲线,$y_n(t) = 0.26$

处的时间 $t_{0.26}$ 的倒数就是系统近似的固有频率。

② 当 $\zeta_n > 1$ 时，归一化单位阶跃响应为

$$y_n(t) = 1 + C_1 e^{-p_1 t} + C_2 e^{-p_2 t}$$

$$= 1 - \frac{(\zeta_n + \sqrt{\zeta_n^2 - 1}) e^{(-\zeta_n + \sqrt{\zeta_n^2 - 1})\omega_n t}}{2\sqrt{\zeta_n^2 - 1}} + \frac{(\zeta_n - \sqrt{\zeta_n^2 - 1}) e^{-(\zeta_n + \sqrt{\zeta_n^2 - 1})\omega_n t}}{2\sqrt{\zeta_n^2 - 1}} \quad (3.5.6)$$

系统有两个不等的负实根，$p_1 = \omega_n(\zeta_n - \sqrt{\zeta_n^2 - 1})$ 绝对值较小，$p_2 = \omega_n(\zeta_n + \sqrt{\zeta_n^2 - 1})$ 绝对值相对较大。这样经过一段时间后，过渡过程中只有稳态值和 p_1 对应的暂态分量 $C_1 e^{-p_1 t}$。因此这时的二阶系统阶跃响应与一阶系统的阶跃响应相类似，即经过一段时间后，有

$$y_n(t) \approx 1 + C_1 e^{-p_1 t} = 1 - \frac{(\zeta_n + \sqrt{\zeta_n^2 - 1})}{2\sqrt{\zeta_n^2 - 1}} e^{(-\zeta_n + \sqrt{\zeta_n^2 - 1})\omega_n t} \quad (3.5.7)$$

因此可利用阶跃响应的后半段检测数据，类似一阶系统的方法，回归系数 C_1 和 p_1。

再利用初始条件，$t = 0$ 时，$y_n(t) = 0$；$\dfrac{dy_n(t)}{dt} = 0$，可得约束关系为

$$\left.\begin{array}{r} 1 + C_1 + C_2 = 0 \\ C_1 p_1 + C_2 p_2 = 0 \end{array}\right\} \quad (3.5.8)$$

可得

$$\left.\begin{array}{r} C_2 = -1 - C_1 \\ p_2 = \dfrac{C_1 p_1}{1 + C_1} \end{array}\right\} \quad (3.5.9)$$

将所得到的 C_1，C_2，p_1，p_2 代入式(3.5.6)计算出 $y_n(t)$，与实验所得到的相应的过渡过程曲线进行比较，检查回归效果。

2. 由衰减振荡阶跃响应过渡过程回归二阶检测系统的传递函数

当检测系统的阶跃响应过渡过程为衰减振荡动态过程时，可以按照欠阻尼二阶检测系统特性回归。二阶检测系统的归一化阶跃响应为

$$y(t) = 1 - \frac{1}{\sqrt{1 - \zeta_n^2}} e^{-\zeta_n \omega_n t} \cos(\omega_d t - \varphi) \quad (3.5.10)$$

不同的阻尼比系数对应的阶跃响应差别比较大，下面分几种情况进行讨论。

(1) 阻尼比系数较小、振荡次数较多，如图 3.5.1(a)所示。

这时实验曲线提供的信息比较多。因此可以用 A_1，A_2，T_d，t_r，t_p 来回归，可用下面任何一组来确定 ω_n 和 ζ_n。

第一组：利用 A_1，A_2 和 T_d。

在输出响应曲线上可量出 A_1，A_2 和振荡周期 T_d，根据衰减率 d 和动态衰减率 D 与 A_1，A_2 和 T_d 的关系

$$d = \frac{A_1}{A_2} = e^{\zeta_n \omega_n T_d} = e^{\frac{2\pi\zeta_n}{\sqrt{1 - \zeta_n^2}}}, \quad D = \ln d = \frac{2\pi\zeta_n}{\sqrt{1 - \zeta_n^2}}$$

可以得到阻尼比系数 ζ_n，再根据振荡频率与固有频率的关系

$$\omega_d = \sqrt{1 - \zeta_n^2}\, \omega_n$$

就可以得到固有频率 ω_n。

第二组：利用 A_1 和 t_p。

利用超调量 A_1，峰值时间 t_p 与 ω_n 和 ζ_n 的关系

$$\sigma_p = A_1 = e^{-\frac{\pi \zeta_n}{\sqrt{1-\zeta_n^2}}}, \quad t_p = \frac{\pi}{\omega_d} = \frac{\pi}{\omega_n \sqrt{1-\zeta_n^2}} = \frac{T_d}{2}$$

可以得到固有频率 ω_n 和阻尼比系数 ζ_n。

第三组:利用 t_p 和 t_r。

利用峰值时间 t_p、上升时间 t_r 与 ω_n 和 ζ_n 的关系

$$t_p = \frac{\pi}{\omega_d} = \frac{\pi}{\omega_n \sqrt{1-\zeta_n^2}} = \frac{T_d}{2}, \quad t_r = \frac{1+0.9\zeta_n+1.6\zeta_n^2}{\omega_n}$$

可以得到固有频率 ω_n 和阻尼比系数 ζ_n。

(2) 振荡次数 $0.5 < N < 1$,如图 3.5.1(b)所示。

只要在衰减振荡响应曲线上量出峰值 A_1、上升时间 t_r 和峰值时间 t_p,用上述第二组或第三组就可以求得 ω_n 和 ζ_n。

(3) 振荡次数 $N \leqslant 0.5$,如图 3.5.1(c)所示。

这时峰值 A_1 量测不准,但上升时间 t_r 和峰值时间 t_p 仍然可以准确量出,因此可以利用上述第三组的方法求得 ω_n 和 ζ_n。

(4) 超调很小的情况,如图 3.5.1(d)所示。

这时只能准确量出上升时间 t_r。此时阻尼比系数约在 $0.8 \sim 1.0$ 之间。利用式

$$t_r = \frac{1+0.9\zeta_n+1.6\zeta_n^2}{\omega_n}$$

在 $0.8 \sim 1.0$ 之间初选阻尼比系数,计算 ω_n,然后利用其他信息来检验回归效果。

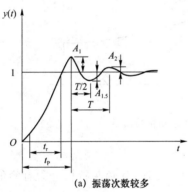

(a) 振荡次数较多

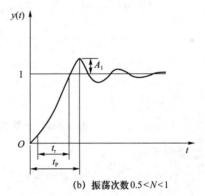

(b) 振荡次数 $0.5 < N < 1$

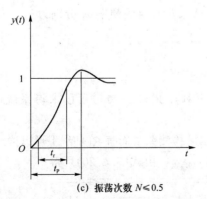

(c) 振荡次数 $N \leqslant 0.5$

(d) 超调很小

图 3.5.1　二阶检测系统在单位阶跃作用下的衰减振荡响应曲线

3.5.3　由频率特性获取系统的传递函数的回归分析法

检测系统的动态标定可以在频域进行,通过检测系统的频率特性来获取其动态性能指标。

1. 一阶检测系统

根据一阶检测系统归一化幅值频率特性由式(3.4.18)所述,如图3.5.2所示。$A(\omega)$取0.707,0.900和0.950时的频率分别记为$\omega_{0.707}$,$\omega_{0.900}$和$\omega_{0.950}$,可得

$$\left.\begin{array}{l}\omega_{0.707}=\dfrac{1}{T}\\[2mm]\omega_{0.900}=\dfrac{0.484}{T}\\[2mm]\omega_{0.950}=\dfrac{0.329}{T}\end{array}\right\} \tag{3.5.11}$$

利用$\omega_{0.707}$,$\omega_{0.900}$和$\omega_{0.950}$回归一阶检测系统的时间常数T,然后取其均值,可得

$$T=\frac{1}{3}\left(\frac{1}{\omega_{0.707}}+\frac{0.484}{\omega_{0.900}}+\frac{0.329}{\omega_{0.950}}\right) \tag{3.5.12}$$

也可以利用其他数据处理的方法,得到检测系统的模型,这里不再赘述。最后将回归模型计算数据与实验值进行比较,检查回归效果。

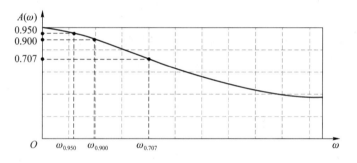

图 3.5.2　一阶检测系统幅频特性曲线

2. 二阶检测系统

二阶检测系统归一化幅值频率特性如式(3.4.20)所述,其幅频特性分为有峰值和无峰值两类。

当$\zeta_n<0.707$时,幅频特性有峰值,峰值大小A_{max}及对应的频率ω_r分别为

$$A_{max}=A(\omega_r)=\frac{1}{2\zeta_n\sqrt{1-\zeta_n^2}} \tag{3.5.13}$$

$$\omega_r=\sqrt{1-2\zeta_n^2}\,\omega_n \tag{3.5.14}$$

利用式(3.5.13)可以求得阻尼比系数ζ_n,再利用式(3.5.14)可以求得系统的固有频率ω_n。

对于动态测试所得的幅频特性曲线无峰值的二阶检测系统而言,在曲线上可以读出$A(\omega)$为0.707,0.900和0.950时的角频率$\omega_{0.707}$,$\omega_{0.900}$和$\omega_{0.950}$。由式(3.4.20)可得

$$\frac{\omega_{0.95}}{\omega_n}=\sqrt{(1-2\zeta_n^2)+\sqrt{(1-2\zeta_n^2)^2+\left[\left(\frac{1}{A(\omega_{0.95})}\right)^2-1\right]}} \tag{3.5.15}$$

$$\frac{\omega_{0.90}}{\omega_n}=\sqrt{(1-2\zeta_n^2)+\sqrt{(1-2\zeta_n^2)^2+\left[\left(\frac{1}{A(\omega_{0.90})}\right)^2-1\right]}} \qquad (3.5.16)$$

$$\frac{\omega_{0.707}}{\omega_n}=\sqrt{(1-2\zeta_n^2)+\sqrt{(1-2\zeta_n^2)^2+\left[\left(\frac{1}{A(\omega_{0.707})}\right)^2-1\right]}} \qquad (3.5.17)$$

由上述三式中的任意两式,可以求得 ω_n 和 ζ_n。

利用上述的方法求得 ω_n 和 ζ_n,代入式(3.4.20)可以计算出幅频特性曲线,并与实测得到的幅频特性曲线进行比较,以检查回归效果。

习题与思考题

3.1   对于一个实际传感器,如何获得它的静态特性? 怎样评价其静态性能指标?

3.2   试求题表 3.1 所列数据的有关线性度:

(1) 理论(绝对)线性度,给定方程为 $y=2.0x$;

(2) 端基线性度;

(3) 平移端基线性度;

(4) 最小二乘线性度。

题表 3.1   输入输出数据表

x	1	2	3	4	5	6
y	2.02	4.00	5.98	7.9	10.10	12.05

3.3   试计算某压力传感器的迟滞误差和重复性误差。工作特性选端基直线,一组标定数据如题表 3.2 所列。

题表 3.2   某压力传感器的一组标定数据

行 程	输入压力 x /$\times 10^5$ Pa	传感器输出电压 y/mV		
		第 1 循环	第 2 循环	第 3 循环
正行程	2.0	190.9	191.1	191.3
	4.0	382.8	383.2	383.5
	6.0	575.8	576.1	576.6
	8.0	769.4	769.8	770.4
	10.0	963.9	964.6	965.2
反行程	10.0	964.4	965.1	965.7
	8.0	770.6	771.1	771.4
	6.0	577.3	577.4	578.1
	4.0	384.1	384.2	384.7
	2.0	191.6	191.6	192.0

3.4   一线性传感器正、反行程的实测特性为:$y=x-0.03x^2+0.03x^3$ 和 $y=x+0.01x^2-0.01x^3$;x,y 分别为传感器的输入和输出。输入范围为 $1\geqslant x\geqslant 0$,若以端基直线为参考直线,

试计算该传感器的迟滞误差和线性度。

3.5 一线性传感器的校验特性方程为：$y = x + 0.001x^2 - 0.0001x^3$；$x$，$y$ 分别为传感器的输入和输出。输入范围为 $10 \geqslant x \geqslant 0$，计算传感器的平移端基线性度。

3.6 检测系统动态校准时，应注意哪些问题？

3.7 检测系统的动态特性时域指标主要有哪些？

3.8 检测系统的动态特性频域指标主要有哪些？

3.9 某检测系统的回零过渡过程如题表 3.3 所列，试求其一阶动态回归模型。

题表 3.3 某检测系统的回零过渡过程

实验点数	1	2	3	4	5	6
时间 t/s	0	0.2	0.4	0.8	1.0	1.2
实测值 $y(t)$	1	0.512	0.262	0.135	0.035 9	0.018 5

3.10 二阶检测系统的"时域最佳阻尼比系数"与"频域最佳阻尼比系数"的物理意义是什么？

3.11 一个二阶动态特性 $H(s) = \dfrac{\omega_n^2}{s^2 + 2\zeta_n \omega_n s + \omega_n^2}$ 检测装置的阻尼比 $\zeta_n = 0.7$，固有频率 $f_n = 50\ \text{Hz}$。

(1) 求其在题图 3.1 所示信号 $x(t)$ 激励下的稳态输出 $y(t)$。

(2) 求该检测系统幅值误差在 20% 以内的使用频率范围。

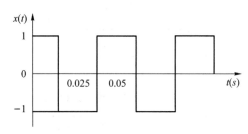

题图 3.1

第4章 温度检测

4.1 概　述

4.1.1 温度的概念

温度是国际单位制给出的基本物理量之一,自然界中几乎所有的物理、化学过程都与温度密切相关。长度、时间、质量等基准物理量可以叠加,称作外延量。但是温度则是一种内涵量,两个温度不能相加,只能进行相等或不相等的描述。

温度是表征物体冷、热程度的物理量,反映了物体内部分子运动平均动能的大小。分子动能小,运动缓慢,物体温度低;分子动能大,运动剧烈,物体温度高。

从热平衡的观点来看,如果两个冷、热程度不同的物体相互接触,必然会发生热交换现象,热量将由热程度高的物体向热程度低的物体传递,直至达到两个物体的冷、热程度一致,处于热平衡状态,即两个物体的温度相等。温度概念的建立是以热平衡为基础的。

4.1.2 温　标

温度只能利用某些物质的几何尺寸、密度、硬度、弹性模量、辐射强度等随温度变化的规律,通过这些量的变化对温度进行间接测量。

为了保证温度量值的准确和利于传递,需要建立一个衡量温度的统一标准尺度,即温标。温标经过逐渐发展、不断修改和完善,目前主要有摄氏温标(又叫百度温标)、华氏温标、热力学温标和国际实用温标。温标满足三个要求:有可实现的固定点温度;有在固定点温度上分度的内插仪器;确定相邻固定温度点间的内插公式。

1. 摄氏温标

摄氏温标规定在标准大气压力下,水的冰点为 0 ℃,沸点为 100 ℃,标准仪器是水银玻璃温度计,在这两个固定点之间水银体积膨胀被分为 100 等份,对应每份的温度定义为 1 ℃,单位为℃。

2. 华氏温标

华氏温标选取水的冰点为 32 ℉,沸点是 212 ℉,标准仪器是水银温度计。在这两个固定点之间水银温度计被分为 180 等份,对应每份的温度定义为 1 ℉,单位为℉。按照华氏温度℉与摄氏温度 t 的关系为:

$$F = 1.8t + 32 \tag{4.1.1}$$

3. 热力学温标

热力学温标是以卡诺循环为基础,在分度上和摄氏温标取得一致,选取水三相点温度为273.16 K,热力学温度的单位是"K"(开尔文)。

热力学温标虽与测温物质无关,但是实现卡诺循环的可逆热机是不存在的,因此是一个理想的温标。

4. 国际实用温标

国际实用温标 ITS-90,建立的指导思想是该温标要尽可能地接近热力学温标,与直接测量热力学温度相比,T_{90} 的测量要方便得多,也更为精密并具有很高的复现性,以保证国际上温度量值传递的统一,任何温度的 T_{90} 值非常接近于温标采纳时 T 的最佳估计值。ITS-90 温标 17 固定点温度如表 4.1.1 所列,ITS-90 把温标分为四个区域,定义为:

① 0.65~5.0 K,用 ^{3}He 和 ^{4}He 的蒸气压与温度的关系式来定义。

② 3.0~24.556 1 K(氖三相点)之间,T_{90} 由氦气体温度计来定义。它使用三个定义固定点及利用规定的内插方法来分度。这三个定义固定点可以通过实验复现,并具有给定值。

③ 13.803 3 K~961.78 ℃,即平衡氢三相点到银凝固点之间,T_{90} 由铂电阻温度计来定义,它使用一组规定的定义固定点及利用所规定的内插方法来分度。

④ 961.78 ℃以上,即银凝固点以上,T_{90} 借助于一个定义固定点和普朗克辐射定律来定义。

表 4.1.1　ITS-90 温标 17 固定点温度

序　号	物　质	状　态	国际实用温标的规定值	
			T_{90}/K	$T_{90}/℃$
1	^{3}He(氦)	蒸气压点	3~5	−270.15~−268.15
2	e-H_2(氢)	三相点	13.803 3	−259.346 7
3	e-H_2(氢)或 ^{4}He(氦)	蒸气压点	≈17	≈−256.15
4	e-H_2(氢)或 ^{4}He(氦)	蒸气压点	≈20.3	≈−252.85
5	Ne(氖)	三相点	24.556 1	−248.593 9
6	O_2(氧)	三相点	54.358 4	−218.791 6
7	Ar(氩)	三相点	83.805 8	−189.344 2
8	Hg(汞)	三相点	234.315 6	−38.834 4
9	H_2O(水)	三相点	273.16	0.01
10	Ga(镓)	熔点	302.914 6	29.764 6
11	In(铟)	凝固点	429.748 5	156.598 5
12	Sn(锡)	凝固点	505.078	231.928
13	Zn(锌)	凝固点	692.677	419.527
14	Al(铝)	凝固点	933.473	660.323
15	Ag(银)	凝固点	1 234.93	961.78
16	Au(金)	凝固点	1 337.33	1 064.18
17	Cu(铜)	凝固点	1 357.77	1 084.62

4.1.3　温度计的标定与校正

温度计的标定与校正可以采用绝对法或相对法。采用绝对法时,将被校装置放置于已知的固定温度点下,对其读数与相应点的已知温度值进行对比,这样就可找出被校装置的修正量;采用相对法时,把被校温度计与已被校正过的高一级精度的传感器(二次标准)紧密地热接触在一起,共同放于可控恒温槽中,按规范逐次改变槽内温度,并在所希望的温度点上比较两者的读数,获得差值,从而得到所需要的修正量。精密电阻温度计和某些热电偶、玻璃水银温度计都可用作二次温度标准。

4.1.4　测温方法的分类

按照所用测温方法的不同,温度测量分为接触式和非接触式两大类。接触式的特点是感温元件直接与被测对象相接触,两者之间进行充分的热交换,最后达到热平衡,这时感温元件的某一物理参数量值就代表了被测对象的温度值。接触测温的主要优点是直观可靠,缺点是动态特性不好,被测温度场的分布易受感温元件的影响,接触不良时会带来测量误差,此外温度太高和腐蚀性介质对感温元件的性能和寿命会产生不利影响等;非接触测温的特点是感温元件不与被测对象相接触,而是通过辐射进行热交换,动态特性好,可避免接触测温法的缺点,具有较高的测温上限。

常见的接触式测温包括膨胀式温度计、金属热电阻温度计、半导体热敏电阻温度计、热电偶和 P-N 结半导体温度计等。非接触式温度计可分为辐射温度计、亮度温度计和比色温度计,由于它们都是以光辐射为基础的,故也被统称为辐射温度计。

按照温度测量范围,温度测量可分为超低温、低温、中高温和超高温温度测量。超低温一般是指 $0 \sim 10$ K,低温指 $10 \sim 800$ K,中温指 $500 \sim 1\ 600\ ℃$,高温指 $1\ 600 \sim 2\ 500\ ℃$,$2\ 500\ ℃$ 以上被认为是超高温。

4.2　热电偶测温

4.2.1　热电效应

热电偶测温的工作机理是热电效应,热电效应包括帕尔帖(Peltier)效应和汤姆逊(Thomoson)效应。

1. 帕尔帖效应

帕尔帖效应又称为接触效应。如图 4.2.1 所示,设导体 A 的自由电子浓度大于导体 B 的自由电子浓度,当 A,B 两种导体紧密连接在一起时,由于自由电子的浓度不同,则从导体 A 扩散到导体 B 的自由电子数要比导体 B 扩散到导体 A 的电子数多,因此导体 A 因失去电子而带正电,导体 B 因得到电子而带负电,在接触处便形成了电位差,称为接触电势或帕尔帖热电势。接触电势阻碍自由电子从 A 导体向 B 导体进一步扩散,电子扩散能力与电场的阻力平衡时,电子扩散就达到了动平衡,接触电势达到一个稳态值。接触电势的大小与两导体材料性质和接触点的温度有关,数量级约 $1 \sim 10$ mV,两导体接触端电势为

$$e_{AB}(T) = \frac{kT}{e} \ln \frac{n_A(T)}{n_B(T)} \tag{4.2.1}$$

图 4.2.1　接触热电势

式中： k——玻耳兹曼常数，1.38×10^{-23} J/K；

e——电子电荷量，1.6×10^{-19} C；

T——结点处的绝对温度（K）；

$n_A(T), n_B(T)$——材料 A,B 在温度 T 时的自由电子浓度。

2. 汤姆逊效应

对于单一均质导体 A,自由电子的能量和温度有关,温度越高则自由电子的能量越大。如图 4.2.2 所示,当单一均质导体两端的温度不同时,分别为 T 和 T_0,且 $T > T_0$。温度较高的 T

图 4.2.2 温差热电势

端自由电子能量高于温度较低 T_0 端电子能量,自由电子从 T 端向 T_0 端扩散,从而形成了温差电势,称作温差热电势或汤姆逊热电势。该电势形成的电场阻碍自由电子进一步扩散,当电子扩散能力与电场的阻力平衡时,电子扩散就达到了动平衡,温差热电势达到一个稳态值。温差电势的大小与导体材料性质和导体两端的温度有关,其数量级约 0.01 mV,导体 A 的温差热电势为

$$e_A(T, T_0) = \int_{T_0}^{T} \sigma_A dT \qquad (4.2.2)$$

式中： σ_A——材料 A 的汤姆逊系数（V/K）,表示单一导体 A 两端温度差为 1 ℃时所产生的温差热电势。

4.2.2 热电偶的工作机理

A,B 两种不同导体材料两端相互紧密地连接在一起,组成一个闭合回路,就构成了一个热电偶。当两接点温度不等时,回路中就会产生电势,从而形成电流,即为热电偶的工作机理。温度较低的一端 T_0 端称为参考端或冷端;温度较高的一端 T 端称为测量端或工作端或热端,如图 4.2.3 所示。

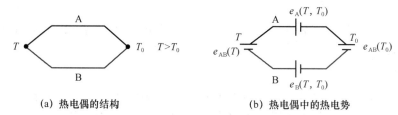

(a) 热电偶的结构 (b) 热电偶中的热电势

图 4.2.3 热电偶的原理结构及热电偶中的热电势

设材料 A,B 在温度 T_0 时的自由电子浓度分别为 $n_A(T_0)$ 和 $n_B(T_0)$,根据帕尔帖热电势,图 4.2.3(b)所示热电偶总的接触热电势为

$$e_{AB}(T) - e_{AB}(T_0) = \frac{kT}{e} \ln \frac{n_A(T)}{n_B(T)} - \frac{kT_0}{e} \ln \frac{n_A(T_0)}{n_B(T_0)} \qquad (4.2.3)$$

根据汤姆逊热电势,图 4.2.3(b)所示总的温差热电势为

$$e_A(T, T_0) - e_B(T, T_0) = \int_{T_0}^{T} (\sigma_A - \sigma_B) dT \qquad (4.2.4)$$

图 4.2.3(b)所示总的热电势为

$$E_{AB}(T, T_0) = \frac{kT}{e} \ln \frac{n_A(T)}{n_B(T)} - \frac{kT_0}{e} \ln \frac{n_A(T_0)}{n_B(T_0)} - \int_{T_0}^{T} (\sigma_A - \sigma_B) dT \qquad (4.2.5)$$

由式(4.2.5)回路总电势可知：

热电偶必须采用两种热电特性差异较大的材料作为热电极。如果构成热电偶的两个热电极材料 A,B 相同,两个热电极自由电子浓度相同,帕尔帖热电势为零,两个电极的汤姆逊热电势大小相等,反向相反,相互抵消,热电偶回路内的总热电势为零。

热电偶的热端和冷端两个结点必须处于不同的温度场。如果热电偶两结点温度相等,在导体中自由电子动能相同,没有自由电子的扩散,汤姆逊热电势为零,热电极的材料不同,接点的帕尔帖热电势大小相等,反向相反,相互抵消,热电偶回路内的总热电势也为零。

因此热电效应进行温度测量时,为了获得较大的回路热电势,需要选择热电特性差别较大的材料作热电偶的正负极,测温时要将热电偶的两个接点处于不同的温度场,才可以获得回路热电偶的热电势。热电偶回路的热电势 $E_{AB}(T,T_0)$ 只与两导体材料及两结点温度 T,T_0 有关。当材料确定后,回路的热电势是两个结点温度函数之差,即

$$E_{AB}(T,T_0)=f(T)-f(T_0) \tag{4.2.6}$$

当参考端温度 T_0 固定不变时,则 $f(T_0)=C$(常数),此时 $E_{AB}(T,T_0)$ 就是工作端温度 T 的单值函数,即

$$E_{AB}(T,T_0)=f(T)-C=\phi(T) \tag{4.2.7}$$

热电偶的回路热电势 $E_{AB}(T,T_0)$ 中包含了接触电势和温差电势,其中接触电势占主要成分,热电势的大小与接触电势近似相等,测温时没有区分两种电势的必要性。

热电偶实际使用时,测出回路热电势后,查询热电偶分度表来确定被测温度。通常分度表是将自由端温度保持为 0 ℃,通过静态实验获得的热电势与温度之间的数值对应关系。(热电偶进行温度测量时,如果冷端温度不是 0 ℃时如何进行温度测量? 测量回路电势时,需要通过导线接入测量仪表,是否会有新的热电势引入呢?)

4.2.3　热电偶的基本定律

1. 中间温度定律

中间温度定律是热电偶 AB 的热电势 $E_{AB}(T,T_0)$ 仅取决于热电偶的材料和两个结点的温度,与温度沿热电极的分布以及热电极的参数和形状无关。

若将 T_C 看作热电偶 AB 在温度测量时的某个中间温度,如图 4.2.4 所示,AB 材料构成了的相同的三个热电偶,热端、冷端各不相同,处于三个温度 T、T_C 和 T_0,三个热电偶的回路电势分别为 $E_{AB}(T,T_0)$、$E_{AB}(T,T_C)$ 和 $E_{AB}(T_C,T_0)$,将三个热电势代入式(4.2.5)可以推出：

$$E_{AB}(T,T_0)=E_{AB}(T,T_C)+E_{AB}(T_C,T_0) \tag{4.2.8}$$

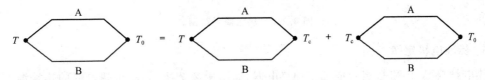

图 4.2.4　中间温度定律

根据中间温度定律可知 $E_{AB}(T,0)=E_{AB}(T,T_C)+E_{AB}(T_C,0)$,热电偶可以实现冷端温度为 T_C 时的温度测量。若已测得冷端温度 T_C,则查分度表可知 $E_{AB}(T_C,0)$,与测量的回路电势相加便可得到 $E_{AB}(T,0)$,再查分度表便可得到测量的温度 T。

2. 中间导体定律

中间导体定律为在热电偶 AB 回路中,如果接入第三种导体,只要该导体两端子温度一致,则对回路的总热电势没有影响。第三种导体接入热电偶时,可能会有两种接法:

① 热电偶的冷结点断开,接入第三种导体 C,导体 C 分别与热电极 AB 结点的温度都与冷端温度 T_0 保持一致不变,如图 4.2.5 中间图所示,依据接触电势和温差电势可以推出回路中没有新的电势引入,即

$$E_{ABC}(T, T_0) = E_{AB}(T, T_0) \tag{4.2.9}$$

显然,在热电偶进行温度测量时,在热电偶回路中接入测量导线和仪表,只要保证结点的温度不变,就没有新的热电势引入电路。

② 断开热电偶 AB 中的一个任意电极,假设断开导体 A,接入第三种导体 C,两个结点温度相同,都为 T_C,如图 4.2.5 右图所示,依据接触电势和温差电势可以推出回路中没有新的电势引入,即

$$E_{ABC}(T, T_C, T_0) = E_{AB}(T, T_0) \tag{4.2.10}$$

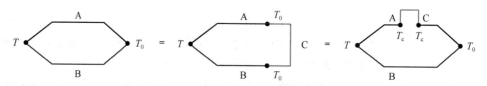

图 4.2.5　中间导体定律

在热电偶回路中接入中间导体,只要中间导体结点的温度相同,就不会在回路中引入新的热电势。若在回路中接入多种导体,只要每种导体两端温度相同也可以得到同样的结论。

根据中间导体定理,热电偶可以实现开路测量,如图 4.2.6 所示。

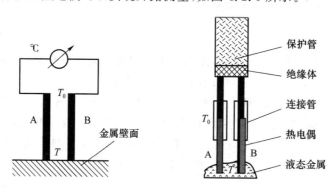

图 4.2.6　热电偶开路测量

3. 标准电极定律

热电材料 A、B 和 C 组合成了三种热电偶,如图 4.2.7 所示,三个热电偶的热端温度都为 T,冷端温度都为 T_0,则 AB 组成的热电偶的回路电势为 AC 组成的热电偶的回路电势和 CB 组成的热电偶的回路电势之和,即

$$
\begin{aligned}
E_{AB}(T, T_0) &= E_{AC}(T, T_0) + E_{CB}(T, T_0) \\
&= E_{AC}(T, T_0) - E_{BC}(T, T_0)
\end{aligned} \tag{4.2.11}
$$

通常导体 C 称为标准电极,这一规律被称为标准电极定律。因为铂的物理、化学性能稳定,易提纯,熔点高,标准电极一般采用纯铂丝制成。如果已求出热电极对标准电极的热电势值,就可以用标准电极定律,求出其中任意两种材料组成热电偶后的热电势值,将大大简化了热电偶的选配工作。

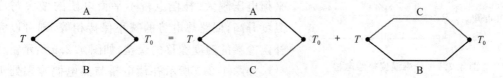

图 4.2.7　标准电极定律

4.2.4　热电偶的误差及补偿

1. 热电偶冷端误差及其补偿

热电偶 AB 的热电势 $E_{AB}(T, T_0)$ 与热端和冷端的温度有关,测量热端温度时,需要冷端温度的恒定不变。由于分度表的冷端参比温度为 $0\ ℃$,所以希望冷端温度保持 $0\ ℃$ 不变。热电偶测量的温度环境往往是复杂的工业现场,热电偶冷热端空间距离和较近,冷端温度漂移会带来较大的测量误差。为了消除冷端误差,常采用 $0\ ℃$ 恒温法、冷端修正法、补偿电桥法和延引热电极法等。

(1) $0\ ℃$ 恒温法

将热电偶的冷端保持在 $0\ ℃$ 冰点槽中,如图 4.2.8 所示。冰点槽工作在一个标准大气压下,用纯净水和冰混合,冰水共存时提供 $0\ ℃$ 的恒温条件。

冰点槽提供了一种准确度高的冷端处理方法,但是在复杂的工业现场实现起来较为困难,需保持冰水两相共存,适用于实验室使用。

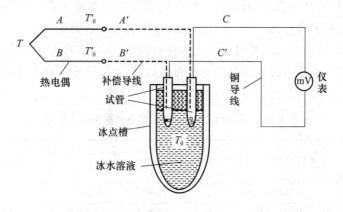

图 4.2.8　冰点槽

(2) 冷端修正法

在复杂工业现场热电偶冷端保持 $0\ ℃$ 难度较大,可以将冷端保持在某一恒定温度 T_C,例如冷端置于温度为 T_C 的恒温箱,根据中间温度定律 $E_{AB}(T, T_0) = E_{AB}(T, T_C) = E_{AB}(T_C, T_0)$,修正回路电势后查表可得到温度,为冷端温度修正方法。

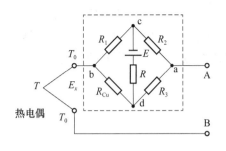

图 4.2.9　冷端温度补偿电桥

（3）补偿电桥法

回路热电势 $E_{AB}(T,T_0)$，如果冷端温度升高，则回路热电势减小。将热电偶与补偿电桥串联，当温度升高时，补偿电桥输出不平衡电压，温度越高，不平衡电压越大，补偿电桥不平衡电压的增大与冷端温度升高，回路热电势的减小保持相等，则可以完全补偿冷端的温度漂移的误差，如图 4.2.9 所示。

如图 4.2.9 所示补偿电桥与热电偶冷端处于相同的环境温度下，其中三个桥臂电阻用温度系数近于零的锰铜绕制，且 $R_1=R_2=R_3$；第四个桥臂为补偿桥臂，用铜导线绕制阻值 R_{Cu}。冷端温度为 T_0 时，$R_{Cu}=R_1=R_2=R_3$ 电桥平衡，电桥输出为 $U_{ab}=0$。当冷端温度 T_0 升高时，补偿桥臂 R_{Cu} 阻值增大，补偿电桥失去平衡，电桥输出 U_{ab} 随着增大。同时由于冷端温度升高，热电偶的热电势 E_0 则减小。若电桥输出值 U_{ab} 等于热电偶电势 E_0 的减少量，而 $U_{AB}=U_{ab}+E_0$ 大小保持恒定不变，则不平衡电桥就很好地补偿了冷端温度的变化的热电势减小。

（4）延引热电极法

工业现场温度场变化剧烈，冷端温度很难保持在一个恒定温度，测温时热电偶冷端距离热源较近，使冷端温度波动变化很大，前述的几种补偿办法很难适应复杂的温度变化场。

回路热电势 $E_{AB}(T,T_0)$ 与热电极的长度没有关系，如果电极足够长的话，也可以将冷端远离测温现场，直接置于温度稳定的控制室中。对于价格较低的热电偶，可以采用延长热电极的方法，不会增加太多的经济成本。对于价格昂贵的贵重金属的热电极，延长热电极的经济成本太高，在工程上选择补偿导线来代替贵重的热电极，选择两种廉价的金属 A' 和 B'，热电特性分别与贵重金属 A 和 B 热电特性相近，满足 $E_{AB}(T'_0,T_0)=E_{A'B'}(T'_0,T_0)$，如图 4.2.8 所示，选用廉价的金属 A' 和 B' 代替贵重的热电偶 A 和 B，将冷端温度置于温度变换平缓的控制室，然后再采用上述的冷端补偿方法，补偿导线在回路中不会引入新的热电势。

补偿导线一般选用直径粗、导电系数大的材料制作，以减小补偿导线的电阻和影响。国家标准的贵重电极的热电偶有标准的补偿导线可以选择，且补偿导线有专门的型号标识和颜色，如表 4.2.1 所列。

表 4.2.1　补偿导线的型号和配用热电偶的分度号

补偿导线型号	配用热电偶的分度号	补偿导线合金丝		补偿导线颜色	
		正　极	负　极	正　极	负　极
SC	S（铂铑 10 -铂）	SPC（铜）	SNC（铜镍）	红	绿
KC	K（镍铬-镍硅）	KPC（铜）	KNC（铜镍）	红	蓝
KX	K（镍铬-镍硅）	KPX（镍铬）	KNX（镍硅）	红	黑
EX	E（镍铬-铜镍）	EPX（镍铬）	ENX（铜镍）	红	棕
JX	J（铁-铜镍）	JPX（铁）	JNX（铜镍）	红	紫
TX	T（铜-铜镍）	TPX（铜）	TNX（铜镍）	红	白

2. 热电偶的动态误差及时间常数

热电偶测温是接触式的温度测量,测温时与被测的介质之间有一个热交换的过程,与其他接触式测温一样,在温度测量时,由于热电偶热惯性的存在,动态过程与一阶系统的阶跃响应的过程相类似,存在动态测量的误差。

设待测介质的温度为 T_g,热电偶测温之前的温度为 T_0,热电偶测量的实时温度为 T,则有:

$$T_g - T = (T_g - T_0) e^{-\frac{t}{\tau}} \tag{4.2.12}$$

式(4.2.12)中的 τ 称为热电偶的时间常数,τ 可以写为:

$$\tau = \frac{c\rho V}{\alpha A_0} \tag{4.2.13}$$

式中:τ——热电偶的时间常数(s);

　　c——热接点的比热(J/(kg·K));

　　ρ——热接点的密度(kg/m³);

　　V——热接点容积(m³);

　　α——热接点与被测介质间的对流传热系数(W/m²·K);

　　A_0——热接点与被测介质间接触的表面积(m²)。

式(4.2.12)表明,介质真实温度与热电偶实时测量温度的动态误差,以 τ 为时间常数按指数规律衰减,当 $t=\tau$ 时动态误差为介质真实温度与热电偶初始温度偏差值的 36.8%,当 $t=3\tau$ 时,动态误差为偏差值的 5%。

由式(4.2.13)可知,时间常数 τ 不仅取决于热接点的材料性质和结构参数,而且还随被测介质的工作情况而变。欲减小动态误差,必须减小时间常数。可以通过减小热接点容积,增大传热系数来实现;或通过增大热接点与被测介质接触的表面积,将球形热接点压成扁平状,体积不变而使表面积增大来实现;也可以采用动态误差修正方法,修正动态误差。

3. 热电偶的其他误差

(1) 分度误差

当使用热电偶进行温度测量时,通常依据标准分度表,但实际热电偶的特性与标准的分度表不完全一致,会造成分度误差,其原因是与热电极的材料、制造工艺等因素有关,因此这种分度误差是不可避免的。

(2) 仪表误差及接线误差

热电偶进行温度测量时,需要使用配套的仪表进行测量,由于测量引线电阻、测量仪表的接入和测量仪表的精度等问题,也会带来测量误差。

(3) 干扰和漏电误差

热电偶使用环境多为复杂的工业环境,由于周围电场和磁场的干扰,在热电偶回路中的引入附加电势,引起测量误差,一般采用接地和屏蔽的方法,减少附加电势的引入。热电偶在高温,尤其在 1 500 ℃ 以上的高温测量时,由于材料在高温中的绝缘性能下降,造成漏电误差,因此测量高温的热电偶的辅助材料的绝缘性能一定要好。

4.2.5 热电偶的组成、分类及特点

理论上,任意两种金属的热电特性都存在差异,都可以选配为热电偶的热电极。实际热电偶的热电极选配要遵循一定的原则:首先,为了获得较大的测温灵敏度,选择热电特性相差较大的两种金属材料作为热电极;其次,保证热电极材料的热电特性、物理化学特性在测温范围内稳定。热电偶以热电材料命名,常用的材料及测温范围见表4.2.2所列。

表4.2.2 常用的热电偶及测温范围

型 号	材 料	测量温度/℃
S	铂铑10-铂	-50～1 768
R	铂铑13-铂	-50～1 768
B	铂铑30-铂铑6	0～1 820
K	镍铬-镍硅	-270～1 372
N	镍铬硅-镍硅	-270～1 300
E	镍铬-铜镍合金(康铜)	-210～1 000
J	铁-铜镍合金(康铜)	-210～1 200
T	铜-铜镍合金(康铜)	-270～400

热电偶种类多,通常由热电极、绝缘材料、接线盒和保护套等组成,其结构及外形也不尽相同,热电偶按其结构可分为以下五种。

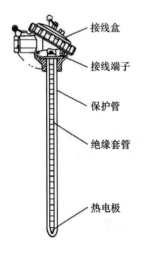

图4.2.10 普通热电偶结构

1. 普通热电偶

普通热电偶由热电极、绝缘套管、保护套管、接线盒及接线盒盖组成,结构如图4.2.10所示。普通热电偶的结构确保了热结点焊接要牢固,热电极间良好的绝缘,冷端与导线方便、可靠地连接,以及热电极有害介质测温时,有效的保护措施。普通热电偶主要用于测量液体和气体的温度,外层的保护套有金属和陶瓷材料的,测温时保护热电极,而热电极和保护套之间一般有陶瓷套管绝缘体起到与保护套绝缘的作用。

2. 铠装热电偶

铠装热电偶的热电极与绝缘材料一起紧压在金属保护管中制成的热电偶,铠装热电偶可以弯曲,按需要长度截断,对冷端进行加工制成铠装的热电偶,如图4.2.11所示。铠装热电偶与普通热电偶相比具有挠性好、动态特性好、长度自由等优点,应用非常广泛。

接线盒
接线端子
保护管
绝缘套管
热电极

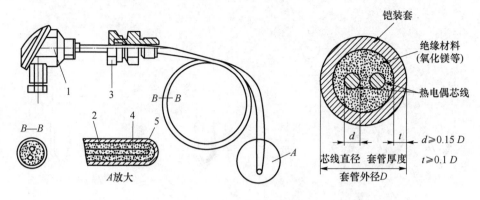

图 4.2.11　铠装热电偶

3. 薄膜热电偶

薄膜热电偶的结构可分为片状、针状等,图 4.2.12 为片状薄膜热电偶,由测量结点、薄膜 A、衬底、薄膜 B、接头夹、引线所构成。薄膜热电偶主要用于测量固体表面小面积瞬时变化的温度。其优点是热容量小、时间常数小、反应速度快等。

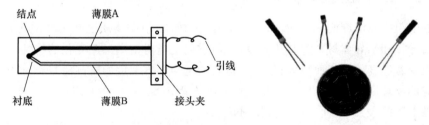

图 4.2.12　片状薄膜热电偶

4. 并联热电偶

一般采用热电偶并联的方法测量平均温度,如图 4.2.13 所示。3 个同型号的热电偶热端分别置于 T_1、T_2 和 T_3 的环境中,冷端均置于 T_0 且并联在一起,每个热电偶串联较大均衡电阻 R,输入毫伏值,毫伏表所测为 3 个热电偶输出热电势之和,即 $E = \dfrac{E_1 + E_2 + E_3}{3}$,为 3 个测温点的平均温度 $T = \dfrac{T_1 + T_2 + T_3}{3}$。

5. 串联热电偶

采用热电偶串联的方法可以测量几个温度点的温度值之和。串联热电偶又称热电堆,它是把若干个相同型号的热电偶同极性串联在一起,所有热电偶的热端处于同一温度 T 之下,冷端处于另一温度 T_0,则毫伏表所测的热电势是串联热电偶与热电势之和。如图 4.2.14 所示为三个同型号的热电偶及相同的补偿导线组成的串联热电堆,毫伏表所测电势为 $E = E_1 + E_2 + E_3$,显然测量的灵敏度提高了,这种测量的缺点是任意一个热电偶的失效,都会造成无法测量。

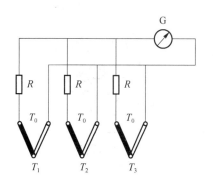 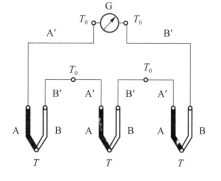

图 4.2.13　并联热电偶　　　　　　图 4.2.14　串联热电偶

4.3　热电阻测温

4.3.1　热电阻变换原理

物质的电阻率随温度变化的物理现象称为热阻效应,根据物质的热阻效应可用于温度的测量。金属导体和半导体材料都有热阻效应,但它们的电阻值随温度变化的特性不一样,金属材料的电阻随着温度的升高而增大,半导体材料的电阻随着温度的升高而减小,而且两种材料的热阻效应的物理原理也不相同。根据热电阻的电阻温度特性,热电阻可分为金属热电阻和半导体热敏电阻两大类,下面我们将分别讨论。

对于金属材料,当温度增加时,自由电子的动能增加,使之作定向运动所需要的能量就增加,则金属的阻值增加。设金属热电阻的电阻温度系数为 α,当温度为 t_0 时电阻值为 R_0,温度 t 时的电阻值为 R_t,则 R_t 与 R_0 的关系描述为

$$R_t = R_0[1+\alpha(t-t_0)] \tag{4.3.1}$$

其中 α 单位温度引起的电阻相对变化率,即

$$K = \frac{1}{R_0} \cdot \frac{dR_t}{dt} = \alpha \tag{4.3.2}$$

金属电阻温度系数 α 一般在 $(0.3\% \sim 0.6\%)/℃$ 之间。绝大多数金属导体的电阻温度系数 α 随温度变化,并不是一个常数,在一定的温度范围内变化较小,可以视为常数。不同的金属,温度系数 α 保持常数的温度范围不相同,一般选择的测温范围在金属电阻温度系数的常值温度范围内。

4.3.2　金属热电阻

用于金属热电阻的金属材料有铂、铜、镍等。为了获得较高灵敏度和较好的动态特性,这些金属材料具有较大的电阻温度系数和较高的电阻率。同时在测温范围内,材料的物理、化学特性保持稳定,生产成本要低,工艺实现容易等。

1. 铂热电阻

金属铂具有稳定的物理和化学特性,耐氧化能力强,并且能在很宽的温度范围内(1 200 ℃以

下)保持热电特性、理化特性稳定。同时铂热电阻的电阻率较高,可加工性能好,可以制成非常薄的铂箔或极细的铂丝等,是性能最佳的热电阻。国际温标 ITS—90 规定,在 $-259.34 \sim 961.78$ ℃温度范围内,以铂电阻温度计作为基准温度仪器。

铂的纯度用以 100 ℃时的电阻值与 0 ℃时的电阻值之比来表示,即 $W_{100} = \dfrac{R_{100}}{R_0}$,$W_{100}$ 越大纯度越高。目前技术铂的纯度已达到 99.999 5%,对应的 $W_{100} = 1.393\ 0$。国际温标 ITS—90 规定,标准温度仪器铂电阻的 W_{100} 应大于 1.392 5,一般工业领域使用的铂电阻的 W_{100} 大于 1.385 0。

铂电阻温度传感器以其在 0 ℃的电阻值来分度,对应相应的阻值,实际应用较多的铂电阻分度有 Pt1000、Pt500、Pt100 和 Pt10,其中 Pt100 最为常用,其 0 ℃阻值为 100 Ω。

铂热电阻,设温度为 0 ℃时铂热电阻的电阻值为 R_0,温度 t 时铂热电阻的电阻为 R_t,系数 $A = 3.968\ 47 \times 10^{-3}$（℃）$^{-1}$,$B = -5.847 \times 10^{-7}$（℃）$^{-2}$,$C = -4.22 \times 10^{-12}$（℃）$^{-4}$,则铂热电阻的电阻 R_t 与温度 t 之间的关系分为个代数方程的描述

在 $-200 \sim 0$ ℃时

$$R_t = R_0 [1 + At + Bt^2 + C(t-100)t^3] \tag{4.3.3}$$

在 $0 \sim 850$ ℃时

$$R_t = R_0 (1 + At + Bt^2) \tag{4.3.4}$$

2. 铜热电阻

铜热电阻也是一种常用的热电阻,铜电阻的电阻值与温度的关系几乎呈线性,其材料易提纯,价格低廉。但铜热电阻温度系数高,电阻率较低,因此铜热电阻体积较大,动态特性差,机械强度低,易被氧化,不宜在侵蚀性介质中使用,理化性能相比铂热电阻稳定性差。

在 $-50 \sim 150$ ℃温度范围内,铜热电阻与温度之间的关系如下

$$R_t = R_0 [1 + At + Bt^2 + Ct^3] \tag{4.3.5}$$

式(4.3.5)中 R_0 为温度为 0 ℃时铜热电阻的电阻值,R_t 为温度为 t 时铜热电阻的电阻值,系数 A,B,C 由实验确定,$A = 4.288\ 99 \times 10^{-3}$（℃）$^{-1}$,$B = -2.133 \times 10^{-7}$（℃）$^{-2}$,$C = 1.233 \times 10^{-9}$（℃）$^{-3}$。

我国生产的铜热电阻的代号为 WZC,铜热电阻的纯度也用以 100 ℃时的电阻值与 0 ℃时的电阻值之比来表示,即 $W_{100} = \dfrac{R_{100}}{R_0}$,$W_{100}$ 越大纯度越高,铜热电阻的纯度 W_{100} 不小于 1.425。

铜热电阻也以其在 0 ℃的电阻值来分度,对应相应的阻值,实际应用较多的铜电阻分度号有 Cu50 和 Cu100。在 $-50 \sim 50$ ℃温度范围内,其误差为 ± 0.5 ℃;在 $50 \sim 150$ ℃温度范围内,其误差为 $\pm 1\% t$。

3. 金属热电阻的结构

热电阻的结构主要由不同材料的电阻丝绕制而成,为了避免通过交流电时产生感抗,或有交变磁场时产生感应电动势,在绕制时要采用双线无感绕制法。由于通过这两股导线的电流方向相反,从而使其产生的磁通相互抵消。铂热电阻结构如图 4.3.1(a)所示,它由电阻体、瓷绝缘套管、不锈钢保护套、安装固定件和接线盒组成,其中敏感温度的是电阻体,由骨架、铂热电阻丝、保护膜、引线端等构成,如图 4.3.1(b)所示,铜热电阻的结构如图 4.3.2 所示。它由铜引出线、补偿线阻、铜热电阻线、线圈骨架所构成。采用与铜热电阻线串联的补偿线阻是为

了保证铜电阻的电阻温度系数与理论值相等。

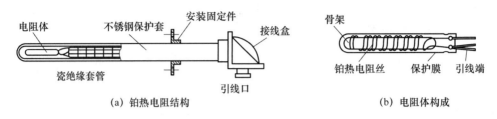

(a) 铂热电阻结构　　　　　(b) 电阻体构成

图 4.3.1　铂热电阻结构

图 4.3.2　铜热电阻结构

4.3.3　半导体热敏电阻

半导体材料中参与导电的是载流子,载流子的密度要比金属中的自由电子的密度小得多,所以半导体的电阻率大。当温度升高时,半导体中的价电子受热激发跃迁到较高能级而产生的新的电子空穴对,导致电阻率减小;同时半导体材料的载流子的平均迁移率增大,导致电阻率增大。因此半导体材料的电阻率随温度变化相对于金属材料来说更复杂,半导体热敏电阻是利用半导体材料的电阻率随温度变化的性质而制成的温度敏感元件。

1. 半导体热敏电阻的类型

半导体材料的电阻率随温度变化有 PTC 型、CTR 型和 NTC 型三种类型,如图 4.3.3 所示。PTC 型半导体材料的电阻率,先随温度的升高而减小,然后又迅速地随温度的升高而增大,低温段为小的负温度系数,然后变为大的正温度系数;CTR 型的半导体材料的电阻率随温度的升高一直减小,但是电阻率的变化在中间的温度点有一个大的突变,当温度高于这个温度时,电阻率急剧减小;NTC 型的半导体材料的电阻率随温度的升高而减小,电阻率与温度之间的关系近似于线性的关系。PTC 和 CTR 热敏电阻随温度变化的特性为剧变型。适合在某一较窄的温度范围内用作温

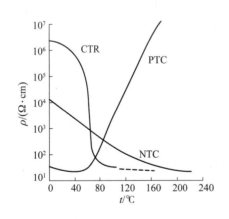

图 4.3.3　半导体热敏电阻的温度特性曲线

度开关或温度监测元件,而 NTC 热敏电阻随温度变化的特性为缓变型,适合在稍宽的温度范围内用作温度测量元件,也是目前主要使用的热敏电阻。

PTC 型热敏电阻,又称为正温度系数(PTC)剧变型热敏电阻。由强电介质钛酸钡掺杂铝或锶部分取代钡离子的方法制成,其居里点为 120 ℃。根据掺杂量的不同,可以适当调节 PTC 热敏电阻的居里点,因此又称为 PTC 铁电半导体陶瓷。

CTR 型热敏电阻,又称为临界热敏电阻,是钒、钡、锶、磷等元素氧化物的混合烧结体,骤变温度随添加锗、钨、钼等的氧化物而变化,当温度升高接近某一温度(如 68 ℃)时,电阻率大大下降,产生突变的特性,因此 CTR 能够作为控温报警等应用。

NTC 型热敏电阻,电阻率随着温度的增加比较均匀地减小,称为负温度系数热敏电阻,具有均匀的感温特性。NTC 型热敏电阻采用负温度系数很大的固体多晶半导体氧化物的混合物制成,例如用铜、铁、铝、锰、钴、镍、铼等氧化物,取其中 2~4 种,按一定比例混合,烧结而成,改变其氧化物的成分和比例,就可以得到不同测温范围、阻值和温度系数的 NTC 热敏电阻。

2. 半导体热敏电阻的热电特性

主要讨论作为温度测量元件 NTC 热敏电阻的温度特性,NTC 热敏电阻的阻值与温度的关系近似符合指数规律,可以写为

$$R_t = R_0 e^{B\left(\frac{1}{T}-\frac{1}{T_0}\right)} = R_0 \exp\left[B\left(\frac{1}{T}-\frac{1}{T_0}\right)\right] \tag{4.3.6}$$

式中:T——被测温度(K),$T=t+273.16$;

T_0——参考温度(K),$T_0=t_0+273.16$;

R_t——温度 T(K)时热敏电阻的电阻值(Ω);

R_0——温度 T_0(K)时热敏电阻的电阻值(Ω);

B——热敏电阻的材料常数(K),通常由实验获得,一般在 2 000~6 000 K。

根据式(4.3.2)热敏电阻的温度系数为

$$\alpha_T = \frac{1}{R_T}\frac{dR_T}{dT} = \frac{-B}{T^2} \tag{4.3.7}$$

由式(4.3.7)可知:热敏电阻的温度系数随温度的升高而迅速减小,如果 $B=4\,000$ K,$T=293.16$ K($t=20$ ℃)时,可得:$\alpha_T=-4.75\%/℃$,是铂热电阻的 10 倍以上。

3. 半导体热敏电阻的伏安特性

半导体热敏电阻是非线性的电阻,图 4.3.4 画出了 9 个热敏电阻的伏安特性。由图中伏安特性可知,当热敏电阻的电流较小时,即热敏电阻的吸收功率小于 1 mW 时,伏安特性为线性的关系。当热敏电阻的电流较大,吸收功率大于 10 mW 时,热敏电阻自身温度升高,热敏电阻出现负阻特性,伏安特性出现较大的非线性,虽然热敏电阻的电流增大,但阻值减小,端电压下降。因此,使用热敏电阻进行温度测量时,热敏电阻的工作电流一定要小,使其功率小于 1 mW,以减小热敏电阻自热效应的影响。

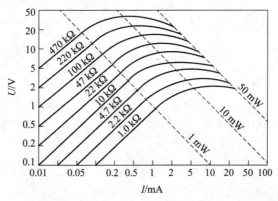

图 4.3.4　热敏电阻的典型伏安特性

热敏电阻有电阻温度系数大、体积小、可以做成各种形状且结构简单等优点,目前被广泛用于点温、表面温度、温差和温度场的测量中。其主要缺点是同一型号产品的特性和参数差别大,因而互换性差,并且热敏电阻的灵敏度变化较大,也给使用带来一定不便。

热敏电阻的负的温度系数和性能分散性较大的特点,与大部分电子元器件和机械结构的正温度特性和较大的温度分散性恰好匹配,在航空航天上热敏电阻经常用于温度补偿,以确保航空航天设备的宽温度范围的特性。

4.3.4 热电阻电桥变换电路

温度变化时,金属热电阻或半导体热敏电阻的阻值将发生变化,需要通过电桥电路将其转换成电压信号,方便信号的采集和处理,即电阻电桥的变换原理,电阻电桥的变换方法适用于所有的电阻式传感器信号的变换,不限于热电阻。

1. 平衡电桥电路

平衡电桥电路原理如图 4.3.5 所示,是电阻式传感器的静态标定电桥电路,不用于温度测量。桥臂 1 和桥臂 2 为固定的电阻,且满足 $R_1 = R_2 = R_0$,桥臂 3 接入精密电阻箱 R_w,桥臂 4 接入待测的热电阻 R_t。当热电阻 R_t 置于温度 t 时,待温度传感器完成了热交换,达到了稳态响应时,调整精密电阻箱的阻值,使得电桥输出为零,则此时电桥平衡为

$$R_t = R_w \tag{4.3.8}$$

则获得温度为 t 时,热电阻的阻值大小。平衡电桥的方法,可以用精密电阻箱标定温度传感器的电阻值,抗扰性强,不受电桥工作电压的影响,但是标定精度依赖于温度传感器的标准温度环境。

2. 不平衡电桥电路

不平衡电桥电路如图 4.3.6 所示,初始温度 t_0 时,热电阻 R_t 的阻值为 R_0,桥臂 1、桥臂 2 和桥臂 3 为固定电阻,且 $R_1 = R_2 = R_3 = R_0$,桥臂 4 接入热电阻 R_t,电桥处于平衡状态,输出电压为零。当温度变化时,热电阻 R_t 的阻值随之发生变化,$R_t \neq R_0$,电桥处于不平衡状态,其输出电压为

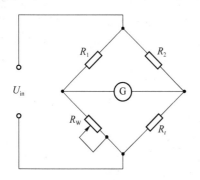

图 4.3.5 平衡电桥电路原理

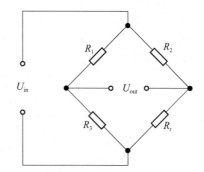

图 4.3.6 不平衡电桥电路原理

$$U_{out} = \frac{\Delta R_t}{2(2R_0 + \Delta R_t)} U_{in} \tag{4.3.9}$$

式中:U_{in}——电桥的工作电压(V);

U_{out}——电桥的输出电压(V);

ΔR_t——热电阻的变化量(Ω)。

这种方法的特点是:快速、小范围线性、易受电桥工作电压的干扰。

3. 三线制电桥电路

不平衡电桥实际测温的环境可能是复杂的工业环境,热电阻置于的温度场与电桥电路的距离较远,热电阻需要连接较长的导线接入电桥。热电阻的引入导线通常是金属导线,必然有温度系数,因此引线自身电阻也会随温度变化,且引线置于的温度场变化复杂,引线阻值变化具有不确定性,必将带来电桥电路的输出电压的误差。为了解决引线电阻随温度变化带来的测量误差,热电阻接入电桥的引线采用三根完全相同的引线,阻值通常为 5 Ω,实际测温时三根引线并排紧密放置,经过相同的温度变化区域,确保引线的阻值的温度变换环境一致,即为三线制电桥电路。设热电阻的引线阻值分别为 r_1、r_2 和 r_3,为温度系数、材料、直径、长度和阻值完全相同的引线,其中两根引线接入热电阻的同一个端子,如图 4.3.7 所示。三线制电桥的接线方式有两种形式,热电阻两端的两根引线分别接入相邻的桥臂,第三根引线或者接入电源端如图 4.3.7(a)所示或者接入测量端如图 4.3.7(b)所示。

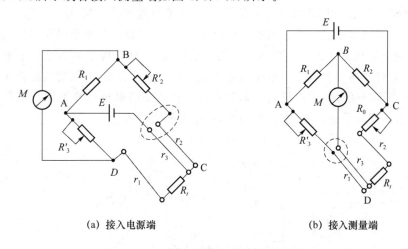

(a) 接入电源端　　　　　　　　(b) 接入测量端

图 4.3.7　三线制电阻在测量电桥中的接法

图 4.3.7(a)所示三线制电桥的接线方法,与两根引线相比较,改变了引线电阻接入同一个桥臂,以及电源加载在虚框处的问题。如图所示热电阻引线 r_1 和 r_2 分别接入桥臂 2 和桥臂 4,桥臂 2 为 R'_2 与 r_2 串联,阻值为 $R_2=R'_2+r_2$,桥臂 4 为 R_t 与 r_1 串联,阻值为 $R_4=R_t+r_1$,电桥的电源通过 r_3 加载在电桥的 AC 间,输出为 U_{BD}。引线 r_1 和 r_2 分别串联相邻桥臂 2 和桥臂 4 的电阻,则引线电阻随温度变化必将不影响电桥电压的输出。

设温度为 t 时电桥平衡,4 个桥臂的电阻分别为 R_1、$R_2=R'_2+r_2$、$R_3=R'_3$、$R_4=R_t+r_1$,且 $R_1=R_3$,$R'_2=R_t$,引线电阻满足 $r_1=r_2=r_3=r$,$U_{BD}=0$,则满足

$$R_1R_4=R_2R_3,即 R_1(R_t+R)=(R'_2+r)R_3 \tag{4.3.10}$$

当温度变化 Δt 时,热电阻变化 ΔR_t,引线电阻变化 Δr,则 4 个桥臂的电阻分别为 R_1、$R_2=R'_2+r+\Delta r$、$R_3=R'_3$、$R_4=R_t+\Delta R_t+r+\Delta r$,则电桥有不平衡电压的输出 U_{BD} 为

$$U_{BD}=E\left(\frac{R_4}{R_3+R_4}-\frac{R_2}{R_1+R_2}\right)=E\frac{R_1R_4-R_2R_3}{(R_1+R_2)(R_3+R_4)} \tag{4.3.11}$$

代入各桥臂电阻可得

$$U_{BD} = E \frac{R_1(R_t + r + \Delta R_t + \Delta r) - (R_2' + r + \Delta r)R_3}{(R_1 + R_2)(R_3 + R_4)} \tag{4.3.12}$$

代入式(4.3.10)初始平衡条件,可得

$$U_{BD} = E \frac{R_1 \Delta R_t}{(R_1 + R_2')\left(1 + \frac{r + \Delta r}{R_1 + R_2'}\right)(R_3 + R_t)\left(1 + \frac{r + \Delta R_t + \Delta r}{R_3 + R_t}\right)} \tag{4.3.13}$$

式(4.3.13)中$\frac{r + \Delta r}{R_1 + R_2'} \ll 1$, $\frac{r + \Delta R_t + \Delta r}{R_3 + R_t} \ll 1$,代入化简可得

$$U_{BD} \approx \frac{R_1 E}{(R_1 + R_2')^2} \Delta R_t \tag{4.3.14}$$

从式(4.3.14)找个可知,电桥电压与 ΔR_t 近似线性的关系,与温度引起的引线电阻变化 Δr 无关。

图 4.3.7(b)的三线制接线方式的工作原理与图 4.3.7(a)接线方式类似,这里不再赘述。

4. 三线制自动平衡电桥电路

三线制自动平衡电桥电路如图 4.3.8 所示,A 为差分放大器,SM 为伺服电机,R_W 为电位器。电桥始终处于自动平衡状态。当被测温度变化时,电桥输出不平衡电压,经过差分放大器 A 放大,驱动伺服电机 SM 带动电位器 R_W 的电刷移动,直到电桥重新自动处于平衡状态,此时驱动伺服电机转动角度的大小与电位器的线性位移是比例关系,与温度为线性关系,这样温度的变化大小就可以通过伺服电机的转角来测量。自动平衡电桥电路工作在闭环,测温系统引入了负反馈,温度测量快速好,线性范围大,抗干扰能力强等优点。

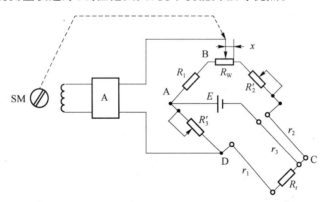

图 4.3.8　三线制自动平衡电桥电路

自动平衡电桥的三线制连接方式与上述三线制电桥原理相同。

5. 四线制电桥电路

为了消除热电阻引线电阻温度变化带来的测量误差,可以采用前述的三线制不平衡电桥电路,也可以采用四线制电桥电路,如图 4.3.9 所示。四根引线阻值分别为 r_1、r_2、r_3 和 r_4,由温度系数、材料、直径、长度和阻值完全相同的引线构成,引线阻值 $r_1 = r_2 = r_3 = r_4 = r$,通常为 5 Ω,实际测温时四根引线并排紧密放置,经过相同的温度变化区域,确保引线的阻值的温度变换环境一致。两根引线 r_1 和 r_2 分别串联热电阻后接入桥臂 1,另外两根引线 r_3 和 r_4 串联接入相邻的桥臂 2,R_0 为电位器。未测温时,调整 R_0 使电桥平衡,$U_{BD} = 0$,设电桥平衡时,R_0 中

桥臂 1 串联的阻值为 R_0'，桥臂 2 串联的阻值为 R_0''，且 $R_0''=R_0-R_0'$。此时桥臂 1 的电阻为 $R_1=R_t+2r+R_0'$，桥臂 2 的电阻为 $R_2=R_2'+2r+R_0''=R_2'+2r+R_0-R_0'$，桥臂 3 电阻为 R_3，桥臂 4 的电阻为 R_4，且 $R_3=R_4=R$，未测温之前电桥平衡，桥臂电阻之间满足

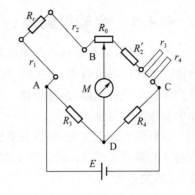

$$R_1R_4=R_2R_3 \qquad (4.3.15)$$

将式(4.3.15)代入未测温时各桥臂电阻约束关系，则有

$$R_t=R_2'+R_0-2R_0' \qquad (4.3.16)$$

当温度变化 Δt 时，热电阻变化 ΔR_t，引线电阻变化 Δr，则 4 个桥臂的电阻分别为 $R_1=R_t+2r+R_0'+\Delta R_t+2\Delta r$、$R_2=R_2'+2r+R_0-R_0'+2\Delta r$、桥臂 3 和桥臂 4 电阻保

图 4.3.9 四线制电路电桥

持 R_3 和 R_4 不变，则电桥有不平衡电压的输出 U_{BD} 为式(4.3.11)，代入桥臂电阻则 U_{BD} 为

$$U_{BD}=E\frac{(R_t+2r+R_0'+\Delta R_t+2\Delta r)-(R_2'+2r+R_0-R_0'+2\Delta r)}{2\left[(R_t+2r+R_0'+\Delta R_t+2\Delta r)+(R_2'+2r+R_0-R_0'+2\Delta r)\right]} \qquad (4.3.17)$$

代入各桥臂电阻和初始平衡条件，可得

$$U_{BD}=E\frac{\Delta R_t}{2(R_t+4r+4\Delta r+\Delta R_t+R_2'+R_0)}$$
$$=\frac{E}{2}\frac{\Delta R_t}{(R_t+R_2'+R_0)\left(1+\dfrac{4r+4\Delta r+\Delta R_t}{R_t+R_2'+R_0}\right)} \qquad (4.3.18)$$

式(4.3.18)中 $\dfrac{4r+4\Delta r+\Delta R_t}{R_t+R_2'+R_0}\ll 1$，代入化简可得

$$U_{BD}=\frac{E}{2}\frac{\Delta R_t}{(R_t+R_2'+R_0)} \qquad (4.3.19)$$

显然 $U_{BD}\propto\Delta R_t$，输出电压与热电阻的变化是线性关系，与热电阻的引线电阻无关。

4.4 非接触测温

非接触式测温在温度测量时温度敏感元件与被测对象互不接触，因此称作非接触式测温。一般用于测量运动物体或温度变化迅速对象的表面温度，小目标或热容量小的物体温度，或用于测量温度场的温度分布的温度测量。非接触式测温除了测温时与介质不接触，测量的是被测对象的便面温度之外，其测量的温度没有上限，可以测量 1 800 ℃以上的高温，是高温的主要测温方法。

非接触式测温采用热辐射和光电检测的方法。其工作机理是物体辐射能量的大小与物体的温度有关。当温度较低时，辐射能力很弱；当温度升高时，辐射能力变强。当温度高于一定值之后，可以用肉眼观察到发光，其发光亮度与温度值有一定关系。因此，高温及超高温检测可采用热辐射和光电检测的方法，依辐射能量和温度的关系，可以制成非接触式测温系统。随着红外技术的发展，辐射测温温度传感器逐渐由可见光向红外辐射能量转变，700 ℃以下直至常温都已采用红外传感器，且分辨率很高。

4.4.1 全辐射测温

绝对黑体,是指能够在任何温度下将辐射到它表面上的任何波长的能量全部吸收的一种物体。当物体的吸收率 $\alpha=1$ 时,则表示该物体能全部吸收投射来的各种波长的热辐射线,这种物体称为绝对黑体,简称黑体。黑体是对热辐射线吸收能力最强的一种理想化物体,实际物体中没有绝对黑体。

辐射温度的定义为:物体的总辐射能量 E_T 等于绝对黑体的总辐射能量时,黑体的温度即为物体的辐射温度 T_r,设温度 T 时物体的全辐射发射系数为 ε_T,则物体真实温度 T 与辐射温度 T_r 的关系为

$$T = T_r \frac{1}{\sqrt[4]{\varepsilon_T}} \qquad\qquad (4.4.1)$$

全辐射测温原理基于绝对黑体在全光谱范围内总辐射能量与温度的关系测量温度,由于实际物体的吸收能力小于绝对黑体,所以全辐射测温一般低于物体的真实温度。

全辐射测温系统的结构如图 4.4.1 所示,由辐射感温器及显示仪表组成。测温工作过程

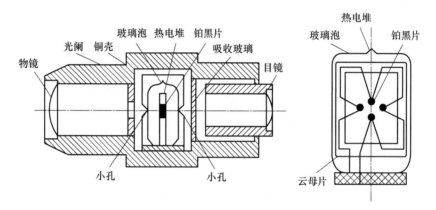

图 4.4.1 全辐射测温系统结构

为被测物的辐射能量经物镜聚焦到热电堆的靶心铂片上,将辐射能转变为热能。再由热电堆变成热电动势。由显示仪表显示出热电动势的大小,由热电动势的数值可知所测温度的大小。这种测温系统适用于远距离、不能直接接触的高温物体,其测温范围为 100~2 000 ℃。

4.4.2 亮度式测温

亮度式测温利用物体的单色辐射亮度随温度变化的原理,并以被测物体光谱的一个狭窄区域内的亮度与标准辐射体的亮度进行比较来测量温度。由于实际物体的单色辐射发射系数小于绝对黑体,因而实际物体的单色亮度小于绝对黑体的单色亮度,故系统测得的温度值低于被测物体的真实温度 T,所测得的温度称为亮度温度。若以 T_L 表示被测物体的亮度温度,则物体的真实温度与亮度温度 T_L 之间的关系为

$$\frac{1}{T} - \frac{1}{T_L} = \frac{\lambda}{C_2} \ln \varepsilon_{\lambda T} \qquad\qquad (4.4.2)$$

式中:$\varepsilon_{\lambda T}$——单色辐射发射系数;

C_2——第二辐射常数,0.014 388 m·K;

λ——波长(m)。

亮度式测温系统的形式很多,较常用的有灯丝隐灭式亮度测温系统和各种光电亮度测温系统。灯丝隐灭式亮度测温系统以其内部高温灯泡灯丝的单色亮度作为标准,并与被测辐射体的单色亮度进行比较来测温。依靠人眼可比较被测物体的亮度,当灯丝亮度与被测物体亮度相同时,灯丝在被测温度背景下隐没,被测物体的温度等于灯丝的温度,而灯丝的温度则由通过它的电流大小来确定。由于这种方法的亮度依靠人的目测实现,故误差较大。光电亮度式测温系统可以克服此缺点,它利用光电元件进行亮度比较,从而可实现自动测量。图 4.4.2给出了这种形式的一种实现方法。将被测物体与标准光源的辐射经调制后射向光敏元件,当两光束的亮度不同时,光敏元件产生输出信号,经放大后驱动与标准光源相串联的滑线电阻的活动触点向相应方向移动,以调节流过标准光源的电流,从而改变它的亮度。当两束光的亮度相同时,光敏元件信号输出为零,这时滑线电阻触点的位置即代表被测温度值。这种测温系统的量程较宽,具有较高的测量精度,一般用于测量 $700\sim3\,200\,℃$ 范围内的浇铸、轧钢、锻压和热处理时的温度。

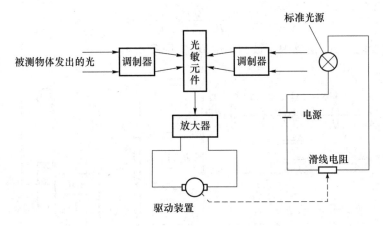

图 4.4.2　光电亮度式测温原理

4.4.3　比色测温

比色测温系统以测量两个波长的辐射亮度之比为基础,故称之为"比色测温法"。通常利用此法测温时,将波长选在光谱的红色和蓝色区域内,仪表所显示的值为"比色温度"。其定义为:非黑体辐射的两个波长 λ_1 和 λ_2 的亮度 $L_{\lambda_1 T}$ 和 $L_{\lambda_2 T}$ 之比值等于绝对黑体相应的亮度 $L_{\lambda_1 T}^{*}$ 和 $L_{\lambda_2 T}^{*}$ 之比值时,绝对黑体的温度被称为该黑体的比色温度,以 T_P 表示。它与非黑体的真实温度 T 的关系为

$$\frac{1}{T}-\frac{1}{T_P}=\frac{\ln\dfrac{\varepsilon_{\lambda 1}}{\varepsilon_{\lambda 2}}}{C_2\left(\dfrac{1}{\lambda_1}+\dfrac{1}{\lambda_2}\right)} \tag{4.4.3}$$

式中:$\varepsilon_{\lambda 1}$——对应于波长 λ_1 的单色辐射发射系数;

$\varepsilon_{\lambda 2}$——对应于波长 λ_2 的单色辐射发射系数;

C_2——第二辐射常数,$0.014\,388\ \mathrm{m\cdot K}$。

由式(4.4.3)可以看出,当两个波长的单色发射系数相等时,物体的真实温度 T 与比色温

度 T_P 相同。一般灰体的发射系数不随波长而变,故它们的比色温度等于真实温度。对待测辐射体的两测量波长按工作条件和需要选择,通常 λ_1 对应为蓝色,λ_2 对应为红色。对于很多金属,由于单色发射系数随波长的增加而减小,所以比色温度稍高于真实温度。通常 $\varepsilon_{\lambda 1}$ 与 $\varepsilon_{\lambda 2}$ 非常接近,所以比色温度与真实温度相差很小。

图 4.4.3 给出了比色测温系统的结构示意图,包括透镜 L、分光镜 G、滤光片 K_1,K_2、光敏元件 A_1,A_2、放大器 A、可逆伺服电机 SM 等。工作过程是:被测物体的辐射经透镜 L 投射到分光镜 G 上,而使长波透过,经滤光片 K_2 把波长为 λ_2 的辐射光投射到光敏元件 A_2 上。光敏元件的光电流 $I_{\lambda 2}$ 与波长 λ_2 的辐射强度成正比。则电流 $I_{\lambda 2}$ 在电阻 R_3 和 R_x 上产生的电 U_2 与波长 λ_2 的辐射强度也成正比;另外,分光镜 G 使短波辐射光被反射,经滤光片 K_1 把波长为 λ_1 的辐射光投射到光敏元件 A_1。同理,光敏元件的光电流 $I_{\lambda 1}$ 与波长 λ_1 的辐射强度成正比。电流 $I_{\lambda 1}$ 在电阻 R_1 上产生的电压 U_1 与波长的辐射强度也成正比,当 $\Delta U = U_2 - U_1 \neq 0$ 时,ΔU 经放大后驱动伺服电动机 SM 转动,带动电位器 R_w 的触点向相应方向移动,直到 $U_2 - U_1 = 0$,电动机停止转动,此时

$$R_x = \frac{R_2 + R_w}{R_2}\left(R_1 \frac{I_{\lambda 1}}{I_{\lambda 2}} - R_3\right) \tag{4.4.4}$$

电位器的变阻值 R_x 值反映了被测温度值,参见图 4.4.3。

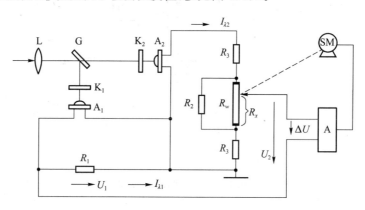

图 4.4.3 比色测温系统结构

比色测温系统可用于连续自动检测钢水、铁水、炉渣和表面没有覆盖物的高温物体温度。其量程为 $800 \sim 2\,000\,℃$,测量精度为 0.5%。优点是反应速度快,测量范围宽,测量温度接近实际值。

4.4.4 红外测温

红外线是位于可见光中红光以外的光线,故称为红外线。红外线与可见光、紫外线、X 射线、γ 射线和微波、无线电波一起构成了整个无限连续的电磁波谱。红外线的波长范围大致在 $0.75 \sim 1\,000\,\mu m$,是一种人眼看不见的光线,但实际上任何物体,只要它的温度高于绝对零度,就有红外线向周围空间辐射。

红外辐射的物理本质是热辐射,红外辐射是全辐射中波长在红外波段的辐射,与全辐射原理类似,物体的温度越高,辐射出来的红外线越多,红外辐射的能量就越强。研究发现,太阳光谱各种单色光的热效应从紫色光到红色光逐渐增大,最大的热效应出现在红外辐射的频率范

围内,因此人们又将红外辐射称为热辐射或热射线,并且红外测温具有较高的灵敏度。

红外测温仪由光学系统、光电探测器、信号放大器及信号处理、显示输出等部分组成。光学系统汇聚其视场内的目标红外辐射能量,视场的大小由测温仪的光学零件及其位置确定。红外能量聚焦在光电探测器上并转变为相应的电信号。该信号经过放大器和信号处理电路,并按照仪器内疗的算法和目标发射率校正后转变为被测目标的温度值。除此之外,还应考虑目标和测温仪所在的环境条件,如温度、气氛、污染和干扰等因素对性能指标的影响及修正方法,如图 4.4.4 所示。

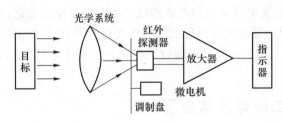

图 4.4.4　红外测温仪结构

红外热像仪可将不可见的红外辐射变为可见的热图像,不同的物体或者同一物体不同部位辐射能力和它们对红外线的反射强弱不同,利用物体与背景环境的辐射差异以及景物本身各部分辐射的差异,热图像能够呈现景物各部分的辐射起伏,从而能够显示景物的特征。热图像其实就是目标表面温度分布的图像。

红外热像仪基本工作原理为:红外线透过特殊的光学镜头,被红外探测器所吸收,探测器将强弱不等的红外信号转化成电信号,再经过变换电路的放大、信号处理和视频显示计算,形成符合人眼观察习惯的热图像,并显示到屏幕上,如图 4.4.5 所示。

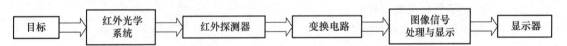

图 4.4.5　红外热像仪的工作原理

红外热像仪有测温型和非测温型两种。测温型红外热像仪可以直接从热图上读出物体表面任意点的温度数值,可作为无损检测仪器,使用时与被测介质距离比较近,如图 4.4.6(a)所示。非测温型红外热像仪,只能观测到物体表面热辐射的差异,作为观测工具,使用时与被测的介质距离较远,如图 4.4.6(b)所示。

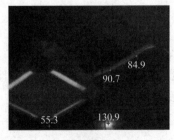

(a) 测温型　　　　　　　　　　　　　　(b) 非测温型

图 4.4.6　红外热像仪热像图

除了上述两类辐射温度计外,还有其他一些利用光电管、光电池、光敏电阻、热电元件等作为光敏元件的辐射式温度计。这些辐射温度计对光谱具有一定的选择性。仅对部分光谱能量进行测量,故亦称部分辐射温度计。它们的特点是灵敏度高,测温下限低和响应速度较快。

4.5 半导体 P-N 结测温

半导体 P-N 结测温系统以 P-N 结的温度特性为理论基础。当 P-N 结的正向压降或反向压降保持不变时,正向电流和反向电流都随着温度的改变而变化;而当正向电流保持不变时,P-N 结的正向压降随温度的变化近似于线性变化,大约以 $-2\,\mathrm{mV/℃}$ 的斜率随温度变化。因此,利用 P-N 结的这一特性,可以对温度进行测量。半导体测温系统利用晶体二极管与晶体三极管作为感温元件。

4.5.1 温敏二极管及其应用

P-N 结的正向电流恒定时,P-N 结的正向电压与温度之间存在良好的线性关系的特点,基于二极管的温度特性可以进行温度测量。

1. 工作原理

对于理想二极管,正向电流 I_F 与正向电压 U_F 和温度 T 之间的关系可表示为

$$U_F = U_{g0} - \frac{k_0 T}{q}\ln\left(\frac{B' T^r}{I_F}\right) \tag{4.5.1}$$

式中:k_0——玻耳滋曼常数;

B'——是与温度无关并包含结面积的常数;

r——与迁移率有关的常数;

q——电子电荷,$q = 1.6 \times 10^{-19}\,\mathrm{C}$;

$U_{g0} = \dfrac{E_{g0}}{q}$,$E_{g0}$——半导体在 0 K 温度时的禁带宽度,单位为 eV。

当正向电流 I_F 恒定,随着温度的升高,正向电压 U_F 将下降,表现出负的温度系数。

如果在某已知的温度(如室温)T_1 下,工作流为 I_{F1},那么相应的正向电压 U_{F1} 应满足式(4.5.1)

$$U_{F1} = U_{g0} - \frac{k_0 T_1}{q}\ln\left(\frac{B' T_1^r}{I_{F1}}\right) \tag{4.5.2}$$

由式(4.5.1)减式(4.5.2)整理得

$$U_F = U_{g0} - (U_{g0} - U_{F1})\frac{T}{T_1} - \left(\frac{k_0 T}{q}\right)\ln\left[\left(\frac{T}{T_1}\right)^r\left(\frac{I_{F1}}{I_F}\right)\right] \tag{4.5.3}$$

式(4.5.2)和式(4.5.3)为硅和锗二极管正向电压与温度之间的关系式,根据这种特性就可以制造温敏二极管,通过对其正向电压的测量来实现对温度的检测。

2. 基本特性

(1) U_F-T 关系

二极管正向工作电流不同,温敏二极管的 U_F-T 关系也将不同,图 4.5.1 给出了一种硅温敏二极管恒流条件下的 U_F-T 特性,从图中可以看出,在 $-50 \sim 150\,℃$ 范围内,U_F-T 之间

具有良好的线性关系。

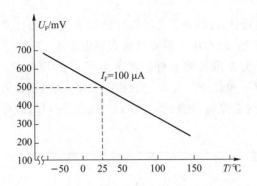

图 4.5.1　2DWMl 硅温敏二极管的 $U_F - T$ 特性

（2）灵敏度特性

定义灵敏度为正向电压对温度的变化率，因此将式（4.5.3）对 T 求偏导，则灵敏度为

$$S = \frac{\partial U_F}{\partial T} = -\frac{U_{g0} - U_{F1}}{T_1} - \frac{k_0}{q} \times \left\{ r - \frac{\partial I_F}{\partial T} \frac{T}{I_F} + \ln \left[\left(\frac{T}{T_1} \right)^r \left(\frac{I_{F1}}{I_F} \right) \right] \right\} \tag{4.5.4}$$

显然温敏二极管灵敏度为负值，与常数 r、温度 T 及电流 I_F 有关。如果保持正向导通电流恒定，当 $I_F = I_{F1}$ 时，灵敏度为

$$S = -\frac{U_{g0} - U_{F1}}{T_1} - \frac{k_0 r}{q} \times \left[1 + \ln \left(\frac{T}{T_1} \right) \right] \tag{4.5.5}$$

从式（4.5.5）可知，当 I_F 恒定时，$|S|$ 随温度的增加而缓慢递增。当 $T = T_1$ 时，灵敏度为

$$S_1 = -\frac{U_{g0} - U_{F1}}{T_1} - \frac{k_0 r}{q} \tag{4.5.6}$$

由式（4.5.6）可知，对于温敏二极管，在 T_1 下的灵敏度 S_1 就取决于正向电流 I_{F1} 或正向电压 U_{F1} 的大小。

（3）自热特性

温敏二极管工作时需要通入恒定的电流，必然产生自热，造成其结温 T_j 高于环境温度 T_A。在稳定状态下，自热温升正比于功耗，设消耗的电功率为 P，比例系数为热阻 R_{TH}，则有自热温升为

$$\Delta T = T_j - T_A = R_{TH} I_F U_F = R_{TH} I_F \left\{ U_{g0} - (U_{g0} - U_{F1}) \left(\frac{T}{T_1} \right) - \left(\frac{k_0 T}{q} \right) \ln \left[\left(\frac{T}{T_1} \right)^r \left(\frac{I_{F1}}{I_F} \right) \right] \right\} \tag{4.5.7}$$

当 $T = T_j$，$I_F = I_{F1}$ 时，由式（4.5.7）可知自热温升为

$$T_j - T_A = R_{TH} I_{F1} \left[U_{g0} - \left(\frac{k_0 T_1}{q} \right) \ln \left(\frac{B' T_1^r}{I_{F1}} \right) \right] \tag{4.5.8}$$

可见，随着 I_{F1} 的增加，自热温升将迅速增加；随着 T_1 的降低，自热温升将增加。对于低温测量，恒定工作电流一般取 $10 \sim 50\ \mu A$。在室温下，对于硅和砷化镓温敏二极管，当工作电流约超过 $300\ \mu A$ 时，就应考虑自热温升。然而，对于某些非温度测量，往往有意加大工作电流，使温敏二极管工作在自热状态下，利用环境条件的变化对温敏二极管温度的影响，实现对某些非温度量如流体流速和液面位置的检测。

3. 典型应用

基于温敏二极管温度特性,已制成了各种温度传感器、换能器以及温度补偿器等。图 4.5.2 是一个简易的温度控制应用实例,用于液氮气流式恒温器中 77~300 K 范围的温度调节控制。其中 VD_T 是温敏二极管,是温度检测元件。调节电阻 U_{R1},可使流过 VD_T 的电流恒定,比较器 μA741 的输入电压为 U_r 和 U_x,U_r 为设定的控制温度,通过调整 R_{R2} 给定,U_x 是温敏二极管的输出电压,是测量的实时温度值,比较器 μA741 的输出随 U_r 和 U_x 电压变化,并驱动加热器加热,实现温度的控制。

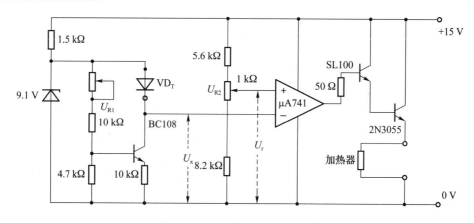

图 4.5.2 简易温度调节器电路

4.5.2 温敏晶体管及其应用

晶体管也具有温度特性,晶体管在集电极电流恒定的条件下,正向电压 U_{BE} 随温度上升而近似线性下降,温度特性与二极管相似,比二极管有更好的线性关系和互换性。

1. 简单原理和基本电路

晶体管的 $I_C - U_{BE}$ 关系比二极管的 $I_F - U_F$ 关系具有更好的电压-温度特性,晶体管的基极-发射极电压与变量 T 和 I_C 的函数关系为

$$U_{BE} = U_{g0} - \frac{k_0 T}{q} \ln\left(\frac{B' T^r}{I_C}\right) \tag{4.5.9}$$

显然,如果电流 I_C 为恒定,则 U_{BE} 仅随温度呈单调和单值变化。根据此原理图 4.5.3(a) 给出了一种最常用的温敏晶体管基本电路。温敏晶体管作为负反馈元件跨接在运算放大器的反相输入端和输出端,同时基极接地。电路的这种接法使得发射结为正偏,而集电结几乎为零偏,这是因为集电极与"虚地"的反相输入端相接。集电极电流 I_C 恒定,大小仅取决于集电极电阻 R_C 和电源电压 U_{CC},与温度无关,电容 C_1 的作用在于防止寄生振荡。图 4.5.3(b)给出了电路 U_{BE} 与温度 T 的关系的实验结果,三条曲线对应不同的集电极电流,集电极电流越小电压温度系数越大,U_{BE} 是 I_C 的对数函数,如式(4.5.9)所示。

2. 典型应用

由两个温敏晶体管组成的温差传感器,其电路如图 4.5.4 所示,输出的是两个待测点的温差,可用于过程监视、控制温度,也可用于报警等。

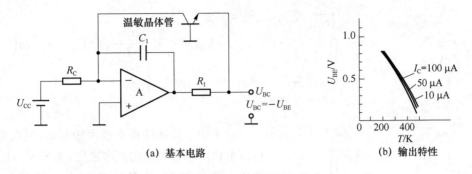

(a) 基本电路　　　　　　　　　(b) 输出特性

图 4.5.3　温敏晶体管的基本电路及其输出特性

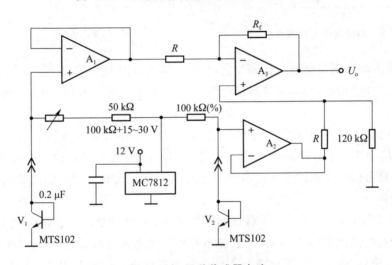

图 4.5.4　温差传感器电路

　　测温系统采用两个温敏晶体管 MTS102 作为测温探头,安装在待测温差的两个位置,分别经过电压跟随器 A_1 和 A_2 后,送入差动放大器 A_3 进行差分放大。当两个测温点温度相同时,调节 100 kΩ 电位器,使差动放大器 A_3 输出为零,输出 U_o 与温差成正比例关系,电压灵敏度由 R_f 和 R 值决定。

4.5.3　集成温度传感器

　　将温敏晶体管及外围电路集成在同一单片上就形成了集成温度传感器,工作原理与温敏晶体管相同,与分立元件的温度传感器相比,集成温度传感器优点在于小型化、使用方便和成本低廉。集成温度传感器的典型工作温度范围是 −50 ~ +150 ℃(223 ~ 423 K),已经广泛应用于需要温度监测、控制和补偿的许多场合。

1. 基本原理及 PTAT 核心电路

　　温度传感器的感温部分称为 PTAT(Proportional to Absolute Temperature)核心电路,采用对管差分电路如图 4.5.5 所示,V_1 和 V_2 是结构和性能上完全相同的晶体管,分别工作在集电极电流 I_{C1} 和 I_{C2} 下,可见电阻 R_1 上的电压为两管基极–发射极电压差,即

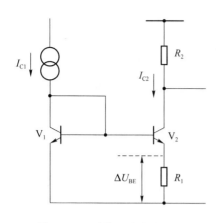

图 4.5.5　对管差分电路原理

$$\Delta U_{BE} = U_{BE1} - U_{BE2}$$

$$= U_{g0} - \frac{k_0 T}{q}\ln\left(\frac{B'T^r}{I_{C1}}\right) - U_{g0} + \frac{k_0 T}{q}\ln\left(\frac{B'T^r}{I_{C2}}\right)$$

$$= \frac{k_0 T}{q}\ln\left(\frac{I_{C1}}{I_{C2}}\right)$$

$$(4.5.10)$$

由于两个晶体管集电极面积相等,因此集电极电流值比等于集电极电流密度比,如果 V_1 和 V_2 管的集电极电流密度分别为 J_{C1} 和 J_{C2},则式(4.5.10)可写为

$$\Delta U_{BE} = \frac{k_0 T}{q}\ln\left(\frac{J_{C1}}{J_{C2}}\right) \qquad (4.5.11)$$

可见,如果两个晶体管的集电极电流密度之比不变,那么电阻 R_1 上的电压 ΔU_{BE} 与绝对温度成正比。设两个晶体管增益极高,忽略基极电流,即集电极电流等于发射极电流,则有

$$\Delta U_{BE} = R_1 I_{C2} \qquad (4.5.12)$$

因此,V_2 的集电极电流 I_{C2} 也正比于绝对温度,由于两个晶体管的集电极电流密度之比恒定,则 V_1 的电流 I_{C1} 也正比于绝对温度,那么总电流 $I_{C1} + I_{C2}$ 正比于绝对温度。由此可见,图 4.5.5 所示的原理电路可以给出正比于绝对温度的电压,亦可给出正比于绝对温度的电流,因此称作 PTAT 核心电路。

对于 PTAT 核心电路,关键在于保证两管的集电极电流密度之比不随温度变化。可采用图 4.5.6 所示的电流镜 PTAT 核心电路,该电路由两对晶体管组成,其中 V_1 和 V_2 是基本的温敏差分对管,敏感温度信号,再加上与它们分别串联的 PNP 管 V_3 和 V_4 就组成了电流镜。由于它们具有完全相同的结构和特性,且发射极偏压又相同,所以使得流过 V_1 和 V_2 的集电极电流在任何温度下始终相等。实际上,在这里我们假设了晶体管的输出阻抗和电流增益均为无穷大,因此可以忽略集电极电流随集电极电压 U_{CE} 的变化及基极电流的影响。为使 V_1 和 V_2 工作在不同的集电极电流密度下,两管采用不同的发射极面积。设其面积比为 n,则两管的电流密度比为面积的反比,因此只要在电路的“+”和“−”端加上高于 U_{BE} 两倍的电压,在电阻 R_1 上将得到两管的基极-发射极电压差为

$$\Delta U_{BE} = \left(\frac{k_0 T}{q}\right)\ln\left(\frac{J_{C1}}{J_{C2}}\right) = \left(\frac{k_0 T}{q}\right)\ln n \qquad (4.5.13)$$

由此可见,在电流镜 PTAT 电路中,ΔU_{BE} 的温度系数仅取决于两管的发射极面积比 n,而 n 与温度无关。由式(4.5.13)可以计算得流过这个电路的左右两支路的电流为

$$I = \frac{\Delta U_{BE}}{R_1} = \left(\frac{k_0 T}{qR_1}\right)\ln n \qquad (4.5.14)$$

于是由“+”端到“−”端流过的总电流为 $I_0 = 2I = 2\left(\frac{k_0 T}{qR_1}\right)\ln n$,如果电阻 R_1 的阻值没有温度系数,不随温度变化,则电路的总电流正比于绝对温度,如图 4.5.6 所示的电路就是一种基本的电流输出型温度传感器。

如图 4.5.6 所示的 PTAT 核心电路的基础上附加一个与 V_3、V_4 相同的 PNP 晶体管 V_5

和电阻 R_2 组成的支路,就构成了电压输出型温度传感器的基本电路,如图 4.5.7 所示。V_5 的发射结电压与 V_3 和 V_4 相同,具有相同的发射极面积,于是流过 V_5 和 R_2 支路的电流与另两支路电流相等,所以输出电压为

$$U_0 = IR_2 = \left(\frac{R_2}{R_1}\right)\left(\frac{k_0 T}{q}\right)\ln n \tag{4.5.15}$$

由式(4.5.15)看出,只要两电阻比为常数,就可以得到正比于绝对温度的输出电压 U_0,输出电压的温度灵敏度可由电阻比 $\frac{R_2}{R_1}$ 和 V_1、V_2 的发射极面积比来调整。

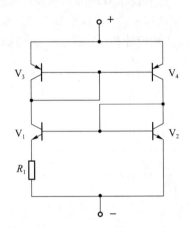

图 4.5.6 电流镜 PTAT 核心电路

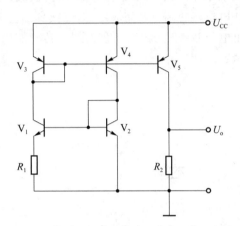

图 4.5.7 电压输出的 PTAT 电路

2. 三端电压输出型

(1) 性能特点

三端电压输出型集成电路温度传感器 LM135、LM235、LM335 有图 4.5.8(a)和图 4.5.8(b)所示的两种封装形式,工作温度范围分别是 $-55\sim150$ ℃、$-40\sim125$ ℃、$-10\sim100$ ℃。这种传感器内部基本部分是一个 PTAT 核心电路和一个运算放大器。外部一个端子接 U^+,一个端子接 U^-,第三个端子为调整端,外部定标时使用。

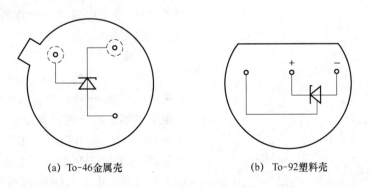

(a) To-46金属壳 　　　　　　　　　(b) To-92塑料壳

图 4.5.8 LM135 系列封装接线

（2）典型应用

如图 4.5.9 所示，把传感器作为一个两端器件与一个电阻串联，调整电源电压 U_{CC} 电压和 R，可以得到灵敏度为 10 mV/K、直接正比于绝对温度的电压输出 U_0。实际上，这时传感器可以看作是温度系数为 10 mV/K 的电压源。传感器的工作电流由电阻 R 和电源电压 U_{CC} 决定：

$$I = \frac{U_{CC} - U_0}{R} \qquad (4.5.16)$$

由式(4.5.16)可以看出，工作电流随温度变化，由于这种电路的电压源内阻极小，所以电流变化并不影响输出电压。

图 4.5.10 给出了可以进行外部定标的传感器电路。这时传感器作为三端器件工作，通过对 10 kΩ 电位器的调节来完成定标，以减少工艺偏差产生的误差。例如，在 25 ℃下，调节电位器使输出电压 $U = 2.982$ V。经过定标，传感器的灵敏度达到设计值 10 mV/K，从而提高了传感器的精度。

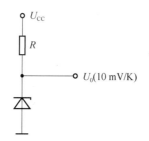

图 4.5.9　基本温度检测电路

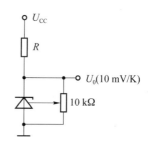

图 4.5.10　可定标的传感器电路

3. 电流输出型

（1）性能特点

AD590 型温度传感器是电流输出型的集成电路温度传感器，工作温度范围 −55～150 ℃，具有一般集成温度传感器灵敏度高、准确度高、体积小、电路接口方便、价格低廉、使用简单等优点。

AD590 型温度传感器是一种两端器件，可视作一个高阻电流源，以电流作为输出量指示温度，其典型的电流温度灵敏度是 1 μA/K，因此没有电压输出型传感器在遥测或遥控应用时长馈线上的电压信号损失和噪声干扰问题，适合远距离测量或控制以及多点温度测量系统。

另外，电流输出可通过一个外加电阻便很容易地变为电压输出。

（2）典型应用

如图 4.5.11 所示，将 AD590 与一个 1 kΩ 精密电阻串联，即得到基本温度检测电路，1 kΩ 电阻上得到正比于绝对温度的电压输出，其灵敏度为 1 mV/K。可见，利用这样一个简单的电路，很容易把传感器的电流输出转换为方便的电压输出。由于 AD590 内阻极高，所以适合远距离测量，而且馈线可采用一般双绞合线。

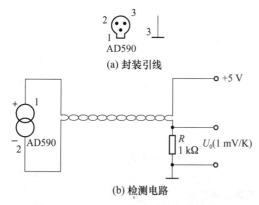

图 4.5.11　AD590 封装引线与检测电路

4.6　航空工程案例——温度测量

1. 航空发动机的温度测量

作为飞机的动力源,新型战机对发动机推重比要求不断提高,目前第四代发动机的推重比为 9~10,未来第五代发动机的预期推重比高达 12。高性能高推重比必然要求提升发动机涡轮进口温度,目前第四代发动机的涡轮叶片进口温度达到了 1 977 K,预计第五代发动机的涡轮叶片进口温度甚至可达 2 000~2 250 K。

长期在高温、高压、高负荷、高转速状态下工作,会导致热端部件的材料强度降低、热端材料蠕变甚至发生断裂,可靠工作寿命减少。涡轮转子叶片作为发动机最为重要的热端部件,是发动机工作温度最高的旋转部件,其耐高温能力直接决定发动机最高的工作温度,准确测量航空发动机涡轮叶片温度至关重要。目前航空发动机涡轮叶片的温度测量技术主要有两类,一类是以热电偶、晶体、示温漆为代表的接触式测温法;另一类是以荧光测温、红外辐射测温、光纤测温等为代表的非接触式测温法。薄膜热电偶、示温漆、辐射式测温方法在涡轮叶片测温上应用较多,是目前最受关注的涡轮叶片表面测温方法。

2. 薄膜热电偶测温

薄膜热电偶是采用电镀、真空蒸镀、真空溅射等技术,将两种厚度仅为几微米的金属薄膜直接镀制在沉积有绝缘材料层的被测部件表面而制成的。薄膜传感器的构造如图 4.6.1 所示,其由与叶片基体成分相近的中间合金膜、生成和溅射 Al_2O_3 的介质膜和蒸镀电极的测量膜三层薄膜构成,前两种膜构成测量膜与叶片基体之间的电气绝缘,测量膜构成传感器的敏感元件。

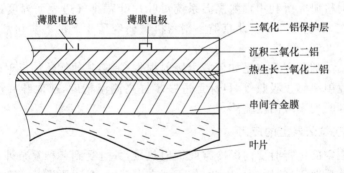

薄膜电极　　　薄膜电极
　　　　　　　　　　　三氧化二铝保护层
　　　　　　　　　　　沉积三氧化二铝
　　　　　　　　　　　热生长三氧化二铝
　　　　　　　　　　　串间合金膜
　　　　　　　　　　　叶片

图 4.6.1　薄膜热电偶结构图

美国国家航空航天局(NASA)Lewis 研究中心(LeRC)为研究薄膜热电偶技术在涡轮发动机的应用,专门建立了薄膜传感器实验室,成功研制出了测温上限达 11 000 ℃,精度 10.3 ℃的温度应力测量 Pt-13%/Rh/Pt(R 型)薄膜传感器。美国 NASA 的格林研究中心(GRC)从 20 世纪 60 年代就开始致力于开发用于应变、温度、热通量和表面流量的多功能传感器系统。2006 年,该研究中心在镍基超合金制成的多层测量基片上成功制备了 R 型薄膜热电偶,其在高压燃油涡轮泵环境用于涡轮叶片的温度测量试验中,能保持良好的高粘附性和耐久性到 10 000 ℃。美国惠普公司研制的 Pt/Pt-10%Rh(S 型)薄膜热电偶能够在燃烧室废气测试条件下,测量到 1 250 K 的涡轮叶片温度分布,经历 71 个热循环,6 个薄膜热电偶系统的平均故障时间为 47 小时。英国罗罗公司将研制成功的铂铑薄膜热电偶应用于燃气涡轮发动机,测量了导向叶片高达 1 200 ℃的温度分布,其不确定度为 12%。

1992 年,沈阳航空发动机研究所研制成功了铂铑 10 -铂热电偶,并用于涡轮叶片测温实验,薄膜热电偶的测温范围为 200~1 000 ℃,精度为 13%,使用时间大于 10 小时,能承受 5 次以上的冷热循环和 3 小时以上的最高试验温度。中国燃气涡轮研究院在涡轮叶片表面制备了 NiCr/NiSi(K 型)、PtRh/Pt(S 型)和 Pt/ITO(N 型)三种薄膜热电偶。K 型热电偶在 600 ℃下工作 10 小时后结构保持完整,经数值修正后的测温误差小于±2.5%。S 型热电偶最高温度能测到 1 000 ℃,误差小于 14%,使用寿命大于 10 小时。当测试温度高于 900 ℃时,N 型薄膜热电偶结构完整性能达 20 小时以上,测量误差小于±1.5%,已经成功应用到了发动机涡轮转子叶片表面温度测量,涂层厚度小于 0.3 mm。最近,中国燃气涡轮研究院开发了一种火焰喷涂热电偶丝的方法,测量温度范围与精度能达到与薄膜热电偶一致。

3. 辐射式测温

辐射测温技术提供了一种既不干扰表面也不干扰周围介质的表面温度测量方法,具有分辨率高、灵敏度高、可靠性强、响应时间短、测温范围广、测量距离可调、测量目标面积(靶点)可以很小等优点。重要的是,由于辐射测温法不需要接触被测物表面,对于一些无法直接测量的情况,如高速旋转或腐蚀性强的物体,辐射测温法是最佳的选择。

20 世纪 60 年代后期,辐射测温法开始应用于航空发动机涡轮叶片温度监测。1964 年英国 RR 公司就开始了燃气轮机叶片的温度测量,并提出了一套光学系统设计思想,研究了修正测温发射率、信号处理等问题。该公司生产的红外点温仪 ROTAMAPII 温度测量范围为 550~1 400 ℃,分辨率为±1 ℃,精度为±6 ℃,靶点尺寸(最小尺寸)为 2 mm。欧盟和美国联合课题组结合辐射测温原理与光纤传感器的优点,研制了一种基于多波长辐射测温的亚毫米级六波长高温计,测量温度范围 727~1 327 ℃,精度为 1%。

贵州航空发动机研究所利用辐射测温系统对叶片叶背排气边表面温度进行测量,测量范围为 650~1 100 ℃,误差±2 ℃。北京航空精密机械研究所生产的各类机载涡轮叶片测温仪测温范围 600~1 200 ℃,误差为±5 ℃。

未来辐射测温法的研究重点是如何减少辐射损失、消除其他物体的反射辐射、降低空气中的气体吸收以及发射率修正吸收等,目标是进一步提高测温精度,获取叶片温度场分布情况,实现涡轮叶片转动时的实时温度监测。

4. 热敏电阻在航天器上的应用

由于航天器在空间运行时要向深冷空间辐射热量,并且受到各种复杂外热流(例如太阳辐射、地球红外、地球反照等)的影响。因此,航天器在设计时,必须要进行合理的热控制设计,使航天器中的各种仪器设备在合适的温度水平下工作。航天器在轨运行的温度情况通过温度传感器进行反映,航天器相关分系统采集温度传感器的信号,然后传输到地面测控网站或星上热控制处理单元,由地面测试人员或相关功能系统对其进行状态判断,最终通过地面指令或星上自主控制实施对星上仪器设备的热控。因此,温度传感器所反映的温度水平的准确程度,将对仪器设备的热控制起着至关重要的作用。

随着航天器的发展,各种精密仪器设备对热控的要求更为严格。由于这些仪器设备功能复杂,在保证主要功能的前提下,通过其本身的热控设计来达到内部精密器件的温度要求有很大难度,因此,它们常常会对航天器热环境提出较为严格的要求,这些要求有的甚至会对整个航天器的总体方案具有决定性的影响。例如,有的光学成像仪器要求热控的温度控制水平优于 0.1 ℃,局部测量精度达到 0.05 ℃ 的水平,因此,需要测温传感器的精度必须优于这些仪器设备的要求。目前,国际上在航天器研制中所用的温度传感器主要有热电偶和热敏电阻两种。由于热电偶需要进行冷端补偿,测温精度受冷端校准精度的影响较大,当航天器在轨运行时,冷端补偿方式较难实现;而且热电偶因温度变化所产生的电信号反应较为微弱,易受干扰,克服该问题所需的星上电路复杂,存在较大偏差;此外,热电偶的测温偶丝容易受损折断,其可靠性较热敏电阻低,因此热电偶很少在航天器的在轨运行中采用。与热电偶相比,热敏电阻精度高、可靠性高,但价格昂贵,对温度的反应具有一定的滞后。由于在航天器的应用中,保证测量精度和高可靠性最为重要;另外,在轨温度的监测主要侧重于稳态温度水平。因此,从这个角度来说,热敏电阻具有一定的优势,目前国内外航天器上用于飞行试验的温度传感器主要采用热敏电阻。

　　如图 4.6.2 所示,热敏电阻的安装方式主要有两种,即嵌入式和表面粘贴式。在嵌入式安

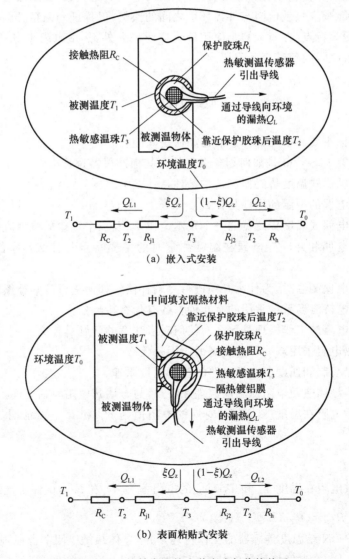

图 4.6.2　热敏电阻的安装方式与传热关系

装中,热敏电阻通过预先设置在被测基材上的小槽嵌入其中,并且在基材与热敏电阻敏感珠之间填充导热材料。这种安装方式可以保持热敏电阻与被测物体接触紧密,减小热敏电阻的漏热,测量精度高。由于这种方式需要事先在被测物体上加工出小槽,工艺繁琐,对于一些成形设备无法实施,因此,在目前航天器上很少采用嵌入式安装方式,一般只应用于对温度测量有很高要求的场合。在表面粘贴式安装中,热敏电阻通过胶粘剂与被测物体的表面接触,这种安装方式工艺实施简便,对被测仪器设备的状态影响较小,因此在航天器中得到广泛应用。但是与嵌入式安装相比,这种安装方式由于与被测表面之间存在较大热阻,并且与外界环境之间的换热量较大,因此其测量精度受外界影响较大,并且这种安装方式在非稳态测量中,温度示值有较大的滞后。

热敏电阻是目前国内外航天器研制过程中最为常用的热敏测温传感器,当热敏电阻应用于航天器时,主要有嵌入式和表面粘贴式两种不同的工艺实施方案,在采用这种方案进行工艺实施时,都要尽可能减少热敏电阻与外界环境之间的换热,以保证测温精度。由于表面粘贴式具有工艺实施方便等特点,在航天器上应用最为广泛。另外,热敏电阻本身具有自热现象,减少自热对提高热敏电阻的精度至关重要。

习题与思考题

4.1　经验温标主要有哪几种?它们是如何定义的?

4.2　国际温标 ITS—90 是如何划分温区的?其标准仪器是什么?

4.3　构成热电偶式温度传感器的基本条件是什么?

4.4　试述热电偶的测温的原理是什么?

4.5　简述热电偶式温度传感器的三个基本定律,以及三个定律的典型应用。

4.6　串联热电偶和并联热电偶在温度测量时的主要特点是什么?举例说明典型应用场合。

4.7　使用热电偶测温时,为什么必须进行冷端补偿?如何进行冷端补偿?

4.8　热电阻电桥测温系统常用的有几种?各有什么特点?

4.9　金属热电阻的工作机理是什么?使用时应注意的问题是什么?

4.10　试述热电阻采用双线无感绕制的原因是什么?

4.11　试述三线制和四线制电桥电路的温度测量原理。

4.12　试述半导体热敏电阻测温的原理和特点,与金属热电阻有何不同。

4.13　一热敏电阻在温度 T_1 和 T_2 对应的电阻值为 R_{T1} 和 R_{T2},试证明热敏电阻常数为

$$B = \frac{T_1 T_2 \ln\left(\frac{R_{T1}}{R_{T2}}\right)}{T_2 - T_1}。$$

4.14　一热敏电阻在温度 T_1 和 T_2 对应的电阻值为 R_{T1} 和 R_{T2},试证明该热敏电阻在温度为 T_0 时电阻值为 $R_{T0} = (R_{T1})^{\frac{T_1(T_2-T_0)}{T_0(T_2-T_1)}} (R_{T2})^{\frac{T_2(T_1-T_0)}{T_0(T_1-T_2)}}$。

4.15　简述 P—N 结温度传感器的工作机理,与半导体热敏电阻测温原理的异同。

4.16　简述 AD590 温度传感器的特点。

4.17　常用的非接触式温度测量系统有几种?

4.18　题图 4.1 给出了一种测温范围为 0~100 ℃的测温电路,其中 $R_1 = 200(1+0.01t)$ kΩ,为感温热电阻;R_s 为常值电阻,$R_0 = 200$ kΩ,U_{in} 为工作电压,M,N 两点的电位差为输出电压。

(1) 如果要求 0 ℃时电路为零位输出,常值电阻 R_s 取多少?

(2) 如果要求该测温电路的平均灵敏度达到 15 mV/℃,工作电压 U_{in} 取多少?

4.19　题图 4.1 给出一种测温电路,其中 $R_t = 200(1+0.008t)$ kΩ,为感温热电阻;$R_0 = 200$ kΩ,工作电压 $U_{in} = 10$ V,M,N 两点的电位差为输出电压。

(1) 该测温电路的主要特点是什么?

(2) 当测温范围在 0~100 ℃时,该测温电路的测温平均灵敏度是多少?

4.20　温度传感器标定电桥电路如题图 4.2 所示,已知热电阻 $R_t = R_0(1+0.005t)$ kΩ,R_B 为精密可调电阻箱,U_{in} 为工作电压。

(1) 温度标定电路对工作电压 U_{in} 的稳定性要求如何? 为什么?

(2) 基于该测温电路的工作机理,给出调节电阻 R_B 随温度变化的关系。

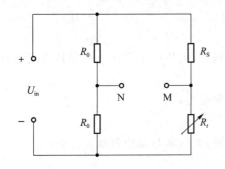

题图 4.1　热电阻电桥测温电路

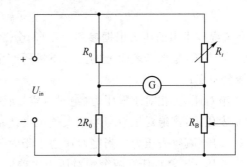

题图 4.2　热电阻电桥电路

第5章 压力检测

5.1 概 述

5.1.1 压力的概念

压力是一个工程中的概念,是垂直作用于单位面积上的力的大小,在物理学中被称为压强,而在工程上称为压力。如果垂直作用于物体表面的力为 F,承受力的面积为 S,则作用于物体表面的压力用 p 表示

$$p = F/S \tag{5.1.1}$$

在工程技术中的压力根据参照点不同,分为:

① 大气压:是地球表面上的空气质量所产生的压力,大气压随所在地的海拔高度、纬度和气象情况而变;

② 绝对压力:相对于零压力(绝对真空)所测得的压力;

③ 表压力:该绝对压力与当地大气压之差;

④ 负压(真空表压力):当绝对压力小于大气压时,大气压与该绝对压力之差;

⑤ 差压(压差):任意两个绝对压力之差。

工程上称不随时间变化或随时间变化缓慢的压力称为静态压力,随时间作快速变化的压力则称为动态压力。

5.1.2 压力的计量单位

压力的单位由是力和面积的单位组成,在不同的工程应用场合,单位制不同,下面为常用的几种压力单位。

① 帕斯卡[Pa(N/m²)]:是压力的国际单位,也是我国国标中规定的压力单位,1 Pa 为 1 m² 的面积上均匀作用有 1 N 的力。

② 标准大气压[atm]:是温度为 0 ℃、重力加速度为 9.806 65 m/s²、高度为 0.760 m、密度为 $1.359\,51 \times 10^4$ kg/m³ 的水银柱所产生的压力。

$$1\ \text{atm} = 101\,325\ \text{Pa} \tag{5.1.2}$$

③ 工程大气压[at]:1 cm² 的面积上均匀作用有 1 kgf 时所产生的压力。

$$1\ \text{at} = 1\ \text{kgf/cm}^2 = 98\,066.5\ \text{Pa} \tag{5.1.3}$$

④ 巴[bar]:1 cm² 的面积上均匀作用有 10^6 dyn(达因)力时所产生的压力。

$$1\ \text{bar} = 10^6\ \text{dyn/cm}^2 = 10^5\ \text{Pa} \tag{5.1.4}$$

⑤ 毫米液柱:以液柱(水银或水或其他液体)高度来表示压力的大小,常用的有毫米汞柱[mmHg]和毫米水柱[mmH₂O]。1毫米汞柱压力又称为 1 Torr(1 托),在温度为 0 ℃、重力加速度为 9.806 65 m/s²、密度为 $13.595\,1 \times 10^3$ kg/m³ 时

$$1\,mmHg=1\,Torr=\frac{1}{760}atm=133.322\,Pa \qquad (5.1.5)$$

对于水柱来说,在温度为 4 ℃、重力加速度为 9.806 65 m/s² 、密度为 1 000 kg/m³ 时

$$1\,mmH_2O=9.806\,65\,Pa \qquad (5.1.6)$$

⑥ 磅/英寸²[psi]:1 in² 的面积上均匀作用有 1 lbf 时所产生的压力。

$$1\,psi=1\,lbf/in^2=6.894\,76\,Pa \qquad (5.1.7)$$

各种压力单位间的换算关系如表 5.1.1 所列。

表 5.1.1　压力单位换算表

单位名称	帕斯卡 (Pa,N/m²)	标准大气压 (atm)	工程大气压 kgf/cm²,at	巴,bar 10⁶ dyn/cm²	托,mmHg Torr	磅/英寸² (psi)
帕斯卡 (Pa,N/m²)	1	$9.869\,23\times10^{-6}$	$1.019\,72\times10^{-5}$	1×10^{-5}	$0.750\,062\times10^{-2}$	$1.450\,38\times10^{-4}$
标准大气压 (atm)	101 325	1	1.033 23	1.013 25	760	14.695 9
工程大气压 kgf/cm²,at	$9.806\,65\times10^{4}$	0.969 23	1	0.980 665	735.559	14.223 3
巴,bar 10⁶ dyn/cm²	1×10^{5}	0.986 923	1.019 72	1	750.062	14.503 8
托,mmHg Torr	133.322	$1.315\,79\times10^{-3}$	$1.359\,51\times10^{-3}$	$1.333\,22\times10^{-3}$	1	$1.933\,68\times10^{-2}$
磅/英寸² (psi)	$6.894\,76\times10^{3}$	$6.804\,62\times10^{-2}$	$7.030\,7\times10^{-2}$	$6.894\,76\times10^{-2}$	51.714 9	1

5.1.3　压力测量系统的分类

按照压力测量系统的组成原理,压力测量系统可以分为开环压力测量系统和闭环压力测量系统。按照压力测量的输出信号也可分为模拟输出压力测量系统、数字输出压力测量系统等。根据测量压力的原理,可分为:

① 基于重力与压力平衡的压力测量系统,如液柱压力计和活塞式压力计等,这类压力测量系统以流体的静重与压力相平衡的原理来测量压力。

② 基于弹性力与压力的平衡的压力测量系统,弹性敏感元件在压力作用下产生弹性位移,依据位移特性进行压力测量,如机械式压力表、电位计式压力传感器、弹簧管压力计、波纹管压力计、膜盒式压力计、电容式压力传感器等。

③ 基于弹性元件与压力特性的压力测量系统,包括:

➤ 基于弹性敏感元件的应力、应变特性的压力测量系统,通过弹性敏感元件敏感压力产生应力、应变,再将应力、应变变换为压力实现测量,如应变式压力传感器、硅压阻式压力传感器等;

➤ 基于弹性敏感元件的压力集中力特性的压力测量系统,通过弹性敏感元件将压力转换成集中力,再将集中力变换为压力实现测量,如压电式压力传感器、力平衡式压力传感器等;

➢ 基于弹性敏感元件的压力频率特性的压力测量系统,被测压力作用于弹性元件,改变了弹性元件的谐振频率,基于谐振式工作原理,通过弹性元件的谐振频率等来测量压力,如振弦式、振动筒式压力传感器和谐振膜式压力传感器等。

④ 基于某些物质的物理特性的压力测量系统,通过某些物质在被测压力作用下的特性变化来测量压力,如热导式、电离式真空计等。

5.2 液柱式压力计和活塞式压力计

液柱式压力计是一种结构简单、测压精度较高且最早使用的压力计,目前常用作压力计量基准。活塞式压力计是一款用于压力标定和校验的仪器,是压力计量基准,其测压精度高,压力测量范围大。

5.2.1 液柱式压力计

液柱压力计是利用液柱自重产生的压力与被测流体介质的压力相平衡,并由液柱高度表示被测压力的压力计,如图 5.2.1 所示,图(a)的 U 形管内装有液体,当 U 形管两端接入不同的压力 p_1,p_2 时,设液体的密度 ρ,当地的重力加速度为 g,U 形管内液面间的高度差 h 与被测压力 p_2 和 p_1 差值 Δp 的关系为

$$\Delta p = p_2 - p_1 = \rho g h \tag{5.2.1}$$

由式(5.2.1)可知,差压 Δp 与液面间的高度差 h 成正比,但是与液体密度 ρ 和重力加速度 g 有关,因此这种测量压力的方法受测量时的环境温度和测量地的纬度和海拔高度影响,在测量压力时需要实测液体的密度 ρ 和重力加速度 g,或者按照压力计的理论公式进行修正。

液柱式压力计被测压力范围比较大时,可以选用水银等密度比较大的液体;被测压力范围比较小时,液体可以选用水或其他密度比较小且不宜挥发的液体。

若 U 形管中一个管是真空,即 $p_1 = 0$ 时,被测压力 $\Delta p = p_2$ 为绝对压力。若 p_1 为当地大气压时,则被测压力 $\Delta p = p_2 - p_1$ 为表压或负压。当 p_1 为任意值(不是真空和当地大气压)时,被测压力的差值 $\Delta p = p_2 - p_1$ 为差压。

图 5.2.1(b)为一种绝压液柱压力计,玻璃管一端保持真空。当液槽的截面积远远大于玻璃管的截面积时,就可以忽略液槽内液面高度的变化,直接读取玻璃管内液柱的高度即可,这样就可以将压力的刻度直接标注到直管上。

为了提高小压力的测量精度,常采用图 5.2.1(c)所示的倾斜式液柱压力计,管内液面间的高度差 h 与被测压力 p_2 和 p_1 差值 Δp 的关系为

$$\Delta p = p_1 - p_2 = \rho g L \sin\theta \left(1 + \frac{S_2}{S_1 \sin\theta}\right) \tag{5.2.2}$$

式中:ρ——液体的密度(kg/m³);g——当地的重力加速度(m/s²);h——液面间的高度差(m);L——倾斜管内相对于起始零点的液柱长度(m);θ——倾斜管的倾斜角(°);S_2——倾斜管的截面积(m²);S_1——液槽的截面积(m²)。

当 $S_1 \gg S_2$ 时,式(5.2.2)可以化简为

$$L = \frac{\Delta p}{\rho g \sin \theta} \quad\quad\quad (5.2.3)$$

由此可见,在同一压力差作用下,液柱长度 L 与 $\frac{1}{\sin \theta}$ 成比例,因此倾斜管液柱压力计可以提高压力测量精度;但倾斜角 θ 不宜太小,因为当 θ 太小时,使读数位置处液面太大,造成液面读数误差大,一般 θ 不小于 $15°\sim25°$。

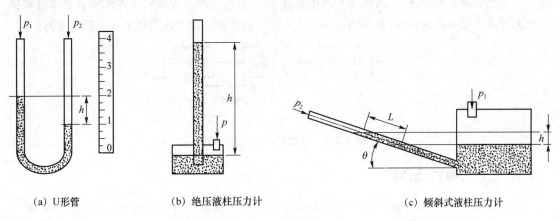

(a) U形管　　　　　(b) 绝压液柱压力计　　　　　(c) 倾斜式液柱压力计

图 5.2.1　液柱式压力计

5.2.2　活塞式压力计

活塞式压力计如图 5.2.2 所示,是一款用于压力标定的仪器,工作时利用标准砝码所产生的力与被测流体介质压力作用于自由活动的活塞上所产生的力相互平衡的原理实现测量的。

活塞式压力计活塞、活塞筒、砝码和砝码盘以及加压装置等部分组成的。活塞式压力计在标定被测压力计时,通过加载标准砝码,改变标定的标准压力大小,通过转动手柄调整活塞的位置,从而调整密闭管路里流体的体积,达到调整流体的压力大小的目的,当流体在活塞上的力与标准砝码的力平衡时,被测压力仪表处于标准压力环境。当活塞处于平衡状态时,活塞上的总质量(包括砝码、砝码盘和活塞的质量)引起的重力 W 与被测压力产生的力 F 和活塞筒间的摩擦力 F_f(包括机械摩擦和黏性摩擦)相平衡,即

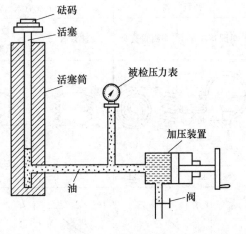

图 5.2.2　活塞式压力计

$$W = F + F_f = pS + F_f = S_e p \quad\quad\quad (5.2.4)$$

式中:S 为活塞的有效面积(m^2);S_e 为活塞的等效有效面积(m^2),$S_e = S + \frac{F_f}{p}$。

活塞的等效有效面积与机械摩擦和黏性摩擦等因素有关,是被测压力和温度的函数,很难精确计算活塞的等效有效面积,通常采用与高一级压力标准比较测试的方法来确定活塞的 S_e。但是活塞式压力计活塞的等效有效面积是一定的,因此通过在砝码盘加载不同质量的砝

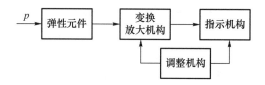

码就可以得到不同的压力。

5.3 弹性式压力测量系统

弹性式压力计基于弹性元件的弹性位移特性实现压力的测量,其基本组成原理如图 5.3.1 所示。弹性元件是敏感元件,敏感压力产生弹性变形,通过变换放大机构将弹性变形量经过变换与放大等送入指示机构,指示显示测量压力的大小。调整机构用于压力计零点和量程等调整。

图 5.3.1　弹性式压力计组成原理

5.3.1　弹性元件

弹性式压力计的压力测量特性优劣取决于弹性元件的弹性特性,与弹性元件的材料、加工工艺,以及压力计使用的温度环境等因素有关。弹性元件结构形式多样,常用的材料包括铜基高弹性合金,如黄铜、磷青铜、钛青铜等,另外也有合金钢、不锈钢等,适用于不同的压力测量环境和不同的被测介质,常见的弹性元件的结构形式和测压范围如表 5.3.1 所列。

表 5.3.1　弹性元件的结构和压力测量范围

弹簧管式		波纹管式		弹性膜式		
单圈弹簧管	多圈弹簧管	波纹管	波纹管与弹簧的组合	平膜片	波纹膜片	挠性膜片
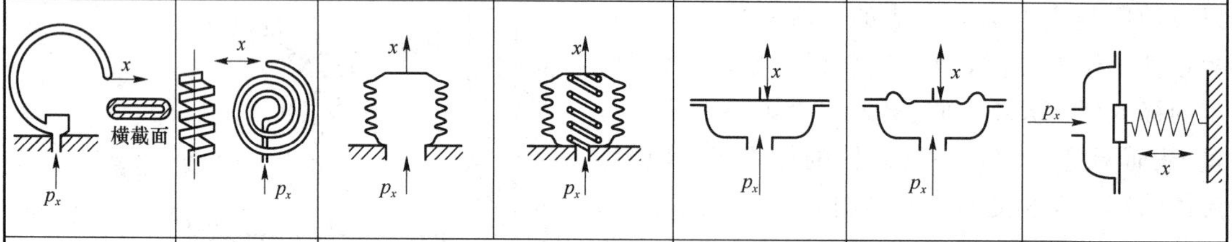						
$0\sim10^6$ kPa	$0\sim10^5$ kPa	$0\sim10^3$ kPa		$0\sim10^5$ kPa	$0\sim10^3$ kPa	$0\sim10^2$ kPa
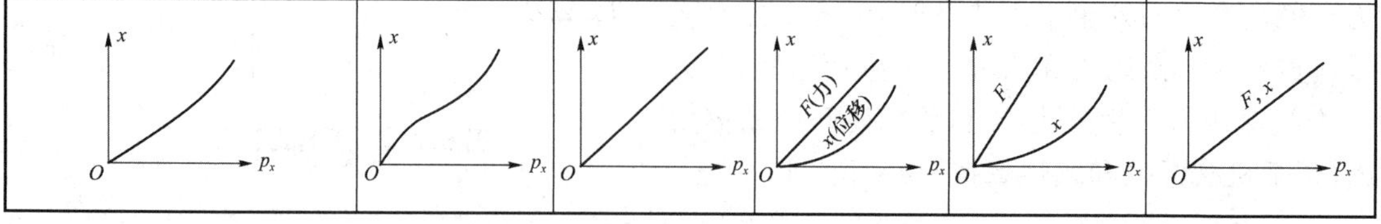						

弹簧管是一根弯成圆弧状、管截面为扁圆形的空心金属管,又称波登管,通常一端封闭并处于自由状态,另一端开口为固定端,被测压力由固定端引入弹簧管内腔。在压力作用下,弹簧管变形引起自由端产生位移,位移变形与压力呈线性,但是位移沿曲线方向,另外弹簧管还可做成多圈形式以增加位移量。弹簧管测量压力范围大,可用于高、中、低压或负压的测量。

波纹管是金属薄管折皱成手风琴风箱形状而成的,通常封闭端自由,开口端固定,被测压力从开口端引入,封闭端将产生直线位移,压力与位移近似于线性关系。波纹管的位移相对较大,灵敏度高,用于低压或差压测量。波纹管相比弹簧管的优点是能得到较大的直线位移,缺点是压力-位移特性的线性度不如弹簧管好。在波纹管内部安置一个螺旋弹簧,若波纹管本身的刚度比弹簧小得多,那么波纹管主要起压力-力的转换作用,弹性反力主要靠弹簧提供,这样可以获得较好的线性度。

弹性膜片是外缘固定的片状弹性元件,有平膜片、波纹膜片和挠性膜片三种形式,其弹性特性由中心位移与压力的关系表示,压力-位移特性在较大的范围内具有直线性,可用于低压、微压测量。平膜片位移很小,波纹膜片在金属圆形膜片上加工出同心圆的波纹,外圈波纹较深,越靠近中心越浅,膜片中心压着两个金属硬盘,称为硬心,当压力改变时,波纹膜与硬心一起移动。挠性膜片仅用作隔离膜片,需与测力弹簧配合用。

制作压力弹性敏感元件通常选用强度高,弹性极限高的材料,应具有高的冲击韧性和疲劳极限,弹性模量温度系数小而稳定,具有良好的加工和热处理性能,热膨胀系数小,热处理后应具有均匀稳定的组织,抗氧化、抗腐蚀,弹性迟滞应尽量小。压力弹性敏感元件要获得预期的性能,在加工过程中和加工后尚需进行相应的热处理、时效处理、反复加压力和机械振动处理等,否则很难保证它们具有良好、稳定的性能。常用来制作压力弹性敏感元件的材料有金属材料和非金属材料两大类。

5.3.2　弹簧管式压力计

如图 5.3.2 所示,弹簧管式压力计是一种直读仪表,以单圈弹簧管结构为主,结构简单,使用可靠,维护方便,成本较低,精度最高可达±0.1%,故广泛应用于工业领域的压力测量。

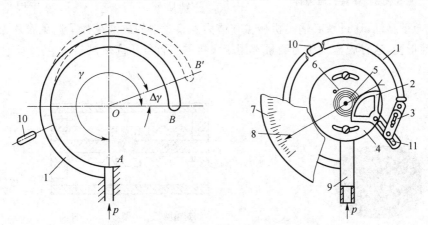

1—弹簧管;2—扇形齿轮;3—连杆;4—底座;5—中心齿轮;6—游丝;
7—表盘;8—指针;9—接头;10—弹簧管横截面;11—调节开口槽

图 5.3.2　弹簧管式压力计结构

弹簧管式压力计测量时,被测压力由弹簧管的固定端引入,随着压力的变化,弹簧管的自由端产生弹性变形,带动拉杆 3 和扇形齿轮 2 偏转,使与其啮合的中心齿轮 5 偏转,从而带动指针 8 同步偏转,在表盘上指示被测压力数值。由于弹簧管的压力位移特性线性好,所以弹簧管压力计的刻度标尺是线性的。

图 5.3.2 所示弹簧管式压力计中调节开口槽通过调整螺钉可以改变拉杆与扇形齿轮的连接点位置,从而可以改变传动机构的传动比,调整仪表的量程。游丝一端与中心齿轮连接,另一端固定在底座上,用于产生与弹簧管平衡的力矩。改变指针在转动轴上初始位置,可以调整弹簧管压力计的示值零点。

在压力作用下,弹簧管变形相对较小,一般用于测量较大压力的场合。为提高测压灵敏度,可采用多圈弹簧管。弹簧管式压力传感器的压力包选择惰性气体时,可作为隔爆型压力计使用。

5.3.3 膜盒式压力计

膜盒式压力计如图 5.3.3 所示,常用于测量气体微压和负压。膜片四周固定,当膜盒内通入压力后,膜盒在压差作用下膜片中心产生向上或者向下的位移,通过传动机构带动指针转动,指示出被测压力,工作原理与弹簧管压力计类似。

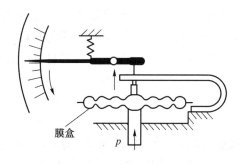

图 5.3.3　膜盒式压力计

为了增大膜片中心位移,提高仪表测压灵敏膜盒度,可以把多片金属膜片的周边焊接在一起制成膜盒,甚至可以把多个膜盒串接在一起形成膜盒组,如图 5.3.4 所示。

图 5.3.5 所示为差压式膜盒的结构,由两个金属波纹膜片组成,波纹膜片四周固支,膜片中心自由,膜片分别位于膜盒上下两个测量室内,它们的硬心固定地连接在一起,当被测压力 p_1、p_2 分别从上下两侧引入时,膜片根据差压的正负,向上或向下移动,通过硬心输出机械位移或力。膜盒中的硅油是为了避免膜片当压力过载时发生塑性形变,这种膜盒式压力测量常用于飞机的飞行气压高度测量。

图 5.3.4　膜盒组

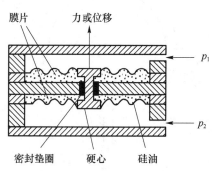

图 5.3.5　差压式膜盒的结构

5.3.4 弹性压力计电信号远传方式

弹性压力计一般为直读式仪表,但是更多的情况下为了便于压力的检测与控制,需要能够将压力转变为电信号进行远传。根据弹性元件的弹性变换原理,弹性元件可以将压力转换为位移,然后将位移变换为电信号进行远传,将位移变换为电信号的方法很多,可参照第 7 章的内容,采用不同转换方法就构成了各种不同的弹性远传压力计,典型的转换方法有三种,如

图 5.3.6 所示。

　　图 5.3.6(a)所示为电位器式。在弹簧管压力计内安装滑线电位器,弹簧管的自由端与电位器的滑动触点固连,电位器的两端连接恒定的直流电压源,当压力改变时弹簧管的自由端带动滑动触点改变位置,则滑动触点和电位器的任意一端之间的电压将反映了滑动触点位置,即被测压力的大小。这样便可将压力信号远传或直接测量电压解算压力值。这种电远传方法比较简单,输出信号较大(可达 V 级),使用时无需专门的信号放大电路,且有很好的线性输出,但滑动触点会有磨损,可靠性较差。

　　图 5.3.6(b)所示为霍尔式。其位移电信号的转换原理是基于霍尔效应,弹性元件的自由端与霍尔元件固连,霍尔元件置于空间线性分布的磁场中,并通以恒定的电流,则将弹性元件的位移转变为霍尔电压输出,实现了电信号的变换和远传。这种电远传方法结构简单,灵敏度高,寿命长,但对外部磁场敏感,耐振性差。

　　图 5.3.6(c)所示为差动变压器式。弹性元件的自由端与可移动的铁芯固连,处于差动变压器的线圈中,差动变压器的初级线圈接入励磁,相同的两个次级线圈接为差动形式,根据差动变压器的原理,将弹性元件的位移变换为次级线圈差动电压输出,位移的大小变换为差动电压的大小,位移的方向变换为差动电压的相位,实现了电信号的变换和远传。差动变压器法线性好、附加力小、位移范围较大。

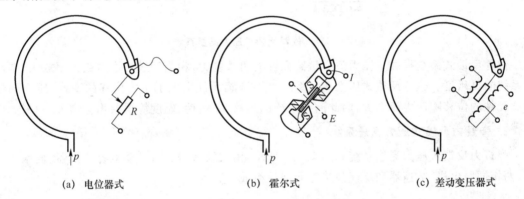

(a) 电位器式　　　　　　　　　(b) 霍尔式　　　　　　　　　(c) 差动变压器式

图 5.3.6　三种典型弹性压力计电信号远传方式

　　显然,霍尔式和差动变压器式与电位器式原理类似。不同的是位移电信号的转换原理不一样,一个是霍尔式位移变换原理,另一个是差动变压器位移变换原理,请参照第 7 章相关内容,这里不再赘述。

5.3.5　伺服式压力测量系统

　　常用的伺服式压力测量系统有位置反馈式和力反馈式两类,伺服式压力测量系统的精度高,动态特性好。

1. 位置反馈式压力测量系统

　　典型的位置反馈式绝对压力测量系统如图 5.3.7 所示,压力测量系统真空膜盒敏感绝对压力转换为膜盒硬心的位移 x,经曲柄连杆机构转换为差动变压器衔铁的角位移 φ_1,差动变压器转变为电信号电压 u_D 给放大器 A,经放大器放大为电压 u_A,控制两相伺服电机 M 转动,经齿轮减速器后,一方面输出转角 β,另一方面带动差动变压器定子(包括铁芯和线圈)组件跟踪衔铁而转动,当差动变压器衔铁与定子组件间的相对位置使其输出电压 u_D 为零时,系统达到平衡。此时系统的输出转角 β 将反映被测压力的大小。在该测量系统中为了改善系统的动态品质还采用了测速发电机 G 以引入速度反馈信号。由于该系统平衡时是差动变压器的衔铁和定子组件的相对位置达到平衡状态,称为位置平衡(或位置反馈)系统。

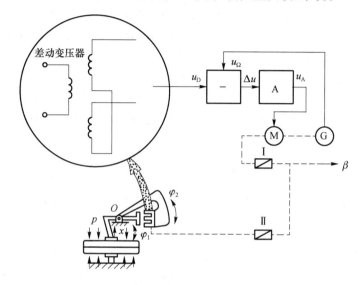

图 5.3.7 位置反馈式压力测量系统

位置反馈式系统提高了压力弹性敏感元件的负载能力,相当于进行了力或力矩放大,提高了系统的灵敏度。位置反馈式压力测量系统弹性敏感元件实现了压力位移的变换,压力弹性敏感元件的位移随压力而增大,因此测量系统的迟滞、非线性、温度等误差均会增大。

2. 弹簧力反馈式压力测量系统

弹簧力反馈式压力测量系统如图 5.3.8 所示,由波纹管、杠杆、差动电容变换器、伺服放大器、两相伺服电机、减速器和反馈弹簧等元部件组成。

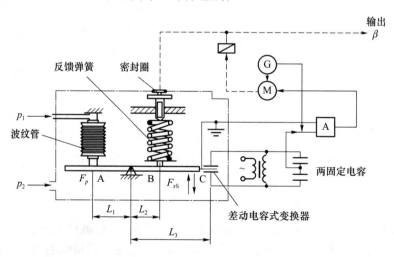

图 5.3.8 弹簧力反馈式压力测量系统

被测压力 p_1，p_2 分别引入波纹管和密封壳体内，波纹管敏感压力差转换为集中力 F_p，集中力 F_p 作用于杠杆 A，杠杆绕支点 B 转动，带动了差动电容变换器的动极片 C 偏离零位，电桥输出电压 u_C，其幅值与杠杆的转角成正比，而相位与杠杆偏转的方向（即压力差的方向）相对应。电压 u_C 经伺服放大器放大后，使两相伺服电机转动，经减速器后，一方面带动输出轴转动，另一方面使螺栓转动，从而压缩和拉长反馈弹簧（螺栓使弹簧产生的位移量为 x），改变反馈弹簧施加在杠杆上的力 F_{xS}。当集中力 F_p 产生的力矩与反馈力 F_{xS} 产生的力矩相平衡时，系统处于平衡状态。由于反馈力 F_{xS} 与压力差 $\Delta p = p_1 - p_2$ 产生的集中力 F_p 成比例，则当反馈弹簧为线性弹簧时，弹簧的位移 x 与压力差 Δp 所产生的集中力 F_p 成比例，故输出轴转角 β 与压力差 Δp 成比例。

对于直接感受被测压力的弹性敏感元件（波纹管）而言，在弹簧力反馈式压力测量系统中，影响测量系统静态测量精度的只有波纹管的有效面积 A_E（在这种使用情况下，有效面积变化较小），与波纹管的等效刚度无关，这与位置反馈式系统不同。因此波纹管的迟滞及弹性模量随温度变化不会影响测量系统的静态特性，这是该测量系统的主要优点。

但是，反馈弹簧的刚度 K_S 的变化对测量系统的静态精度有直接的影响，所以对反馈弹簧的性能要求较高，要求其刚度随温度的变化要小，迟滞要小。因此弹簧力反馈式压力测量系统实际上是提高对反馈弹簧的性能来降低对直接感受压力的弹性敏感元件（波纹管）的性能要求的。

3. 磁电力平衡式压力传感器

磁电力平衡式压力测量系统如图 5.3.9 所示，由一对波纹管、差动变压器、伺服放大器和一对磁电式力发生器等元部件组成。

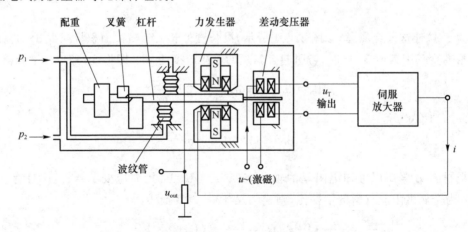

图 5.3.9　磁电力平衡式压力测量系统

当压力 p_1，p_2 相等时，其差压 $\Delta p = p_1 - p_2$ 为零，杠杆居于平衡状态，差动变压器的输出电压为零，放大器输出为零，无电流流过力发生器，故输出电压 u_{out} 为零；当压力 p_1，p_2 不等时，杠杆失去平衡，差动变压器检测出杠杆不平衡程度的大小及方向，输出相应相位的电压信号给放大器，经放大后的电压加在磁电力发生器和采样电阻 R 上形成电流，力发生器中流过电流时将产生力作用于杠杆上，力图使杠杆恢复平衡状态。由于力发生器所产生的力与流过其中的电流成正比，故由采样电阻上的电压 u_{out} 即能得知力发生器所产生力的大小。

两个波纹管的性能完全相同,而对杠杆支撑的力臂不同。因此在压力差作用下,两个波纹管产生的集中力所形成的力矩差使杠杆转动,这样可以灵活地调节测量灵敏度,保证测量精度而不增大传感器的体积。为了提高磁电力发生器的线性度,采用一对性能相同并作推挽连接的磁电式力发生器提供反馈力。

磁电力反馈式压力测量系统与弹簧力反馈式压力测量一样,弹性元件的作用是将压力变换为集中力,而没有实现弹性位移变换,因此相对于位置反馈式压力测量系统而言,其磁滞误差和温度误差都要小。

5.4 应变式测量原理及压力测量系统

5.4.1 应变式测量原理

应变片可以敏感物体受力或力矩时所产生的应变,将应变转换为应变片的电阻变化,再通过电桥电路转换为电压或电流输出,是应变式测量的基本原理。

1. 金属电阻的应变效应

金属电阻的应变效应是指在外力的作用下,电阻产生机械变形,引起阻值变化的现象,称为金属电阻的应变效应。

假设金属为截面为圆形的金属电阻丝,电阻率为 ρ,金属丝的长度为 L,金属丝的横截面积为 S,金属丝的横截面的半径为 r,则金属丝的阻值 R 为

$$R = \frac{L\rho}{S} = \frac{L\rho}{\pi r^2} \qquad (5.4.1)$$

用力 F 拉伸这段金属丝,如图 5.4.1 所示,设长度伸长 dL,横截面积将减少 dS,电阻率因金属晶格畸变等因素改变 $d\rho$ 时,若引起金属丝的电阻改变为 dR,即将式(5.4.1)微分得

$$dR = d\rho \frac{L}{\pi r^2} + dL \frac{\rho}{\pi r^2} - 2dr \frac{\rho L}{\pi r^3} \qquad (5.4.2)$$

将式(5.4.1)代入可得

$$\frac{dR}{R} = \frac{d\rho}{\rho} + \frac{dL}{L} - 2\frac{dr}{r} \qquad (5.4.3)$$

根据材料力学知识可知电阻丝的轴向应变 $\varepsilon_L = dL/L$,径向应变 $\varepsilon_r = dr/r$,且存在 $\varepsilon_r = -\mu\varepsilon_L$,$\mu$ 为金属电阻丝材料的泊松比,则式(5.4.3)可以变换为

$$\frac{dR}{R} = \frac{d\rho}{\rho} + (1+2\mu)\varepsilon_L = \left[\frac{d\rho}{\varepsilon_L\rho} + (1+2\mu)\right]\varepsilon_L = K_0\varepsilon_L \qquad (5.4.4)$$

式中:$K_0 = \frac{\frac{dR}{R}}{\varepsilon_L} = \frac{d\rho}{\varepsilon_L\rho} + (1+2\mu)$,定义为金属材料的应变灵敏系数,表示单位应变引起的电阻变化率。显然 K_0 越大,单位变形引起的电阻相对变化越大,应变丝越灵敏。

K_0 由实验的方法来确定,与两个因素有关系,一个是材料的几何尺寸的变化影响,即 $(1+2\mu)$;另一个是电阻率的变化影响,即 $d\rho/(\varepsilon_L\rho)$。在电阻丝拉伸的比例极限内,电阻的相对变化与其轴向应变成正比,即 K_0 为一常数。例如对康铜材料 $K_0 \approx 1.9 \sim 2.1$,镍铬合金 $K_0 \approx 2.1 \sim$

2.3,铂电阻 $K_0 \approx 3 \sim 5$。

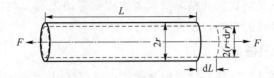

图 5.4.1　金属电阻丝的应变效应

2. 金属应变片的结构及应变效应

利用金属丝的应变效应可以制成金属应变片,典型的金属丝式应变片的结构如图 5.4.2 所示,由敏感栅、基底、粘合层、引出线、盖片等组成,其中敏感栅由直径约为 $0.01 \sim 0.05$ mm 的金属细丝制成,用粘合剂将其固定在基底上。基底非常薄,有良好的绝缘、抗潮湿和耐热性能,一般为 $0.03 \sim 0.06$ mm,其作用是将被测构件上的应变不失真地传递到敏感栅上。敏感栅上面粘贴有覆盖层,用于保护敏感栅。敏感栅电阻丝两端焊接引出线,用以和外接电路相连接。

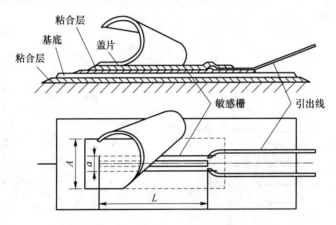

图 5.4.2　金属丝式应变片的基本结构

用于金属应变片的电阻丝,需要具备的特性包括:①金属丝的应变系数 K_0 要大,且在物理化学变化范围内保持恒定;②金属丝的电阻率大,在一定电阻值的情况下,金属丝的长度可以短一些;③金属丝的电阻温度系数小,阻值受温度变化小;④加工焊接性能优良,便于生产加工。

金属丝制成应变片后,应变片的电阻应变效应与金属电阻单丝的稍有不同,主要由应变片的结构、制作工艺和工作状态等因素引起。因此在应变片出厂时,必须按照统一标准重新进行试验测定。标准试验条件为:①将电阻应变片粘贴在泊松比 $\mu_0 = 0.285$ 的钢材上;②受一维应力作用,例如一维受轴向拉伸的杆或纯弯的梁等;③采用精密电阻电桥或其他仪器测出应变片的电阻变化,得到电阻应变片的电阻与其所受的轴向应变的特性,即

$$\frac{\Delta R}{R} = K \varepsilon_x \qquad (5.4.5)$$

式中:$K = \dfrac{\frac{\Delta R}{R}}{\varepsilon_x}$ ——电阻应变片的灵敏系数,又称标称灵敏系数。

应变片的灵敏系数 K 在很大范围内具有很好的线性特性,但是小于同种材料金属丝的灵敏系数,主要由应变片的横向效应和粘贴胶带来的应变传递失真引起。因此应变片在实际使用时,一定要注意被测工件的材料以及受力状态。

3. 横向效应及横向灵敏度

单根金属丝轴向拉伸时,其任一微段所感受的应变都相同,且每一段都伸长,因此,每一段电阻都将增加,总电阻值的增加为各微段电阻值增加的总和。如图 5.4.3 所示,同样长度的线材制成金属丝式应变片时,在电阻丝的弯段,电阻的变化率与直段不同。轴向拉伸时,当 x 方向的应变 ε_x 为正时,y 方向的应变 ε_y 为负,如图 5.4.3(a)所示,因此同样长度的金属丝做成的应变片的阻值变化比金属丝的阻值变化要小,即应变片的灵敏系数要比金属丝的灵敏系数小,称作金属应变片的横向效应。

如图 5.4.3(b)所示,设电阻应变片对轴向应变为 ε_x,轴向应变灵敏系数为 K_x,$K_x = \left(\frac{\Delta R}{R} \Big/ \varepsilon_x \right) \Big|_{\varepsilon_y = 0}$;电阻应变片对横向应变为 ε_y,横向应变灵敏系数为 K_y,$K_y = \left(\frac{\Delta R}{R} \Big/ \varepsilon_y \right) \Big|_{\varepsilon_x = 0}$,则电阻应变片的电阻变化分别由 ε_x 和 ε_y 引起,可以写为

$$\frac{\Delta R}{R} = K_x \varepsilon_x + K_y \varepsilon_y \tag{5.4.6}$$

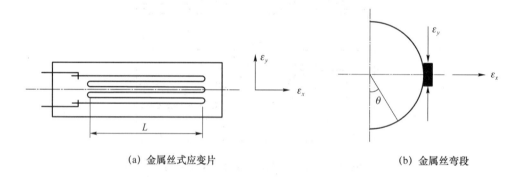

(a) 金属丝式应变片　　　　　　　　　　　　　(b) 金属丝弯段

图 5.4.3　应变片的横向效应

令应变片的横向灵敏度为 C,$C = K_y / K_x$,则电阻的相对变化量为

$$\frac{\Delta R}{R} = K_x \left(\varepsilon_x + \frac{K_y}{K_x} \varepsilon_y \right) = K_x (\varepsilon_x + C\varepsilon_y) \tag{5.4.7}$$

横向灵敏度 C 反映了横向应变对应变片输出的影响,一般由实验方法来确定 K_x,K_y 再求得 C。应变片处于单向拉伸状态,那么 $\varepsilon_y = -\mu_0 \varepsilon_x$,则式(5.4.7)可变换为

$$\frac{\Delta R}{R} = K_x (\varepsilon_x + C\varepsilon_y) = K_x (1 - C\mu_0) \varepsilon_x = K\varepsilon_x \tag{5.4.8}$$

$$K = K_x (1 - C\mu_0) \tag{5.4.9}$$

应变片的标称灵敏系数 K 与 K_x,C 的关系如式(5.4.9)所示。显然由于横向效应的存在,如果电阻应变片用来测量 μ 不为 0.285 的试件,或者不是单向拉伸而是在任意两向受力的情况下,如果仍按标称灵敏系数计算应变,必将造成误差。现考虑实测情况,即在任意的应变场 ε_{xa},ε_{ya} 下,应变片电阻的相对变化量为

$$\left(\frac{\Delta R}{R}\right)_{a}=K_{x}\varepsilon_{xa}+K_{y}\varepsilon_{ya}=K_{x}(\varepsilon_{xa}+C\varepsilon_{ya}) \tag{5.4.10}$$

如果不考虑实际的应变情况,而用标称灵敏系数计算,则测量的应变为

$$\varepsilon_{xc}=\frac{\left(\frac{\Delta R}{R}\right)_{a}}{K}=\frac{K_{x}(\varepsilon_{xa}+C\varepsilon_{ya})}{K_{x}(1-\mu_{0}C)}=\frac{\varepsilon_{xa}+C\varepsilon_{ya}}{1-\mu_{0}C} \tag{5.4.11}$$

应变的相对误差为

$$\xi=\frac{\varepsilon_{xc}-\varepsilon_{xa}}{\varepsilon_{xa}}=\frac{C}{1-\mu_{0}C}\left(\mu_{0}+\frac{\varepsilon_{ya}}{\varepsilon_{xa}}\right) \tag{5.4.12}$$

分析应变的相对误差 ξ 可知,当 $\frac{\varepsilon_{ya}}{\varepsilon_{xa}}=-\mu_{0}$ 时 $\xi=0$,即应变片按照标准实验条件使用,也就是说应变片贴在泊松比 $\mu_{0}=0.285$ 的钢材上,测量一维的拉伸或者弯曲时没有相对误差。显然应变片应用的测量范围更广,应采取如下措施减小横向效应的误差 ξ:

① 按应变片的标准实验条件使用;

② 采用短接式应变片或金属箔式应变片以减小横向灵敏度系数 C,如图 5.4.4 和图 5.4.5 所示;

③ 根据实际使用情况,重新标定应变片,获得实际使用的应变场 ε_{xa},ε_{ya} 下的应变片的应变灵敏系数。

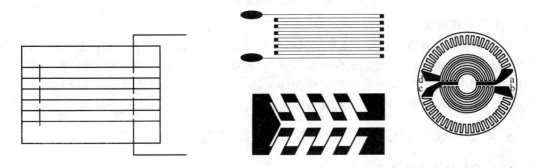

图 5.4.4　短接式应变片　　　　　　图 5.4.5　金属箔式应变片

4. 电阻应变片的种类

电阻应变片种类很多,分类方法各异,按照加工方法来分,可以分为四类,主要有金属丝式应变片、金属箔式应变片、半导体应变片和薄膜式应变器件。

(1) 金属丝式应变片

金属丝式应变片由电阻丝绕制而成,是一种普通的金属应变片,分为普通丝绕式和短接丝式两种,分别如图 5.4.3 和图 5.4.4 所示。

(2) 金属箔式应变片

金属箔式应变片利用照相制版或光刻腐蚀的方法制成,将电阻箔材在绝缘基底上制成各种图案形成应变片,适用于不同的测量,如图 5.4.5 所示。敏感栅的箔片厚度在 $1\sim10\,\mu m$ 之间,与金属丝式应变片相比,金属箔式应变片具有应变片特性一致性好,敏感栅尺寸标准,尺寸小,根据测量需求制成任意形状;横向效应小;允许电流大,灵敏度高;疲劳寿命长,蠕变小,机

械滞后小等优点。

（3）半导体应变片

半导体应变片是基于半导体材料的"压阻效应"，即电阻率随应力而变化的效应（详见5.5节）。由于半导体特殊的导电机理，由半导体制作敏感栅的压阻效应特别显著，能敏感非常小的应变。

常见的半导体应变片采用锗和硅等半导体材料制成，一般为单根状，如图5.4.6所示。半导体应变片的突出优点是：体积小，灵敏度高，机械滞后小，动态特性好等。最明显的缺点是：灵敏系数的温度稳定性差。此外半导体应变片特性的非线性大，分散性大，互换性差。

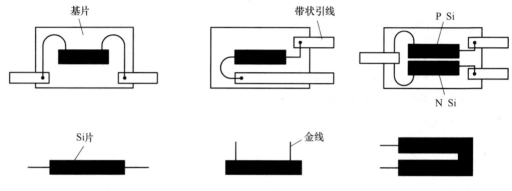

图 5.4.6　半导体应变片

（4）薄膜式应变片

薄膜式应变片采用真空蒸发或真空沉积等镀膜技术将电阻材料镀在基底上，制成各种各样的敏感栅而形成应变片，薄膜式应变片极薄，厚度不大于 $0.1~\mu m$，其灵敏度高，易于实现工业化；特别是其可以直接制作在弹性敏感元件上，形成测量元件或传感器。由于这种应用方式免去了应变片的粘贴工艺过程，因此具有一定优势。

5.4.2　电阻应变片的温度误差及补偿方法

1. 温度误差产生的原因

所有的固体都具有温度系数，因此应变片在使用时，由于环境温度的变化，也会引起电阻应变片电阻的变化。设环境温度 t_0 时，当应变片安装在一个可以自由膨胀的试件上时，试件不受外力作用时，此时应变片的阻值为 R_0。如果环境温度变化了 Δt，应变丝的电阻温度系数为 α，则引起应变片阻值变化 $\Delta R_{t\alpha}$，$\Delta R_{t\alpha} = R_0\alpha\Delta t$，应变片由于电阻温度系数引起的电阻变化，称为电阻的热效应。温度变化后，应变片的电阻 R_t 为

$$R_t = R_0(1+\alpha\Delta t) = R_0 + \Delta R_{t\alpha} \tag{5.4.13}$$

如图5.4.7所示，若电阻应变片上的电阻丝的初始长度为 L_0，当温度改变 Δt 时，应变丝的线膨胀系数为 β_s，应变丝受由 L_0 热膨胀至 $L_{st} = L_0(1+\beta_s\Delta t)$，应变丝的膨胀量为 $\Delta L_s = L_{st} - L_0 = L_0\beta_s\Delta t$；试件的线膨胀系数为 β_g，试件相应地由 L_0 伸长到 $L_{gt} = L_0(1+\beta_g\Delta t)$，试件的膨胀量 $\Delta L_g = L_{gt} - L_0 = L_0\beta_g\Delta t$。由于这两种材料线膨胀系数不一致，虽然环境温度变化相同，但是应变丝的膨胀量 ΔL_s 和试件的膨胀量 ΔL_g 不一样大，使得应变丝产生附加变形，热膨胀系数造成的应变片的附加伸长量为

$$\Delta L_\beta = \Delta L_g - \Delta L_s = (\beta_g - \beta_s)\Delta t L_0 \tag{5.4.14}$$

因此引起的附加应变为

$$\varepsilon_\beta = \frac{\Delta L_\beta}{L_{st}} = \frac{(\beta_g - \beta_s) \Delta t L_0}{L_0 (1 + \beta_s \Delta t)} \approx (\beta_g - \beta_s) \Delta t \qquad (5.4.15)$$

基于应变效应，引起的电阻变化量为

$$\Delta R_{t\beta} = R_0 K \varepsilon_\beta = R_0 K (\beta_g - \beta_s) \Delta t \qquad (5.4.16)$$

综上，温度变化引起的电阻变化量及相对变化量分别为

$$\Delta R_t = \Delta R_{t\alpha} + \Delta R_{t\beta} = R_0 \alpha \Delta t + R_0 K (\beta_g - \beta_s) \Delta t \qquad (5.4.17)$$

$$\frac{\Delta R_t}{R_0} = \alpha \Delta t + K (\beta_g - \beta_s) \Delta t \qquad (5.4.18)$$

对应的应变大小为

$$\varepsilon_t = \frac{\dfrac{\Delta R_t}{R_0}}{K} = \left[\frac{\alpha}{K} + (\beta_g - \beta_s) \right] \Delta t \qquad (5.4.19)$$

式(5.4.19)即为温度变化引起的附加电阻变化带来的附加应变变化，与 $\Delta t, \alpha, K, \beta_s, \beta_g$ 等有关，当然也与粘合剂等有关，若要减小温度误差，只要减小 ε_t 即可。

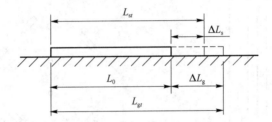

图 5.4.7 线膨胀系数不一致引起的温度误差

2. 温度补偿方法

（1）自补偿法

根据式(5.4.19)可知，当 $\alpha + K(\beta_g - \beta_s) = 0$ 时，$\varepsilon_t = 0$，因此，合理选择应变片与使用试件就能使温度引起的附加应变为零。这种方法温度补偿效果好，但是一种应变片只能用于一种确定材料的试件上，局限性很大，在实际中很难应用。

图 5.4.8 给出了一种采用双金属敏感栅自补偿片的改进方案。将电阻温度系数一个为正一个为负的两种电阻丝材料串联组合成敏感栅，这两段敏感栅的电阻 R_1 与 R_2 由于温度变化而引起的电阻变化分别为 ΔR_{1t} 和 ΔR_{2t}，它们的大小相等，符号相反，从而起到了温度补偿的目的。

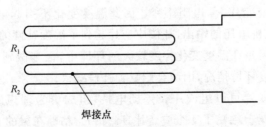

图 5.4.8 双金属敏感栅自补偿应变片

图 5.4.9 给出了另外一种适用性更好的自补偿方法,工作应变片 R_1 与温度补偿应变片 R_2 选择电阻温度系数都为正的两种合金丝串联而成,应变片 R_1 与 R_2 分别接入电桥的相邻两臂上。R_1 是工作臂,温度补偿应变片 R_2 与外接串联电阻 R_B 组成补偿臂,电桥的另外两个桥臂接入平衡电阻 R_3,R_4。适当调节它们的比值和外接电阻 R_B 的数值,可以使两桥臂由于温度变化而引起的电阻变化相等或接近,达到温度补偿的目的。即满足

$$\frac{\Delta R_{1t}}{R_1}=\frac{\Delta R_{2t}}{R_2+R_B}$$

(5.4.20)

这种补偿法可以通过调整 R_B 的阻值,使温度补偿达到最佳效果,而且还具有适用于不同的线膨胀系数试件的优势。缺点是对 R_B 的精度要求高,同时当有应变时,温度补偿应变片敏感应变,具有抵消工作栅有效应变的作用,使应变片输出的灵敏度降低。因此,温度补偿栅应变片通常选用电阻温度系数 α 大而电阻率低的铂或铂合金,只要较小的铂电阻就能达到温度补偿,同时使应变片的灵敏系数损失少一些。而工作应变片必须使用电阻率大、电阻温度系数小的材料。这类应变片可以在不同膨胀系数材料的试件上实现温度自补偿,通用性好。

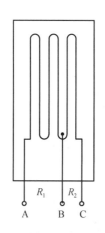 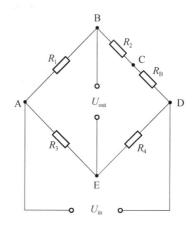

图 5.4.9 温度自补偿应变片

(2)线路补偿法

选用 2 个相同的应变片,处于相同的温度场,但受力状态不同。工作应变片 R_1 敏感应变,补偿应变片 R_B 不敏感应变,R_1 和 R_B 分别为电桥的相邻两臂,如图 5.4.10 所示。当温度发生变化时,R_1 与 R_B 的电阻都发生变化,由于它们应变片相同,粘贴在相同试件上,且处于相同的温度场,因此温度变化引起的电阻变化量是相同的。而当试件受到外力,产生应变后,工作应变片 R_1 阻值变化,补偿应变片 R_B 电阻不变。因此温度变化不引起电桥的输出电压,而工作应变片敏感应变,引起电桥电压的输出,补偿应变片起到了温度补偿的作用。这种温度补偿的方法简单,补偿效果好,但是在温度变化梯度较大的环境中,很难做到工作片应变片与补偿应变片处于完全一致的温度环境情况,因而会影响到补偿效果。

选用 4 个相同的应变片可以组成 4 臂差动电桥,组成更为理想的温度补偿的电路。如图 5.4.11 所示,在弹性梁上粘贴了 4 个应变片,R_1 和 R_4 粘贴在梁的上面,R_2 和 R_3 分别粘贴在 R_1 和 R_4 对称的梁的下面相应的位置。当弹性梁受到线下的力作用时,应变片 R_1 和 R_4 受拉伸,阻值增加,同时应变片 R_2 和 R_3 受到等值的压缩,阻值减小,电桥电压输出与应变的大

小成正比。当温度变化时,由于 4 个应变片处于相同的温度场,因此温度变化带来的电阻变化是相同的,不会引起电桥电压的输出,温度误差补偿效果更好,同时还可以提高测量灵敏度和测量精度。

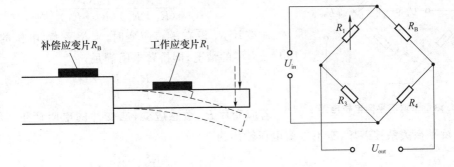

图 5.4.10　温度补偿应变片法

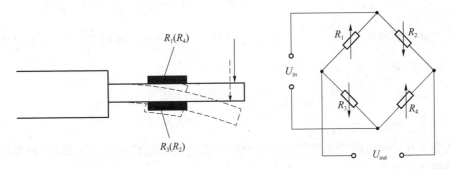

图 5.4.11　四臂差动应变片补偿法

应变片的灵敏系数 K 一般具有负的温度系数,随着温度增高,灵敏度系数降低,常采用热敏电阻补偿法,如图 5.4.12 所示。电桥电路的加载电压可以视为串联电路的分压,即电桥等效电阻与 R_5 和热敏电阻 R_t 并联电路串联的分压,热敏电阻 R_t 与应变片处于相同的温度环境,当温度升高时,应变片的灵敏度下降,此时热敏电阻 R_t 的阻值下降,电桥等效电阻变化很微小,可视作不变,因此电桥加载的输入电压增大,将灵敏度的下降与输入电压的增大保持相等,则补偿了应变片灵敏度受温度影响引起的输出电压的下降,起到了温度补偿的作用。

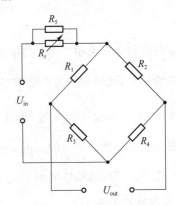

图 5.4.12　热敏电阻补偿法

5.4.3　电阻式应变片的电桥测量原理

应变片基于应变效应将应变转换为了电阻,可以通过电桥将电阻的变化转变成电压信号。

1. 单臂不平衡电桥

如图 5.4.13 所示为单臂不平衡电桥电路,U_{in} 为工作电压,R_1 为受感应变片,其余 R_2,R_3,R_4 为常值电阻。假设电桥的输入电源内阻为零,输出为端接入电阻为无穷大,电桥的输出电

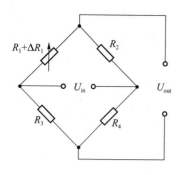

图 5.4.13 单臂不平衡电桥电路

压为

$$U_{out} = \left(\frac{R_1}{R_1 + R_2} - \frac{R_3}{R_3 + R_4} \right) U_{in}$$

$$= \frac{R_1 R_4 - R_2 R_3}{(R_1 + R_2)(R_3 + R_4)} U_{in} \quad (5.4.21)$$

应变片 R_1 没有敏感应变时,电桥平衡,电桥的输出电压 U_{out} 为零的情况,即桥臂电阻满足

$$\frac{R_1}{R_2} = \frac{R_3}{R_4} \quad (5.4.22)$$

若应变片 R_1 敏感应变,应变片的电阻产生 ΔR_1 变化时,则电桥平衡关系被破坏,有不平衡电压输出为

$$U_{out} = \left(\frac{R_1 + \Delta R_1}{R_1 + R_2 + \Delta R_1} - \frac{R_3}{R_3 + R_4} \right) U_{in} = \frac{\frac{R_4}{R_3} \cdot \frac{\Delta R_1}{R_1} \cdot U_{in}}{\left(1 + \frac{R_2}{R_1} + \frac{\Delta R_1}{R_1} \right)\left(1 + \frac{R_4}{R_3} \right)} \quad (5.4.23)$$

引入电桥的桥臂比 $n = \frac{R_2}{R_1} = \frac{R_4}{R_3}$,忽略式(5.4.23)分母中的小量 $\frac{\Delta R_1}{R_1}$ 项,输出电压 U_{out} 与 $\Delta R_1/R_1$ 成正比,则有

$$U_{out} \approx \frac{n}{(1+n)^2} \cdot \frac{\Delta R_1}{R_1} \cdot U_{in} = U_{out0} \quad (5.4.24)$$

式中 U_{out0} 为 U_{out} 的线性输出。

定义应变片单位电阻变化量引起的输出电压变化量为电桥的电压灵敏度,则单臂不平衡电桥的电压灵敏度为

$$K_U = \frac{U_{out0}}{\frac{\Delta R_1}{R_1}} = \frac{n}{(1+n)^2} \cdot U_{in} \quad (5.4.25)$$

电桥的电压灵敏度 K_U 与电桥的桥臂比 n 和工作电压 U_{in} 有关系。在电桥电压 U_{in} 恒定不变的情况下,欲得到最大的电桥电压灵敏度,令 $\frac{dK_U}{dn} = 0$,可得 $n = 1$,即 $R_1 = R_2$,$R_3 = R_4$ 的对称条件下,或 $R_1 = R_2 = R_3 = R_4$ 的条件下,电压的灵敏度最大,即 $K_{Umax} = \frac{1}{4} U_{in}$,因此单臂不平衡电桥常采用桥臂比为 1 的情况。

式(5.4.24)的线性输出 U_{out0},是在分母中忽略小量 $\frac{\Delta R_1}{R_1}$ 的情况下近似推出的,在一般情况下,非线性误差为

$$\xi_L = \frac{U_{out} - U_{out0}}{U_{out0}} = \frac{\frac{1}{1 + \frac{R_2}{R_1} + \frac{\Delta R_1}{R_1}} - \frac{1}{1 + \frac{R_2}{R_1}}}{\frac{1}{1 + \frac{R_2}{R_1}}} = \frac{-\frac{\Delta R_1}{R_1}}{1 + \frac{R_2}{R_1} + \frac{\Delta R_1}{R_1}} \quad (5.4.26)$$

考虑对称电桥 $R_1 = R_2$,$R_3 = R_4$,忽略式(5.4.26)分母中的小量 $\frac{\Delta R_1}{R_1}$,可得

$$\xi_L \approx \dfrac{-\dfrac{\Delta R_1}{R_1}}{2} \qquad (5.4.27)$$

对于一般的应变片，所受应变在 5 000 个微应变以下（1 个微应变为 10^{-6}），当应变片的应变灵敏系数 $K=2$ 时，$\Delta R_1/R_1=K\varepsilon=0.01$（取 $\varepsilon=5\times10^{-3}$），非线性误差大约为 0.5%，还不算大；如果对于半导体应变片，$K=125$，$\Delta R_1/R_1=K\varepsilon=0.125$（取 $\varepsilon=1\times10^{-3}$），非线性误差达到 6%，相当大。这时必须要采取措施来减少非线性误差，通常采用双臂差动电桥和四臂差动电桥来减少非线性误差。

分析单臂不平衡电桥的温度误差，设电桥 $R_1=R_2=R_3=R_4=R$，应变片 R_1 敏感应变阻值增大 ΔR，由于环境温度变化应变片阻值增大 ΔR_t，应变片的阻值为 $R_1=R+\Delta R+\Delta R_t$，则电桥的输出电压为

$$U_{out}=\left(\frac{R+\Delta R+\Delta R_t}{2R+\Delta R+\Delta R_t}-\frac{1}{2}\right)U_{in}=\frac{(\Delta R+\Delta R_t)U_{in}}{2(2R+\Delta R+\Delta R_t)} \qquad (5.4.28)$$

显然，输出电压是非线性的，且输出电压中包含温度误差。

2. 双臂差动电桥

如果在被测试件上粘贴了 2 个相同型号的应变片 R_1 和 R_2，应变片 R_1 敏感压应变，阻值增大，应变片 R_2 敏感压应变，阻值减小，则将应变片 R_1 和 R_2 接入电桥相邻的两臂，如图 5.4.14 所示，电桥输出电压为

$$U_{out}=\left(\frac{R_1+\Delta R_1}{R_1+\Delta R_1+R_2-\Delta R_2}-\frac{R_3}{R_3+R_4}\right)U_{in} \qquad (5.4.29)$$

R_1 和 R_2 应变片相同，且敏感相同的应变，所以 $\Delta R_1=\Delta R_2$，若桥臂比 $n=1$，$R_3=R_4$，则

$$U_{out}=\frac{U_{in}}{2}\cdot\frac{\Delta R_1}{R_1} \qquad (5.4.30)$$

双臂差动电桥的电压灵敏度为

$$K_U=\frac{1}{2}U_{in} \qquad (5.4.31)$$

显然，双臂差动电桥的电压输出为线性，电桥的电压灵敏度 $\frac{1}{2}U_{in}$。

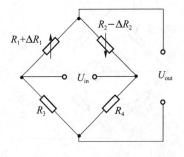

图 5.4.14　双臂差动电桥

3. 恒压源供电的四臂差动电桥

如果在被测试件上粘贴 4 个相同型号的应变片，$R_1=R_2=R_3=R_4$，应变片 R_1 和 R_4 敏感拉应变，阻值增大，且 $\Delta R_1=\Delta R_4$；应变片 R_2 和 R_3 敏感压应变，阻值减小，且 $\Delta R_2=\Delta R_3$，则将 4 个应变片都接入电桥桥臂，组成四臂差动电桥，如图 5.4.15 所示。

$$U_{out}=U_{in}\cdot\frac{\Delta R_1}{R_1} \qquad (5.4.32)$$

四臂差动电桥的电压灵敏度为

$$K_U=U_{in} \qquad (5.4.33)$$

分析图 5.4.15 所示四臂差动电桥在温度变化时的输出电压，由于四个桥臂的应变片完全相同，4 个电阻应变片温度误差 ΔR_t 也相同，则四臂差动电桥如图 5.4.16 所示。若应变片的

电阻为 R，敏感应变引起的阻值变化量为 ΔR，其中 2 个臂的电阻增加 ΔR，2 个臂的电阻减小 ΔR。同时 4 个臂的电阻由于温度变化引起的电阻值的增量均为 ΔR_t，则电桥的输出电压为

$$U_{out} = \left(\frac{R + \Delta R + \Delta R_t}{2R + 2\Delta R_t} - \frac{R - \Delta R + \Delta R_t}{2R + 2\Delta R_t} \right) U_{in} = \frac{\Delta R U_{in}}{R + \Delta R_t} \quad (5.4.34)$$

从式(5.4.34)中可以看出四臂差动电桥，当环境温度变化时，温度引起的应变片电阻变化 ΔR_t 仅出现在分母上，仅给输出电压带来了非线性的误差。与单臂不平衡电桥相比较，如式(5.4.28)所列，四臂差动电桥检测温度误差小，温度补偿效果好。

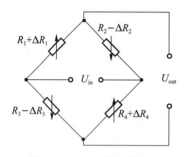

图 5.4.15　四臂差动电桥

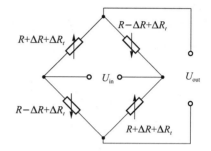

图 5.4.16　四臂差动电桥温度误差补偿

4. 恒流源供电的单臂不平衡电桥

单臂不平衡电桥如果采用恒流源供电，如图 5.4.17 所示，如果恒流源 I_0，则桥臂的电流为 I_1 和 I_2 为

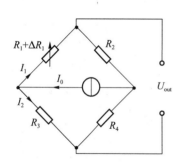

图 5.4.17　恒流源供电电桥

$$I_1 = \frac{R_3 + R_4}{R_1 + \Delta R_1 + R_2 + R_3 + R_4} I_0 \quad (5.4.35)$$

$$I_2 = \frac{R_1 + \Delta R_1 + R_2}{R_1 + \Delta R_1 + R_2 + R_3 + R_4} I_0 \quad (5.4.36)$$

则电桥的输出电压为

$$U_{out} = (R_1 + \Delta R_1) I_1 - I_2 R_3$$
$$= \frac{R_4 \Delta R_1 I_0}{R_1 + R_2 + R_3 + R_4 + \Delta R_1} \quad (5.4.37)$$

显然输出电压也是非线性的，忽略分母中的小量 ΔR_1，近似为线性输出

$$U_{out0} = \frac{R_4 \Delta R_1 I_0}{R_1 + R_2 + R_3 + R_4} \quad (5.4.38)$$

则非线性误差为

$$\xi_L = \frac{U_{out} - U_{out0}}{U_{out0}} = \frac{-\Delta R_1}{R_1 + R_2 + R_3 + R_4 + \Delta R_1} = \frac{-\dfrac{\Delta R_1}{R_1}}{\left(1 + \dfrac{R_2}{R_1}\right)\left(1 + \dfrac{R_3}{R_1}\right) + \dfrac{\Delta R_1}{R_1}} \quad (5.4.39)$$

与恒压源供电单臂不平衡电桥非线性误差式(5.4.26)相比，由于分母中的 $1 + \dfrac{R_2}{R_1}$ 增加了 $1 + \dfrac{R_3}{R_1}$ 倍，因而减少了非线性误差。

5.4.4　应变式传感器原理

电阻应变片可以直接粘贴在试件上,敏感试件的应变和应力,从而测量齿轮轮齿弯矩、飞机机身应力、立柱应力、桥梁应力等物理量,如图 5.4.18 所示。

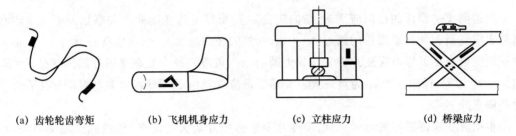

(a) 齿轮轮齿弯矩　　　　(b) 飞机机身应力　　　　(c) 立柱应力　　　　(d) 桥梁应力

图 5.4.18　应变式传感器直接粘贴测量

应变片也可以粘贴在弹性元件上,制成应变式传感器,实现多种物理量的测量,如位移、加速度、力、力矩、压力和流体速度等。应变式传感器一般由弹性敏感元件、应变片和电桥电路组成,如图 5.4.19 所示。弹性敏感元件敏感被测物理量,依据弹性元件的结构和参数,将物理量变换为与应变,且与物理量成线性关系,应变片基于应变变换原理,转换为电阻,最后基于电桥原理转换为电压或者电流输出。

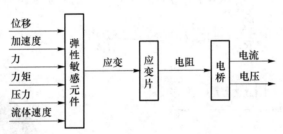

图 5.4.19　应变式传感器的组成

5.4.5　应变式压力传感器

应变式压力传感器是基于弹性敏感元件的应变式传感器,基于弹性敏感元件的弹性变换原理,将被测压力变换为机械弹性变形或应变,然后基于应变式变换原理,变换为应变丝、应变片或应变薄膜的电阻变化,最后通过电桥电路变换为电压或者电流实现测量。应变式压力传感器的结构形式很多,下面介绍几种常用的。

1. 平膜片应变式压力传感器

平膜片应变式压力传感器的弹性元件是平膜片,是一种差压式的压力传感器,如图 5.4.20 所示,两个压力分别引入膜片的两侧,膜片敏感压力差使膜片产生变形。

首先分析膜片在差压作用下的应变分布。对于周边固支的平膜片来说,设平膜片的工作半径为 R,平膜片的厚度为 h,平膜片材料的弹性模量为 E,平膜片材料的泊松比为 μ,膜片敏感的差压为 p,则半径 r 处膜片的应变分为径向应变 ε_r、切向应

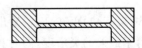

图 5.4.20　平膜片结构示意图

变 ε_θ，分别为

$$\varepsilon_r = \frac{3p}{8Eh^2}(1-\mu^2)(R^2-3r^2) \tag{5.4.40}$$

$$\varepsilon_\theta = \frac{3p}{8Eh^2}(1-\mu^2)(R^2-r^2) \tag{5.4.41}$$

周边固支平膜片的径向应变 ε_r、切向应变 ε_θ 随半径 r 改变的曲线关系如图 5.4.21 所示。显然正应变最大处在平膜片的圆心 $r=0$ 处，此处的径向应变 ε_r、切向应变 ε_θ 大小相等，故要感受正应变就应尽可能将应变片设置在靠近圆心处。负应变最大处在平膜片的固支处 $r=R$，切向应变 ε_θ 为零，径向应变 ε_r 为负最大。要感受负应变就应尽可能将应变电阻设置在靠近平膜片的固支处 $r=R$。

根据应变式传感器的组成原理，应变片要敏感膜片最大的应变，组成四臂差动电桥，因此选择图 5.4.22 所示的箔式应变片。应变片 R_1 和 R_4 应变丝沿圆周方向，敏感切向应变，应变电阻在差压作用下阻值增大，位置靠近圆心，近似为 $r=0$；应变片 R_2 和 R_3 应变丝沿半径方向，敏感径向应变，应变电阻在差压作用下阻值减小，位置靠近膜片根部，近似为 $r=R$。根据应变式变换原理，代入径向应变 ε_r 和切向应变 ε_θ，设应变片的灵敏度为 K，则应变片的电阻大小分别为

$$\frac{\Delta R_{1,4}}{R_{1,4}} = K\varepsilon_\theta(r=0) = \frac{3KpR^2}{8Eh^2}(1-\mu^2) \tag{5.4.42}$$

$$\frac{\Delta R_{2,3}}{R_{2,3}} = K\varepsilon_r(r=R) = \frac{-3KpR^2}{4Eh^2}(1-\mu^2) \tag{5.4.43}$$

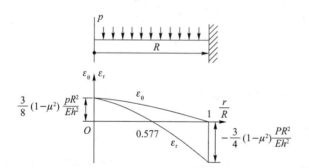

图 5.4.21 平膜片上表面的应变曲线

图 5.4.22 箔式应变片

将 4 个应变片组成图 5.4.15 所示的四臂差动电桥，则可以推出电桥电压输出为

$$U_{out} = \left(\frac{R_1}{R_1+R_2} - \frac{R_3}{R_3+R_4}\right)U_{in} = \frac{\frac{9KpR^2}{8Eh^2}(1-\mu^2)}{2-\frac{3KpR^2}{8Eh^2}(1-\mu^2)}U_{in} \approx \frac{9KpR^2}{16Eh^2}(1-\mu^2)U_{in}$$

$$\tag{5.4.44}$$

从式(5.4.44)可知，电桥输出电压与差压 p 为线性关系，$U_{out} \propto p$，实现了差压的测量。这样既获得了最大的灵敏度，同时具有良好的线性度及温度补偿性能。

平膜片式压力传感器的结构如图 5.4.23 所示，可以采取组装式的结构或者焊接式的结构来实现，这类传感器的优点是结构简单、体积小、质量小、性能/价格比高等。缺点是输出信号

小、抗干扰能力差、精度受工艺影响大等。

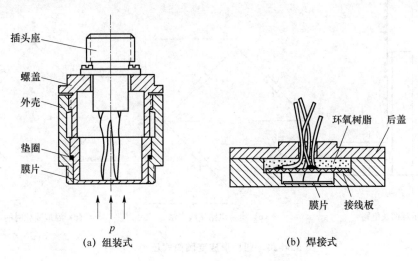

图 5.4.23 平膜片式压力传感器结构

2. 圆柱形应变筒式压力传感器

圆柱形应变圆筒式压力传感器如图 5.4.24(a)所示,弹性元件是一端密封薄壁厚底的弹性筒,另一端开口并有法兰,方便固定薄壁圆筒。圆柱形应变圆筒的内径为 D,圆柱形应变圆筒的壁厚 h,圆柱筒材料的弹性模量为 E,泊松比为 μ,当压力从开口端接入圆柱筒时,筒壁产生切向应变 ε_θ,式为

$$\varepsilon_\theta = \frac{pD}{2Eh}\left(1-\frac{\mu}{2}\right) \tag{5.4.45}$$

圆柱形应变筒式压力传感器选择 4 个相同型号的应变片,电桥电路的接线方式如图 5.4.24(b)所示。2 个工作的应变片 R_1,R_4 沿薄壁圆筒的圆周方向粘贴,敏感切向应变,当压力增大时,电阻增大;另外 2 个补偿的应变片 R_2,R_3 粘贴在薄壁圆筒的厚底上,不敏感应变,敏感环境温度的变化,起到温度补偿的作用。当应变筒通入压力 p 时,电桥的输出电压为

$$U_{\text{out}} = \left(\frac{R_1+\Delta R_1}{R_1+\Delta R_1+R_3} - \frac{R_2}{R_2+R_4+\Delta R_4}\right)U_{\text{in}} \tag{5.4.46}$$

4 个应变片型号相同,应变灵敏度为 K,则 $R_1=R_2=R_3=R_4=R$,当压力变化时 $\Delta R_1 = \Delta R_4 = \Delta R$,电桥输出电压为

$$U_{\text{out}} = \frac{\Delta R}{2R+\Delta R}U_{\text{in}} \approx \frac{1}{2}U_{\text{in}}\frac{\Delta R}{R} = \frac{1}{2}U_{\text{in}}K\frac{pD}{2Eh}\left(1-\frac{\mu}{2}\right) \tag{5.4.47}$$

如果圆柱形应变筒式压力传感器压力测量时环境温度增高,则 4 个应变片的阻值都增大 ΔR_t,电桥电路如图 5.4.24(c)所示,电桥电压输出为

$$U_{\text{out}} = \left(\frac{R+\Delta R+2\Delta R_t}{2R+\Delta R+2\Delta R_t} - \frac{R+2\Delta R_t}{2R+\Delta R+2\Delta R_t}\right)U_{\text{in}} = \frac{\Delta R}{2R+\Delta R+2\Delta R_t}U_{\text{in}} \approx \frac{1}{2}U_{\text{in}}\frac{\Delta R}{R}$$
$$\tag{5.4.48}$$

显然,输出电压中 ΔR_t 仅出现在分母上,因此温度变化没有电压误差,仅引起非线性误差,补偿应变片起到了很好的温度补偿作用。

圆柱形应变筒式压力传感器常在高压测量时应用。

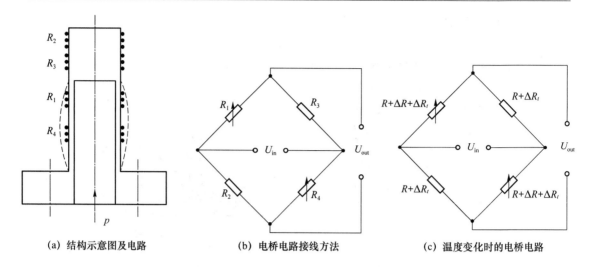

(a) 结构示意图及电路   (b) 电桥电路接线方法   (c) 温度变化时的电桥电路

图 5.4.24　圆柱形应变圆筒式压力传感器

3. 非粘贴式应变压力传感器

非粘贴式应变压力传感器又称张丝式压力传感器,图 5.4.25 给出了一种非粘贴式应变压力传感器的原理结构图。它是由膜片、传力杆、支承环、宝石柱、弹簧片和应变丝等部分组成。

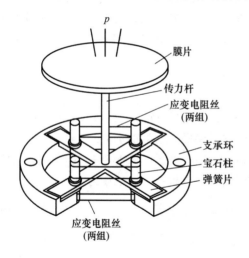

图 5.4.25　张丝式压力传感器

膜片受压后,将压力转换为集中力,通过传力杆传给十字形弹簧片。宝石柱固定在十字形弹簧片的上下两层,宝石柱上绕有应变丝。当弹簧片向下变形时,上部应变丝的张力减小,应变电阻减小;下部应变丝的张力增大,应变丝的电阻增大。为了减少摩擦和温度对应变电阻丝的影响,采用宝石柱作绕制应变丝的支柱,通常应变丝的直径约为 0.08 mm。

非粘贴式应变压力传感器由于不采用粘合剂,所以迟滞和蠕变较小,精度较高,适用于小压力测量。但加工较困难,其性能指标受加工时的预张力、加工后电阻丝内应力状况影响较大,性能稳定性较差。

5.5　压阻式测量原理及压力测量系统

5.5.1　压阻式测量原理

利用压阻式变换原理可以制成压敏电阻,可以感受测量物体受力或力矩时所产生的应力。应力使压敏电阻产生电阻变化,通过电桥进一步将电阻变化转换为电压或电流的变化。

1. 半导体材料的压阻效应

固体在力作用下电阻的变化率均可写为

$$\frac{\mathrm{d}R}{R} = \frac{\mathrm{d}\rho}{\rho} + \frac{\mathrm{d}L}{L} - 2\frac{\mathrm{d}r}{r} \tag{5.5.1}$$

对于金属电阻而言 $\dfrac{\mathrm{d}R}{R}$ 中 $\dfrac{\mathrm{d}\rho}{\rho}$ 很小，主要由几何变形量 $\dfrac{\mathrm{d}L}{L}$ 和 $\dfrac{\mathrm{d}r}{r}$ 形成电阻的应变效应；对于半导体材料而言 $\dfrac{\mathrm{d}R}{R}$ 中 $\dfrac{\mathrm{d}\rho}{\rho}$ 很大，相对而言几何变形量 $\dfrac{\mathrm{d}L}{L}$ 和 $\dfrac{\mathrm{d}r}{r}$ 很小，这是由半导体材料的导电特性决定的。

半导体材料受到作用力后由于电阻率发生变化而引起的电阻变化称为半导体的压阻效应。实际上所有的固体受到作用力后电阻率（或电阻）就要发生变化，但是以半导体材料最为显著，因而具有实用价值。半导体材料的压阻效应通常有两种应用方式，一种是利用半导体材料的体电阻做成粘贴式应变片；另一种是在半导体材料的基片上用集成电路工艺制成扩散型压敏电阻或离子注入型压敏电阻，重点讨论后一种情况。

2. 半导体材料的压阻系数

半导体材料的电阻取决于载流子的数目、空穴和电子的迁移率，电阻率可表示为

$$\rho \propto \frac{1}{eN_i\mu_{\mathrm{av}}} \tag{5.5.2}$$

式中：N_i 为载流子浓度，μ_{av} 为载流子的平均迁移率；e 为电子电荷量 1.6×10^{-19} C。

当应力作用于半导体材料时，单位体积内的载流子数目 N_i、平均迁移率 μ_{av} 都要发生变化，从而使电阻率 ρ 发生变化，这就是半导体压阻效应的本质。由实验研究可知，半导体材料的电阻率的相对变化可写为

$$\frac{\mathrm{d}\rho}{\rho} = \pi_{\mathrm{L}}\sigma_{\mathrm{L}} \tag{5.5.3}$$

式中：π_{L} 为压阻系数（Pa^{-1}），表示单位应力引起的电阻率的相对变化量；σ_{L} 为应力（Pa）。

3. 半导体应变片的工作原理

对于一维单向受力的晶体电阻条，由于 $\sigma_{\mathrm{L}} = E\varepsilon_{\mathrm{L}}$，式（5.5.3）电阻率的变化率可写为

$$\frac{\mathrm{d}\rho}{\rho} = \pi_{\mathrm{L}}E\varepsilon_{\mathrm{L}} \tag{5.5.4}$$

代入式（5.5.1），电阻的变化率可写为

$$\frac{\mathrm{d}R}{R} = \frac{\mathrm{d}\rho}{\rho} + \frac{\mathrm{d}L}{L} + 2\mu\frac{\mathrm{d}L}{L} = (\pi_{\mathrm{L}}E + 2\mu + 1)\varepsilon_{\mathrm{L}} = K\varepsilon_{\mathrm{L}} \tag{5.5.5}$$

$$K = \pi_{\mathrm{L}}E + 2\mu + 1 \approx \pi_{\mathrm{L}}E \tag{5.5.6}$$

式（5.5.5）和式（5.5.6）是半导体应变片的工作原理，一般采用半导体材料做成粘贴式的应变片，其工作原理基于半导体的压阻效应，与金属应变片不同。在半导体材料的压阻效应中，其应变系数远远大于金属的应变系数，且主要是由电阻率的相对变化引起的，而不是由几何形变引起的。基于上面分析，有

$$\frac{\mathrm{d}R}{R} \approx \pi_{\mathrm{L}}\sigma_{\mathrm{L}} = \pi_{\mathrm{L}}E\varepsilon_{\mathrm{L}} \tag{5.5.7}$$

4. 压阻元件的压阻系数

压阻元件，又称压敏电阻，一般在半导体的基片上用集成电路工艺制成扩散型而成，用它作为敏感元件制成传感器称为固态压阻式传感器，也叫扩散性压阻传感器。扩散型压敏电阻

的基片是半导体单晶硅材料,单晶硅具有各向异性,基片取向不同时,其特性不一样,基片的方向用晶面法线方向来表示,同时,压阻元件的扩散方向不同其压阻系数也不同,因此压阻系数不仅与晶向有关,还与掺杂浓度、温度和材料类型有关。

压阻系数是单位应力作用下电阻率的相对变化,压阻效应具有各向异性特征,沿不同的方向施加应力和沿不同方向扩散电阻,其电阻率变化会不相同。因此纵向压阻系数为 π_a 和横向压阻系数为 π_n 均需要根据单晶硅的晶面方向和压阻元件扩散方向进行计算,本书不再赘述纵向压阻系数和横向压阻系数的计算方法。假设确定的晶面上,沿某确定的方向扩散压阻元件,若已知纵向压阻系数为 π_a,横向压阻系数为 π_n,纵向的应力为 σ_a,横向的应力为 σ_n,则压阻元件的压阻效应可以表示为

$$\frac{\Delta R}{R} = \pi_a \sigma_a + \pi_n \sigma_n \tag{5.5.8}$$

压阻式传感器具有压阻系数很高,分辨率高,动态响应好,易于向集成化、智能化的优点,但是压阻效应的温度系数大,存在较大的温度误差,电压源供电的四臂差动电桥已经不能满足其温度补偿的需求。

5.5.2 压阻式传感器原理

常用的压阻式传感器有压阻式加速度传感器和压阻式压力传感器,其原理如图 5.5.1 所示,加速度或压力等物理量作用在单晶硅材料制作的膜片或梁上,转换成相应的应力大小,单晶硅梁或者单晶硅膜片上扩散的压阻元件敏感应力,通过压阻效应变换为电阻,最后通过电桥电路变换成电压或电流信号。

压阻式传感器在设计时,一方面要选择好单晶硅材料的晶面方向,沿着压阻系数大的方向扩散压阻元件,另一个方面是梁或者膜片结构设计,其上的应力分布情况,使得压阻元件可以敏感到膜片或梁上的最大应力,从而获得最大的 $\frac{\Delta R}{R}$。

压阻式压力传感器的结构和原理详见 5.5.3 小节,压阻式加速度传感器是利用单晶硅材料制作悬臂梁,如图 5.5.2 所示,在其根部扩散出四个压阻元件。当悬臂梁自由端的质量块受加速度作用时,悬臂梁受到弯矩作用,产生应力,使压敏电阻发生变化,压阻式加速度传感器的结构和原理详见第 7 章相关内容。

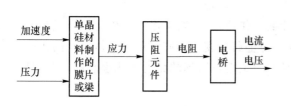

图 5.5.1 压阻式传感器原理

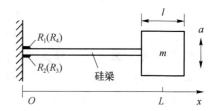

图 5.5.2 压阻式加速度传感器结构

5.5.3 压阻式压力传感器

压阻式压力传感器的结构如图 5.5.3 所示,敏感元件为单晶硅制成的圆形平膜片,基于单

晶硅材料的压阻效应,利用微电子加工中的扩散工艺在硅膜片上制造所期望的压敏电阻。单晶硅膜片的纵向应力和横向应力分别为 σ_a,σ_n,压敏电阻的纵向压阻系数和横向压阻系数分别为 π_a,π_n,则压阻效应可描述为 $\dfrac{\Delta R}{R}=\pi_a\sigma_a+\pi_n\sigma_n$。

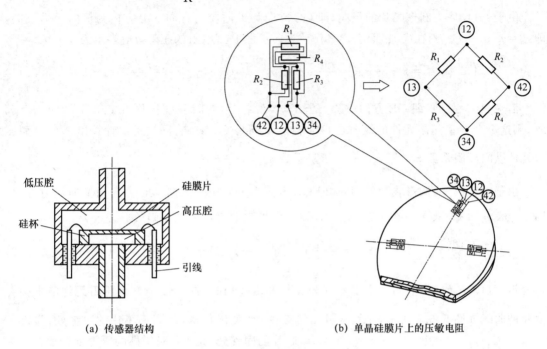

(a) 传感器结构　　　　　　　　(b) 单晶硅膜片上的压敏电阻

图 5.5.3　压阻式压力传感器结构

设平膜片的工作半径为 R,平膜片的厚度为 h,膜片材料的泊松比为 μ,敏感的压力为 p,首先分析周边固支的圆平膜片的应力分布,在其上表面的半径 r 处,径向应力 σ_r、切向应力 σ_θ 为

$$\sigma_r=\frac{3p}{8h^2}\big[(1+\mu)R^2-(3+\mu)r^2\big] \tag{5.5.9}$$

$$\sigma_\theta=\frac{3p}{8h^2}\big[(1+\mu)R^2-(1+3\mu)r^2\big] \tag{5.5.10}$$

周边固支圆平膜片的上表面应力随半径 r 变化的曲线关系如图 5.5.4 所示。

单晶硅圆平膜片的晶面方向为 <001>,如图 5.5.5 所示。

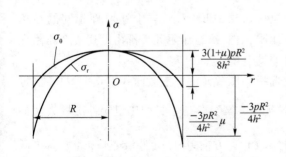

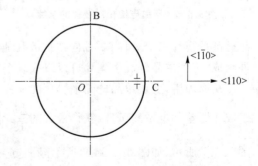

图 5.5.4　平膜片的应力曲线　　　　　图 5.5.5　<001>晶向的单晶硅圆平膜片

沿<110>晶向,即 OC 方向(膜片的径向)扩散 2 个 P 型压阻元件,图 5.5.3(b)中的 R_2 和 R_3,则这 2 个 P 型压阻元件的纵向是 OC 方向,横向是 OB 方向,则可以计算出 2 个 P 型压阻元件纵向压阻系数 $\pi_a \approx \frac{1}{2}\pi_{44}$,横向压阻系数 $\pi_n \approx -\frac{1}{2}\pi_{44}$,$\pi_{44}$ 为单晶硅的剪切压阻系数。

由于<110>为圆形膜片的径向,即 OC 方向为纵向应力方向,OB 方向为横向应力方向,即 $\sigma_a = \sigma_r$,$\sigma_n = \sigma_\theta$。则在(001)面上,<110>方向扩散 P 型电阻的压阻效应表示为

$$\left(\frac{\Delta R}{R}\right)_{\langle 110\rangle} = \pi_a\sigma_a + \pi_n\sigma_n = \frac{\pi_{44}}{2}\sigma_r - \frac{\pi_{44}}{2}\sigma_\theta = \frac{\pi_{44}}{2}(\sigma_r - \sigma_\theta) = \frac{-3pr^2\pi_{44}}{8h^2}(1-\mu) \quad (5.5.11)$$

沿<1$\bar{1}$0>晶向,即 OB 方向(膜片的切向)2 个 P 型压阻元件,图 5.5.3(b)中的 R_1 和 R_4,则这 2 个 P 型压阻元件的纵向是 OB 方向,横向是 OC 方向,同样可以计算出 2 个 P 型压阻元件纵向压阻系数 $\pi_a \approx \frac{1}{2}\pi_{44}$,横向压阻系数 $\pi_n \approx -\frac{1}{2}\pi_{44}$。

由于<1$\bar{1}$0>为圆形膜片的切向,即 OB 方向为纵向应力方向,OC 方向为横向应力方向,即 $\sigma_a = \sigma_\theta$,$\sigma_n = \sigma_r$。则在(001)面上,<1$\bar{1}$0>方向扩散 P 型电阻的压阻效应表示为

$$\left(\frac{\Delta R}{R}\right)_{\langle 1\bar{1}0\rangle} = \pi_a\sigma_a + \pi_n\sigma_n = \frac{\pi_{44}}{2}\sigma_\theta - \frac{\pi_{44}}{2}\sigma_r = \frac{\pi_{44}}{2}(\sigma_\theta - \sigma_r) = \frac{3pr^2\pi_{44}}{8h^2}(1-\mu) \quad (5.5.12)$$

沿<110>晶向扩散的 2 个 P 型压阻元件和沿<1$\bar{1}$0>晶向 2 个 P 型压阻元件随半径 $\frac{r}{R}$ 变化的曲线如图 5.5.6 所示,显然压阻元件应在 $r=R$ 出扩散,即圆形膜片的边缘处,靠近平膜片的固支处,此时可将敏感的压力 p 变换为最大的电阻,获得最大的灵敏度。并且沿<110>晶向和<1$\bar{1}$0>晶向扩散的压阻元件随压力的变化阻值大小变化一样符号是完全相反的,即由上述 4 个压敏电阻构成的四臂受感电桥就可以把压力的变化转换为电压的变化。当压力为零时,四个桥臂的电阻值相等,电桥输出电压为零;当压力不为零时,四个桥臂的电阻值发生变化,电桥输出电压与压力成线性关系;从而通过检测电桥输出电压,实现对压力的测量。

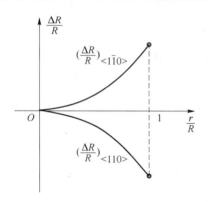

图 5.5.6 压敏电阻相对变化的规律

如图 5.5.3(b)所示,与上述原理相同的在单晶硅圆平膜片三个对称 90°方向共扩散其他 3 组压阻元件,每组压阻元件都由上述 4 个压阻元件组成,一个单晶硅圆平膜片可以组成 4 个四臂差动电桥。

从原理讲,上述单晶硅圆平膜片的晶面方向选择和压敏元件扩散方向并不唯一,只要满足组成 4 臂差动电桥的条件,获得最大的 $\frac{\Delta R}{R}$ 都是最优的方案。其他常见的压阻元件扩散方法如图 5.5.7 所示,如图 5.5.7(a)所示晶面方向选择<100>方向,压阻元件沿<1$\bar{1}$0>方向扩散 4 个压阻元件,如图 5.5.7(b)所示晶面方向选择<110>方向,压阻元件沿<110>方向扩散。

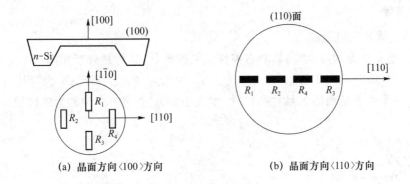

(a) 晶面方向⟨100⟩方向　　　　　(b) 晶面方向⟨110⟩方向

图 5.5.7　压敏电阻扩散方向

5.5.4　压阻式传感器的四臂差动电桥

压阻式传感器的灵敏度高,但温度稳定性差,对温度误差的补偿要求高,因此 5.4.3 小节所述的恒压源供电的四臂差动电桥不能满足温度补偿的要求,需采用恒流源供电的四臂差动电桥,如图 5.5.8 所示,2 个压阻元件敏感压力阻值增大 ΔR,2 个压阻元件敏感压力阻值减小 ΔR,4 个压阻元件敏感温度增大 ΔR_t,则电桥输出电压为

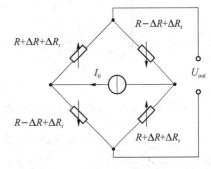

图 5.5.8　恒流源四臂差动电桥

$$U_{out} = \frac{1}{2}I_0 \times (R + \Delta R + \Delta R_t) - \frac{1}{2}I_0 \times (R - \Delta R + \Delta R_t) = I_0 \Delta R \qquad (5.5.13)$$

显然,恒流源供电下电桥电压为线性输出,没有温度误差,与恒压源供电时式(5.4.33)相比,温度补偿效果更好。

5.6　压电式测量原理及压力测量系统

5.6.1　压电式测量原理

石英、酒石酸钾钠、硫酸铵、钛酸钡等材料,当沿一定方向对其施加外力导致材料发生变形时,内部将发生极化现象,同时在其某些表面产生电荷;当外力去掉后,又重新回到不带电状态。这种将机械能转变成电能的现象称为“正压电效应”。反之,在电介质极化方向施加电场,它会产生机械变形;当去掉外加电场时,电介质的变形随之消失。这种将电能转变成机械能的现象称为“逆压电效应”,又称电致伸缩效应。

具有压电特性的材料称为压电材料,可以分为天然的压电晶体材料和人工合成压电材料,不同材料的压电特性不一样。天然的压电材料种类很多,如石英、酒石酸钾钠、电气石、硫酸铵、硫酸锂等,其中,石英晶体是一种最具实用价值的天然压电晶体材料。人工合成的压电材料主要有压电陶瓷和压电膜。

1. 石英晶体

（1）石英晶体的压电机理

石英晶体是最典型的压电材料，具有规则的几何形状，其理想外形如图 5.6.1 所示。石英晶体有三个晶轴，如图 5.6.2 所示，其中 z 为光轴，利用光学方法确定的，没有压电特性；经过晶体的棱线，并垂直于光轴的 x 轴称为电轴；垂直于 xOz 平面的 y 轴称为机械轴。

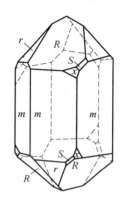

图 5.6.1　石英晶体的理想外形

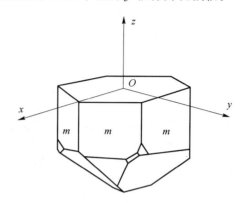

图 5.6.2　石英晶体的直角坐标系

石英晶体中硅离子和氧离子在垂直于晶体 z 轴的 xOy 平面上呈正六边形排列，如图 5.6.3(a) 所示，其中"⊕"代表 Si^{4+}，"⊖"代表 $2O^{2-}$。当石英晶体不受到外力作用时，Si^{4+} 和 $2O^{2-}$ 正好分布在正六边形的顶角上，形成三个大小相等、互成 120°夹角的电偶极矩 p_1、p_2 和 p_3，如图 5.6.3(a) 所示，电偶极矩的矢量和等于零，即 $p_1+p_2+p_3=0$。因此晶体表面不产生电荷，石英晶体从总体上呈电中性。

当石英晶体受到沿 x 轴方向的压缩力 F_x 作用时，石英晶体沿 x 轴方向产生压缩变形，如图 5.6.3(b) 所示，正、负离子的相对位置随之变动，正、负电荷中心不再重合。电偶极矩在 x 轴方向的分量为 $(p_1+p_2+p_3)_x>0$，在 x 轴的正方向的晶体表面上出现正电荷。而在 y 轴和 z 轴方向的分量均为零，在垂直于 y 轴和 z 轴的晶体表面上不出现电荷。这种沿 x 轴方向施加的作用力，在垂直于此轴晶面上产生电荷的现象，称为"纵向压电效应"。

当石英晶体受到沿 y 轴方向的压缩力 F_y 作用时，晶体的变形如图 5.6.3(c) 所示，沿 x 轴方向产生拉伸变形，正、负离子的相对位置随之变动。正、负电荷中心不再重合。电偶极矩在 x 轴方向的分量为 $(p_1+p_2+p_3)_x<0$，在 x 轴的正方向的晶体表面上出现负电荷。同样在 y 轴和 z 轴方向的分量均为零，在垂直于 y 轴和 z 轴的晶体表面上不出现电荷。这种沿 y 轴方向施加的作用力，在垂直于 x 轴晶面上产生电荷的现象，称为"横向压电效应"。

当石英晶体受到沿 z 轴方向的力，无论是拉伸力还是压缩力，由于晶体在 x 轴方向和 y 轴方向的变形相同，正、负电荷的中心始终保持重合，电偶极矩在 x 轴方向和 y 轴方向的分量等于零，所以沿光轴方向施加作用力，石英晶体不会产生压电效应。

当作用力 F_x 或 F_y 的方向相反时，变为拉伸力时，电荷的极性将随之改变。如果石英晶体的各个方向同时受到均等的作用力时（如液体压力），石英晶体将保持电中性，即石英晶体没有体积变形的压电效应。

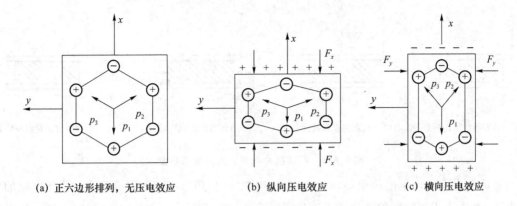

| (a) 正六边形排列,无压电效应 | (b) 纵向压电效应 | (c) 横向压电效应 |

图 5.6.3　石英晶体压电效应机理

（2）石英晶体的纵向压电效应

从石英晶体上取出一片平行六面体,使其晶面分别平行于 x,y,z 轴,晶片在 x,y,z 轴向的几何参数分别为 t,L,W,如图 5.6.4 所示。当沿 x 轴方向施加作用力 F_x 时,在垂直于电轴的表面产生的电荷 q_x 为

$$q_x = d_{11}F_x \tag{5.6.1}$$

式中:d_{11} 为压电晶体的压电常数,$d_{11}=2.31\times10^{-12}$ C/N,它表示晶片在 x 方向承受正应力时,单位压缩正应力在垂直于 x 轴的晶面上所产生的电荷密度。显然当石英晶片在 x 轴方向受到压缩应力时,在垂直于 x 轴的晶面上所产生的电荷量 q_x 正比于作用力 F_x,所产生的电荷极性如图 5.6.5(a)所示。如果石英晶片在 x 轴方向受到拉伸作用力时,在垂直于 x 轴的晶面上将产生电荷,但极性与受压缩的情况相反,如图 5.6.5(b)所示。

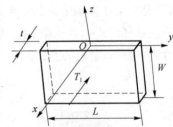

图 5.6.4　石英晶体平行六面体切片

（3）石英晶体的横向压电效应

横向压电效应是指当石英晶片受到 y 方向的作用力 F_y 时,在垂直于 x 轴的晶面上产生电荷的现象,若 F_y 为压缩正应力,电荷的极性如图 5.6.5(c)所示,若 F_y 为拉伸正应力时电荷极性如图 5.6.5(d)所示,电荷 q_y 为

$$q_y = d_{12}\frac{L}{t}F_y \tag{5.6.2}$$

式中:d_{12} 为晶体在 y 方向承受机械应力时的压电常数（C/N）,它表示晶片在 y 方向承受应力时,在垂直于 x 轴的晶面上所产生的电荷密度,由于石英晶体对称,所以 $d_{12}=-d_{11}$。

基于上述分析,显然石英晶体的横向压电效应的灵敏度与石英晶片的几何尺寸有关,欲获得较大的横向灵敏度,石英晶片需要图 5.6.4 所示的几何切片形式,沿电轴的参数 t 要小,沿 y 轴的参数 L 要大。

（4）石英晶体的切向压电效应

如果石英晶体受到的作用力 F_{xOy},在 xOy 平面,既不沿 x 轴的,也不沿 y 轴,在垂直于 x

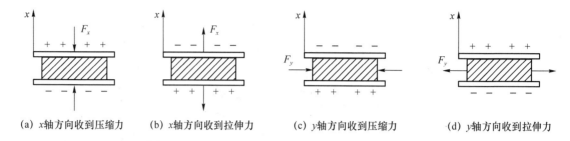

(a) x轴方向收到压缩力　　(b) x轴方向收到拉伸力　　(c) y轴方向收到压缩力　　(d) y轴方向收到拉伸力

图 5.6.5　石英晶片电荷生成机理示意图

轴的表面上也可以产生电荷聚集,称为切向压电效应,作用力 F_{xOy} 可以分解为垂直于电轴的作用力 F_x 和垂直于机械轴的作用力 F_y,分别讨论其纵向压电效应和横向压电效应,切向压电效应为二者之和,因此对于石英晶体来说:选择恰当的石英晶片的形状,即晶片的切型、受力状态、变形方式很重要,直接影响着石英晶体元件机电能量转换的效率。

(5)石英晶体的性能特点

石英晶体不需要人工极化处理,是一种性能优良的天然压电晶体,介电常数和压电常数的温度稳定性非常好。在 20～200 ℃ 范围内,温度每升高 1 ℃,压电常数仅减少 0.016 ％;温度上升到 400 ℃ 时,压电常数 d_{11} 也仅减小 5 ％;当温度上升到 500 ℃ 时,d_{11} 急剧下降;当温度达到 573 ℃（称为居里点温度)时,石英晶体失去压电特性。

石英晶体的压电特性稳定好,但灵敏度不高;石英晶体材料的自振频率高,动态响应好,机械强度高,绝缘性能好,迟滞小,重复性好。

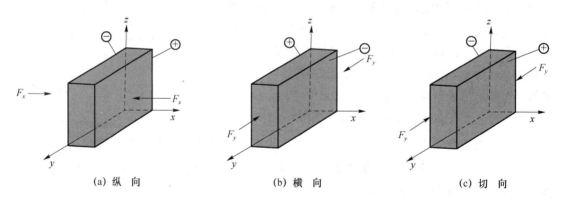

(a) 纵　向　　　　　　　(b) 横　向　　　　　　　(c) 切　向

图 5.6.6　石英晶片的压电效应

2. 压电陶瓷

(1)压电陶瓷的压电机理

压电陶瓷无数细微的电畴组成,是人工合成的多晶压电材料。电畴是压电陶瓷自发极化的小区域,在无外电场作用时,电畴自发极化的方向任意排列,如图 5.6.7(a)所示,从整体上看,这些电畴的极化效应被相互抵消了,使得压电陶瓷呈电中性,不具有压电性质。

压电陶瓷通过极化处理获得压电效应。所谓极化处理,就是在一定温度下对压电陶瓷施加强直流电场(例如 20～30 kV/cm 直流电场),保持 2～3 小时,使陶瓷内部的电畴的极化方向在外电场作用下都趋向于电场的方向,如图 5.6.7(b)所示,因此压电陶瓷具备了压电性能。

压电陶瓷的极化方向定义为压电陶瓷的 z 轴方向,经过极化处理的压电陶瓷,在外电场去掉后,内部仍存在着很强的剩余极化强度。当压电陶瓷受到外力作用时,电畴的界限发生移动,剩余极化强度将发生变化,因此压电陶瓷就呈现出压电效应。

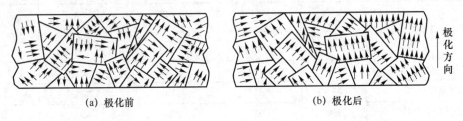

(a) 极化前　　　　　　　　　　　　　　(b) 极化后

图 5.6.7　压电陶瓷的电畴

（2）压电陶瓷的压电常数

压电陶瓷的极化方向为 z 轴方向,在垂直于 z 轴的平面上的任何直线都可以取作 x 轴或 y 轴,对于 x 轴和 y 轴,其压电特性是等效的,因此压电陶瓷除了可以利用厚度变形、长度变形和剪切变形以外,还可以利用体积变形获得压电效应,与石英晶体相比,由于体积效应可用于气体、液体等流体的测量。根据实验研究,压电陶瓷通常有三个独立的压电常数,d_{33},d_{31} 和 d_{15},其中钛酸钡压电陶瓷 $d_{33}=190\times10^{-12}$ C/N,$d_{31}=-0.41d_{33}=-78\times10^{-12}$ C/N,$d_{15}=250\times10^{-12}$ C/N,这里不再赘述压电陶瓷的压电常数矩阵了。

（3）常用压电陶瓷

压电陶瓷的压电系数比石英晶体大,灵敏度高,制造工艺成熟,可通过合理配方和掺杂等人工控制来达到所要求的性能,成形工艺性好,成本低廉,便于广泛应用。压电陶瓷除有压电性外,还具有热释电性,因此它可制作热电传感器件而用于红外探测。但作压电器件应用时,会给压电传感器造成热干扰,降低稳定性。故对高稳定性的应用场合,压电陶瓷的应用受到限制。

常用的压电陶瓷材料有:

① 钛酸钡压电陶瓷

钛酸钡（$BaTiO_3$）是由碳酸钡和二氧化钛按 1:1 摩尔分子比例混合后烧结而成,其压电系数约为石英的 50 倍,但其居里点只有 115 ℃,使用温度不超过 70 ℃,温度稳定性和机械强度不如石英晶体。

② 锆钛酸铅压电陶瓷（PZT）

锆钛酸铅（PZT）系列压电陶瓷是由钛酸铅（$PbTiO_3$）和锆酸铅（$PbZrO_3$）组成的固溶体 $Pb(ZrTi)O_3$。它与钛酸钡相比,压电系数更大,居里温度在 300 ℃以上,各项机电参数受温度影响小,时间稳定性好。根据不同的用途对压电性能提出的不同要求,在锆钛酸铅材料中再添加一种或两种微量的其他元素,如铌（Nb）、锑（Sb）、锡（Sn）、锰（Mn）、钨（W）等,可以获得不同性能的 PZT 压电陶瓷,见表 5.6.1（表中同时列出了石英晶体材料有关性能参数）。PZT 的居里点温度比钛酸钡要高,最高使用温度可达 250 ℃左右。由于 PZT 的压电性能和温度稳定性等方面均优于钛酸钡压电陶瓷,是目前应用最普遍的一种压电陶瓷材料。

表 5.6.1 常用压电材料的性能参数

性能参数	材 料				
	石 英	钛酸钡	锆钛酸铅 PZT - 4	锆钛酸铅 PZT - 5	锆钛酸铅 PZT - 8
压电常数 PC/N	$d_{11}=2.31$ $d_{14}=0.73$	$d_{33}=190$ $d_{31}=-78$ $d_{15}=250$	$d_{33}=200$ $d_{31}=-100$ $d_{15}=410$	$d_{33}=415$ $d_{31}=-185$ $d_{15}=670$	$d_{33}=200$ $d_{31}=-90$ $d_{15}=410$
相对介电常数 ε_r	4.5	1 200	1 050	2 100	1 000
居里温度点/℃	573	115	310	260	300
最高使用温度/℃	550	80	250	250	250
密度/(10^3 kg·m^{-3})	2.65	5.5	7.45	7.5	7.45
弹性模量/(10^9 N·m^{-2})	80	110	83.3	117	123
机械品质因数	$10^5 \sim 10^6$	—	≥500	80	≥800
最大安全应力/(10^6 N·m^{-2})	95~100	81	76	76	83
体积电阻率/(Ω·m)	$>10^{12}$	10^{10}(25 ℃)	$>10^{10}$	10^{11}(25 ℃)	—
最高允许湿度/%RH	100	100	100	100	—

3. 聚偏二氟乙烯(PVF2)

聚偏二氟乙烯(PVF2)是一种高分子半晶态聚合物。PVF2 压电薄膜电压灵敏度高,比压电陶瓷 PZT 大 17 倍。它的动态品质非常好,在 10^{-5} Hz～500 MHz 频率范围内具有平坦的响应特性,特别适合利用正压电效应,输出电信号。此外还具有机械强度高、柔软、不脆、耐冲击、工艺加工性好、易于加工成大面积元件和阵列元件、价格便宜等优点,可以制成薄膜、厚膜和管状等。

PVF2 压电薄膜在拉伸方向的压电常数最大($d_{31}=20\times10^{-12}$ C/N),而垂直于拉伸方向的压电常数 d_{32} 最小($d_{32}\approx0.2d_{31}$)。因此在测量小于 1 MHz 的动态量时,大多利用 PVF2 压电薄膜受拉伸或弯曲产生的横向压电效应。

PVF2 压电薄膜近来在超声和水声探测方面的应用技术发展快,它的声阻抗与水的声阻抗非常接近,两者具有良好的声学匹配关系。PVF2 压电薄膜在水中是一种透明的材料,可以用超声回波法直接检测信号,在测量加速度和动态压力方面也有广泛的应用。

5.6.2 压电换能元件的等效电路

当压电换能元件受机械应力作用时,在压电元件两个极化面上出现极性相反的电荷,一个表面上聚集正电荷,另一个表面聚集负电荷,因此正压电效应的压电换能元件实际上是一个静电荷发生器。同时,当压电元件的两个表面聚集电荷时,它相当于一个电容器,电容量为

$$C_a = \frac{\varepsilon S}{\delta} = \frac{\varepsilon_r \varepsilon_0 S}{\delta} \tag{5.6.3}$$

式中 C_a 为压电元件的电容量(F),S 为压电元件电极面的面积(m^2),δ 为压电元件的厚度(m),ε 为极板间的介电常数(F/m),ε_0 为真空中的介电常数(F/m),ε_r 为极板间的相对介电常数,$\varepsilon_r = \varepsilon/\varepsilon_0$。

基于上述的分析,压电换能元件等效于一个电荷源与一个电容相并联的电荷等效电路,如

图 5.6.8(a)所示。电容上的开路电压 u_a、电荷量 q 与电容 C_a 三者之间存在着以下关系

$$u_a = \frac{q}{C_a} \tag{5.6.4}$$

因此,压电换能元件又可以等效于一个电压源和一个串联电容表示的电压等效电路,如图 5.6.8(b)所示。从机理上说,压电换能元件受到外界作用后,产生的不变量是"电荷量"而非"电压量",这一点在实用中必须注意。

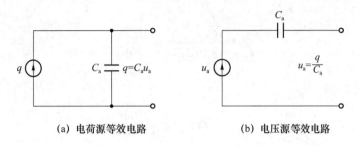

(a) 电荷源等效电路　　　　　　(b) 电压源等效电路

图 5.6.8　压电换能元件的等效电路

5.6.3　压电换能元件的信号转换电路

压电器换能元件的内阻很高,而输出能量较小,因此它的测量电路通常需要接入一个高输入阻抗的前置放大器,将传感器输出的微弱信号进行放大处理,压电传感器的输出可以是电压信号,也可以是电荷信号,相应地前置放大器也有两种形式电荷放大器和电压放大器。

1. 电荷放大器

电荷放大器是一种压电换能元件专用的前置放大器,具有深度的负反馈和高增益的特点,电荷放大电路图如图 5.6.9 所示。放大器将压电换能元件视作"电容器",所产生的不变量是电荷量,而且压电元件的等效电容的电容量非常小,等效于一个高阻抗输出的元件,因此易于受到引线等的干扰影响。

设压电元件的等效电容量为 C_a,总的干扰电容为 ΔC,包括导线的引线电容 C_c、运算放大器输入电容 C_i。压电换能元件泄露电阻 R_a,由于理想运算放大器输入端电阻 R_i 趋近于 ∞,因此忽略压电换能元件的等效电阻,压电换能元件的等效电容为

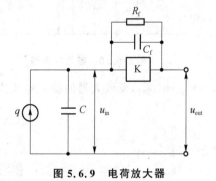

图 5.6.9　电荷放大器

$$C = C_a + \Delta C \tag{5.6.5}$$

由图 5.6.9 可知 $U_{in} = \frac{q}{C}$,$Z_{in} = \frac{1}{sC}$,经过电荷放大器,输出电压为

$$u_{out} = -\frac{Z_f}{Z_{in}} U_{in} = -\frac{Z_f}{\frac{1}{sC}} U_{in} = -(Z_f C U_{in})s = -(Z_f q)s \tag{5.6.6}$$

其中 Z_f 是反馈阻抗,如果反馈阻抗仅由一个电容 C_f 构成,反馈阻抗为 $Z_f = \frac{1}{sC_f}$,则输出电压为

$$u_{out} = -Z_f q s = -\frac{1}{sC_f} \cdot qs = -\frac{q}{C_f} \tag{5.6.7}$$

电荷放大器的实际电路,考虑到被测量的大小以及饱和问题,反馈电容 C_f 的容量作成可调整的,选择范围在 $10^2 \sim 10^4$ pF 之间。

仅采用电容负反馈,电荷放大器对直流工作点相当于开环,因此零点漂移较大。为了减小零漂,使电荷放大器工作稳定,一般在反馈电容两端并联一个大的反馈电阻 R_f(约 $10^{10} \sim 10^{14}$ Ω),作用是提供直流反馈。

如果反馈是电容 C_f 与电阻 R_f 的并联,反馈阻抗为

$$Z_f = \frac{\frac{1}{sC_f} \cdot R_f}{\frac{1}{sC_f} + R_f} = \frac{R_f}{1 + R_f C_f s} \tag{5.6.8}$$

代入式(5.6.6)得

$$u_{\text{out}} = -Z_f q s = -\frac{R_f q s}{1 + R_f C_f s} \tag{5.6.9}$$

电荷放大器的时间常数 $R_f C_f$ 很大,大于 10^5 s,因此其下限截止频率低达 3×10^{-6} Hz;上限截止频率达 100 kHz;输入阻抗 10^{12} Ω,输出阻抗 100 Ω。

从上述分析可知,电荷放大器的输出只与压电换能元件产生的电荷不变量和反馈阻抗有关,而与等效电容(包括干扰电容)无关。这就是采用电荷放大器的主要优点。

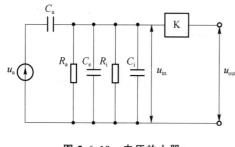

图 5.6.10 电压放大器

2. 电压放大器

电压放大器电路如图 5.6.10 所示,压电元件的等效电容量为 C_a,导线的引线电容 C_c、运算放大器输入电容 C_i,压电换能元件泄露电阻 R_a,由于理想运算放大器输入端电阻为 R_i,设 C_a、C_c 和 C_i 的等效电容为 C,R_a 和 R_i 的等效电阻为 R,压电换能元件敏感的交变应力为 $f = F_0 \sin_0 t$,根据压电变换原理,产生交变的电荷 $q = q_0 \sin \omega_0 t$,设放大器的输入电流为 i,则根据电荷等效得到电流的微分方程有

$$CRi + \int i \mathrm{d}t = q_0 \sin \omega_0 t \tag{5.6.10}$$

求解可得

$$i = \frac{q_0 \omega_0}{\sqrt{1 + (\omega_0 RC)^2}} \sin(\omega_0 t + \varphi) \tag{5.6.11}$$

$$\varphi = \arctan\left(\frac{1}{\omega_0 RC}\right) \tag{5.6.12}$$

则放大器的输入电压为

$$U_{\text{in}} = Ri = \frac{q_0}{C} \times \frac{1}{\sqrt{1 + \left(\frac{1}{\omega_0 RC}\right)^2}} \sin(\omega_0 t + \varphi) \tag{5.6.13}$$

放大器的输出电压为

$$u_{out} = -K \frac{q_0}{C} \times \frac{1}{\sqrt{1+\left(\frac{1}{\omega_0 RC}\right)^2}} \sin(\omega_0 t + \varphi) \qquad (5.6.14)$$

从式(5.6.14)中可以看到,输出电压与电荷放大器不同,容易受到电缆干扰电容的影响,当改变电缆长度或布线方法时,输出和灵敏度都会改变,从而导致测量存在误差。

若压电器元件上作用静态力,输出和灵敏度均等于 0,即压电传感器不能测量静态力。若被测量是准静态量,必须增大测量回路时间常数,以维持 $\omega_0 RC \gg 1$,避免低频时灵敏度的影响。显然增加电容 C 会降低灵敏度,而一般 R_a 很大,故只有增加 R_i,R_i 越大,低频响应越好,下限频率 $f = \frac{1}{2\pi RC} \approx \frac{1}{2\pi R_i C}$。对动态测量,易满足 $\omega_0 RC \gg 1$,此时输出和灵敏度近似与 ω_0 无关,即压电传感器具有良好的高频响应特性。

3. 压电元件的并联与串联

为了提高灵敏度,压电换能元件一般可以采用两片结构,可以将两片压电元件重叠放置连接成并联形式,后边连接电荷放大器,也可以接成串联形式,后边接电压放大器,以获得更大的灵敏度,如图 5.6.11 所示。并联结构是两个压电元件共用一个负电极,负电荷全都集中在该极上,而正电荷分别集中在两边的两个正电极上。故输出电荷 q_p、电容 C_{ap} 都是单片的 2 倍,而输出电压 u_{ap} 与单片相同,即

$$\left. \begin{array}{l} q_p = 2q \\ u_{ap} = u_a \\ C_{ap} = 2C_a \end{array} \right\} \qquad (5.6.15)$$

显然,当采用电荷放大器转换压电元件上的输出电荷 q_p 时,并联方式可以提高传感器的灵敏度。

串联结构是把上一个压电元件的负极面与下一个压电元件的正极面粘结在一起,在粘结面处的正负电荷相互抵消,而在上下两电极上分别聚集起正负电荷,电荷量 q_s 与单片的电荷量 q 相等。但输出电压 u_{as} 为单片的 2 倍,而电容 C_{as} 为单片的一半,即

$$\left. \begin{array}{l} q_s = q \\ u_{as} = 2u_a \\ C_{as} = \frac{C_a}{2} \end{array} \right\} \qquad (5.6.16)$$

显然,当采用电压放大器转换压电元件上的输出电压 u_{as} 时,串联方式可以提高传感器的灵敏度。

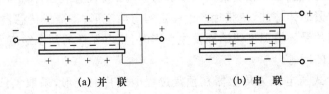

(a) 并　联　　　　(b) 串　联

图 5.6.11　压电元件的连接方式

5.6.4 压电式传感器的典型应用

压电式传感器广泛应用于力及可以转换为力的物理量的测量,具有很好的高频响应特性,如用于测量力、压力、加速度、振动和位移等,其中压电式加速度传感器由于体积小,质量小,频带宽(零点几 Hz 到数十 kHz),测量范围宽($10^{-5} \sim 10^4$ m/s²),使用温度范围宽(400~700 ℃),因此广泛用于加速度、振动和冲击测量,但压电式传感器不宜用于静态压力测量。

压电式传感器具有正压电效应和逆压电效应,可以实现机电转换,也可以实现电机转换。

压电式压力传感器由膜片、压电晶片和结构件组成。膜片敏感外部压力,转换为集中力信号作用于晶片,使晶片受到压缩,根据正压电效应转换为电荷输出。压电式加速度传感器由质量块、硬弹簧、压电晶片和基座等组成。质量块一般由体积质量较大的材料(如钨或重合金)制成。硬弹簧的作用是对质量块加载,产生预压力,以保证在作用力变化时,晶片始终受到压缩,根据正压电效应转换为电荷输出。本节以压电式压力传感器为例详述压电式传感器的测量原理等。

5.6.5 压电式压力传感器

膜片式压电压力传感器的结构如图 5.6.12 所示,为了保证传感器具有良好的长期稳定性和线性度,而且能在较高的环境温度下正常工作,压电换能元件采用天然石英晶体,采用纵向压电效应。为了获得较高的灵敏度,选择两片石英晶片,采取并联连接方式。作用在膜片上的压力通过传力块施加到石英晶片上,使晶片产生厚度变形,为了保证在压力(尤其是高压力)作用下,石英晶片的变形量(约零点几~几 μm)不受损失,传感器的壳体及后座(即芯体)的刚度要大。从弹性波的传递考虑,要求通过传力块及导电片的作用力快速而无损耗地传递到压电元件上,为此传力块及导电片应采用高音速材料,如不锈钢等。

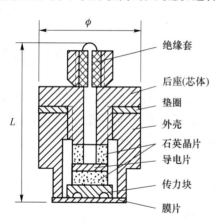

图 5.6.12 膜片式压电压力传感器

(绝缘套、后座(芯体)、垫圈、外壳、石英晶片、导电片、传力块、膜片)

两片石英晶片输出的总电荷量 q 为

$$q = 2d_{11}Sp \qquad (5.6.17)$$

式中 d_{11} 为石英晶体的压电常数(C/N),S 为膜片的有效面积(m²),p 为待测的压力(Pa)。

这种结构的压力传感器具较高的灵敏度和分辨率,而且有利于小型化。但是压电元件的预压缩应力通过拧紧芯体施加,使膜片产生一定的弯曲变形,将造成传感器的线性度和动态性能变坏,另外,当膜片受环境温度影响而发生变形时,压电元件的预压缩应力将会发生变化,造成输出产生不稳定的问题。

为了解决膜片式压电压力传感器在预紧过程中膜片的变形,采取了预紧筒加载结构,如图 5.6.13 所示。预紧筒是一个薄壁厚底的金属圆筒,通过拉紧预紧筒对石英晶片组施加预压缩应力,在加载状态下用电子束焊将预紧筒与芯体焊成一体。敏感压力的薄膜片最后焊接到壳体上,因此避免了压电元件的预加载过程中发生的变形。

采用预紧筒加载结构还有一个优点,即在预紧筒外围的空腔内可以注入冷却水,降低晶片温度,以保证传感器在较高的环境温度下正常工作。

活塞式压电压力传感器的结构如图 5.6.14 所示,它利用活塞将压力转换为集中力后直接施加到压电晶体上,使之产生相应的电荷输出。活塞式压电传感器每次使用后都需要将传感器拆开清洗、干燥并再次在净化条件下重新装配,十分不便,并且频率特性也不理想。

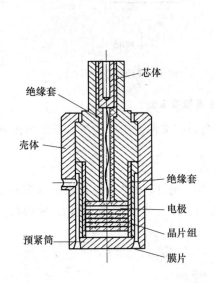
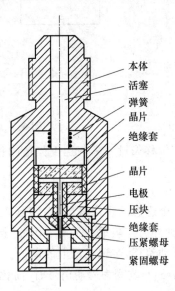

图 5.6.13　预紧筒加载压电式压力传感器　　**图 5.6.14　活塞式压电压力传感器**

5.7　谐振式测量原理及压力测量系统

5.7.1　谐振式测量原理

从 20 世纪 70 年代开始谐振技术用于测量,测量原理是通过谐振式敏感元件,即谐振子的振动特性来实现的,测量输出信号是周期信号,方便进行信号转换和处理,抗干扰能力强,由于谐振敏感元件的重复性、分辨力和稳定性等非常优良,因此谐振式测量原理成为检测技术发展的方向和重点。

1. 谐振现象

谐振式测量系统中谐振子的振动可以等效为一个单自由度系统,如图 5.7.1(a)所示。设 m 为振动系统质量块的等效质量,质量块所受到的外力为 $F(t)$,质量块 m 的振动位移为 x,若振动系统的等效阻尼系数为 c,振动系统的等效刚度为 k,则 $m\ddot{x}$,$c\dot{x}$ 和 kx 分别为质量块 m 的惯性力、阻尼力和弹性力,方向如图 5.7.1(b)所示,则质量块的力平衡方程为

$$m\ddot{x} + c\dot{x} + kx - F(t) = 0 \tag{5.7.1}$$

根据谐振的定义,当上述振动系统处于谐振状态时,作用外力应当与系统的阻尼力相平衡 $c\dot{x} - F(t) = 0$,系统的惯性力与弹性力相平衡 $m\ddot{x} + kx = 0$,系统以其固有频率振动,此时系统

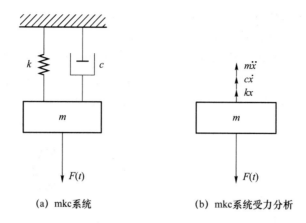

(a) mkc系统　　　　　　　　(b) mkc系统受力分析

图 5.7.1　单自由度振动系统

的外力超前位移矢量 90°,与速度矢量同相位,弹性力与惯性力之和为零。系统的固有频率为

$$\omega_n = \sqrt{\frac{k}{m}} \tag{5.7.2}$$

这是一个理想的理论情况,在实际工程中很难实现,因为实际振动系统的阻尼力很难确定,很难做到外力与阻尼力平衡。因此,给质量块 m 加载一个交变的作用力,使得质量块 m 达到最大的振动位移,实现工程上的谐振。

将外力 $F(t)$ 改变为周期信号时,简化为 $F(t) = F_m \sin \omega t$,则式(5.7.1)变换为

$$m\ddot{x} + c\dot{x} + kx = F_m \sin \omega t \tag{5.7.3}$$

是正弦激励下二阶微分方程求解问题,设系统的固有频率为 $\omega_n = \sqrt{\dfrac{k}{m}}$,系统的阻尼比系数为 $\zeta_n = \dfrac{c}{2\sqrt{km}}$,相对于系统固有频率的归一化频率 $P = \dfrac{\omega}{\omega_n}$,则系统的归一化幅值响应和相位响应分别为

$$A(\omega) = \frac{1}{\sqrt{(1-P^2)^2 + (2\zeta_n P)^2}} \tag{5.7.4}$$

$$\varphi(\omega) = \begin{cases} -\arctan\dfrac{2\zeta_n P}{1-P^2}, & P \leqslant 1 \\[2mm] -\pi + \arctan\dfrac{2\zeta_n P}{P^2-1}, & P > 1 \end{cases} \tag{5.7.5}$$

图 5.7.2 给出了系统的幅频特性曲线和相频特性曲线。

谐振系统是一个弱阻尼系统,$\zeta_n \ll 1$,则当 $\omega_r = \omega_n\sqrt{1-2\zeta_n^2}$ 时,$A(\omega)$ 达到最大值,有

$$A_{max} = \frac{1}{2\zeta_n\sqrt{1-\zeta_n^2}} \approx \frac{1}{2\zeta_n} \tag{5.7.6}$$

这时系统的相位为

$$\varphi = -\arctan\frac{2\zeta_n P}{2\zeta_n^2} \approx -\arctan\frac{1}{\zeta_n} \approx -\frac{\pi}{2} \tag{5.7.7}$$

工程上将系统的幅值增益达到最大值时的工作情况定义为谐振状态,频率 ω_r 定义为系统的谐振频率,在高品质弱阻尼系统中 $\omega_r \approx \omega_n$。

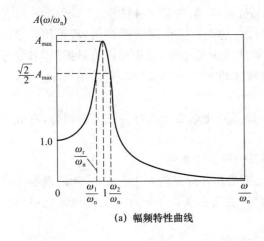
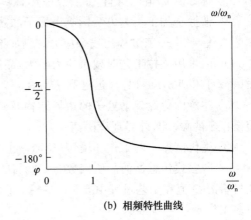

(a) 幅频特性曲线 (b) 相频特性曲线

图 5.7.2 系统的幅频特性曲线和相频特性曲线

2. 谐振子的品质因数

根据上述分析,由于当 $\omega_r = \omega_n \sqrt{1-2\zeta_n^2}$ 时质量块 m 获得最大的振动位移,工程上定义谐振频率为 $\omega_r = \omega_n \sqrt{1-2\zeta_n^2}$。系统的固有频率 $\omega_n = \sqrt{k/m}$ 只与系统的质量和刚度有关,与系统的阻尼比系数无关,即系统的固有频率是一个与外界阻尼等干扰因素无关的量,稳定性高。而工程上的谐振频率与系统的固有频率存在差别,这个差别大小又与系统的阻尼比系数相关。从测量的角度出发,这个差别越小越好,即谐振测量系统的阻尼比越小越好。为了描述这个差别,或者说为了描述谐振子谐振状态优劣程度,引入谐振子的机械品质因数 Q 值。

谐振子储存的总能量为 E_s,谐振子每个周期由阻尼消耗的能量为 E_c,则谐振子的机械品质因数定义为

$$Q = 2\pi \frac{E_s}{E_c} \tag{5.7.8}$$

对于弱阻尼系统,$1 \gg \zeta_n > 0$,Q 值可以利用图 5.7.2 所示的幅频特性计算

$$Q = \frac{\omega_r}{\omega_2 - \omega_1} \tag{5.7.9}$$

$$Q \approx \frac{1}{2\zeta_n} \approx A_{max} \tag{5.7.10}$$

其中,ω_1,ω_2 对应的幅值增益为 $\frac{\sqrt{2}}{2} A_{max}$,称为半功率点。

Q 值反映了谐振子振动中阻尼比系数的大小及消耗能量快慢的程度,也反映了幅频特性曲线谐振峰陡峭的程度,即谐振敏感元件选频能力的强弱。式(5.7.8)表明,从系统振动能量的角度分析,Q 值越高,表明相对于给定的谐振子每周储存的能量而言,由阻尼等消耗的能量就越少,系统的储能效率就越高,系统抗外界干扰的能力就越强;式(5.7.9)表明,从系统幅频特性曲线的角度分析,Q 值越高,表明谐振子的谐振频率与系统的固有频率 ω_n 就越接近,系统的选频特性就越好,越容易检测到系统的谐振频率;同时系统的谐振频率就越稳定,重复性就越好。总之,对于谐振式测量原理来说,提高谐振子的品质因数至关重要。应采取各种措施提高谐振子的 Q 值。这是设计谐振式测量系统的核心问题。

通常提高谐振子的 Q 值的途径主要从五个方面考虑,即:

① 选择高 Q 值的材料,如石英晶体材料,单晶硅材料,精密合金材料等。

② 谐振子加工工艺方法影响谐振子的残余应力,进而影响谐振子的 Q 值,应采用科学的工艺方法,减小加工过程的残余应力。例如谐振筒式压力传感器,谐振元件为谐振筒,其壁厚 0.08 mm,采用旋拉工艺时残余应力较大,品质因数大约为 3 000～4 000,而采用精车工艺,品质因数可达到 8 000 以上,远远高于前者。

③ 注意优化设计谐振子的边界结构及封装,即要阻止谐振子与外界振动的耦合,有效地使谐振子的振动与外界环境隔离。

④ 优化谐振子的工作环境,避免谐振子受到其他因素的影响。

⑤ 谐振式传感器的品质因数与传感器的加工工艺和装配工艺方法有关,实际的谐振子较其材料的 Q 值在工艺过程中要下降 1～2 个数量级,表明在谐振子的加工工艺和装配中仍有许多工作要做。

3. 闭环自激系统的实现

谐振式测量原理绝大多数是在闭环自激状态下实现的,下面就对闭环自激系统的基本结构与实现条件进行分析。

(1)基本结构

谐振式测量原理如图 5.7.3 所示,谐振式测量系统由谐振敏感元件 R、激振器 E、拾振器 D、放大器 A、输出装置 O 和补偿装置 C 等六个主要部分组成。

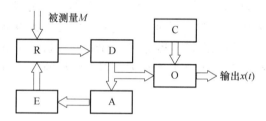

图 5.7.3　谐振式测量原理基本实现方式

R 为谐振敏感元件,又称谐振子。有多种形式:如谐振梁、复合音叉、谐振筒、谐振膜、谐振半球壳、弹性弯管等,是测量系统的核心部件,工作时以其自身固有的振动模态持续振动。谐振子的振动特性直接影响着谐振式测量系统的性能。

E 为激振器。实现电-机转换,将电能转换为机械能,使得谐振子振动,常见的激振方式有电磁、静电、逆压电效应、电热、光热等,为谐振式测量系统闭环自激系统提供条件。

D 为拾振器。又称检测器;实现机-电转换,将机械能转换为电能,检测谐振子的谐振工作情况,常用拾振方法有磁电、电容、正压电效应、光电检测等。

A 为放大器。包括信号的变换、放大和谐振系统的闭环自激算法等,与激励、拾振的方法密切相关。放大器基于谐振式测量系统的闭环自激算法,调整激振器信号的频率、幅值和相位,使系统能可靠稳定地工作于闭环自激状态,基于微处理器和智能化技术是谐振式系统放大器发展的方向。

O 为输出装置。实现对周期信号检测,检测周期信号的频率(或周期)、幅值(比)或相位(差)。

C 为补偿装置。主要对温度误差、零位误差、环境干扰误差等进行补偿。

以上六个主要部件构成了谐振式测量系统的三个重要环节。由 ERD 组成谐振系统的电-机-电谐振子环节,是谐振式测量系统的核心。合理选择激励和拾振手段,构成一个理想的 ERD,是谐振式测量系统设计最重要的环节。由 ERDA 组成的闭环自激环节,是构成谐振式测量系统的条件。由 RDO(C)组成的信号检测、输出环节,是实现检测被测量的手段。

谐振式测量闭环自激算法与谐振子工作的模态、激振和拾振的方法等多种因素相关,在工程实际中需要具体问题具体分析,本书仅限于谐振式原理的阐述,重点关注 ERD 系统的工作原理,因此较少涉及闭环自激的具体实现方法、输出、补偿的相关内容,但是这些内容也是谐振式测量的重要问题。

(2)闭环系统的实现条件

① 复频域分析

谐振式系统结构如图 5.7.4 所示,其中 $R(s)$,$E(s)$,$A(s)$,$D(s)$ 分别为谐振子、激励器、放大器和拾振器的传递函数,s 为拉氏算子,闭环系统的等效开环传递函数为

$$G(s)=R(s)E(s)A(s)D(s) \tag{5.7.11}$$

显然,系统将以频率 ω_V 产生闭环自激的复频域幅值、相位条件为

$$|G(j\omega_V)|\geqslant 1 \tag{5.7.12}$$

$$G(j\omega_V)=2n\pi, \quad n=0,\pm 1,\pm 2,\cdots \tag{5.7.13}$$

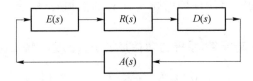

图 5.7.4 闭环自激条件的复频域分析

② 时域分析

如图 5.7.5 所示,从信号激励器来考虑,某一瞬时作用于激励器的输入电信号为

$$u_1(t)=A_1\sin\omega_V t \tag{5.7.14}$$

式中:A_1 为激励电压信号的幅值,$A_1>0$;ω_V 为激励电压信号的频率,即谐振子的振动频率,非常接近于谐振子的固有频率 ω_n。

$u_1(t)$ 经谐振子、拾振器、放大器后,输出为 $u_1^+(t)$,可写为

$$u_1^+=A_2\sin(\omega_V t+\phi_T) \tag{5.7.15}$$

式中:A_2 为输出电压信号 $u_1^+(t)$ 的幅值,$A_2>0$。

系统以频率 ω_V 产生闭环自激的时域幅值和相位条件为

$$A_2\geqslant A_1 \tag{5.7.16}$$

$$\phi_T=2n\pi \quad n=0,\pm 1,\pm 2,\cdots \tag{5.7.17}$$

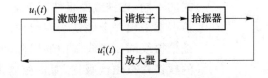

图 5.7.5 闭环自激条件的时域分析

上述是系统在某个频率的闭环自激条件,对于谐振式测量系统,其谐振频率应在其整个工作频率范围内均满足闭环自激条件,给设计测量系统提出了更多的要求。

4. 敏感机理及特点

对于谐振式测量系统,谐振测量时谐振子工作在谐振的工作状态,拾振器测量谐振子的机械振动,输出可以写为

$$x(t) = Af(\omega t + \phi) \tag{5.7.18}$$

式中:A 为拾振信号的幅值;ω 为拾振信号的角频率;ϕ 为拾振信号的初相位。

根据谐振式工作原理,物理量改变了谐振子的振动,拾振器信号 $x(t)$ 包含了谐振子振动的特征,采用谐振幅值 A,谐振角频率 ω,谐振初相位 ϕ,都可以实现对被测量的检测。但是在谐振式测量系统中,目前使用最多的是检测角频率 ω,如谐振筒压力测量系统、谐振膜压力测量系统等。对于敏感幅值 A 或相位 ϕ 的谐振式测量系统,为提高测量精度,通常采用相对(参数)测量,即通过测量幅值比或相位差来实现,如谐振式质量流量测量系统。

综上所述,相对其他类型的测量系统,谐振式测量系统的本质特征与独特优势是:

① 输出信号是周期的,被测量能够通过检测周期信号而解算出来。这一特征决定了谐振式测量系统便于与计算机连接,便于远距离传输。

② 测量系统是一个闭环系统,处于谐振状态。这一特征决定了测量系统的输出自动跟踪输入。

③ 谐振式测量系统的敏感元件即谐振子固有的谐振特性,决定其具有高的灵敏度和分辨率。

④ 相对于谐振子的振动能量,系统的功耗是极小量。这一特征决定了测量系统的抗干扰性强,稳定性好。

5.7.2 谐振弦式压力传感器

1. 结构与原理

谐振弦式压力传感器由谐振弦、磁铁线圈组件、振弦夹紧机构等元件组成,其结构原理如图 5.7.6 所示。

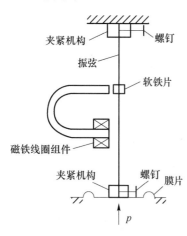

图 5.7.6 谐振弦式压力传感器原理

谐振弦式压力传感器的谐振子是振弦,是一根弦丝,上端用夹紧机构夹紧,并与壳体固连,其下端用夹紧机构夹紧,并与弹性膜片的硬中心固连,振弦夹紧时保持固定的预紧力。

谐振弦式压力传感器的激振器和拾振器都是磁铁线圈组件,产生激振电磁作用力,检测电磁变化来测量振动频率。磁铁可以是永久磁铁和直流电磁铁。根据激振方式的不同,磁铁线圈组件可以是一个或两个,当激振器和拾振器采用一个磁铁线圈组件时,线圈既是激振线圈又是拾振线圈。当线圈中通以脉冲电流时,固定在振弦上的软铁片被磁铁吸住,对振弦施加激励力。当不施加脉冲电流时,软铁片被释放,振弦以其固有频率自由振动,从而在磁铁线圈组件中感应出与振弦频率相同的感应电势。由于空气阻尼的影响,振弦的自由振动逐渐衰减,故在激振线圈中加上与振弦固有频率相

同的脉冲电流,以使振弦维持振动。

被测压力不同,加在振弦上的张紧力不同,振弦的等效刚度不同,因此振弦的固有频率不同。通过测量振弦的固有频率就可以测出被测压力的大小。

2. 特性方程

振弦的固有频率可以写为

$$f=\frac{1}{2\pi}\sqrt{\frac{k}{m}} \tag{5.7.19}$$

式中:k 为振弦的横向刚度(N/m);m 为振弦工作段的质量(kg)。

振弦的横向刚度与弦的张紧力的关系为

$$k=\frac{\pi^2(T_0+T_x)}{L} \tag{5.7.20}$$

式中:T_0 为振弦的初始张紧力(N);T_x 为作用于振弦上的被测张紧力(N);L 为振弦工作段长度(m)。

振弦的固有频率为

$$f=\frac{1}{2}\sqrt{\frac{T_0+T_x}{mL}} \tag{5.7.21}$$

由式(5.7.21)可见,振弦的固有频率与张紧力是非线性函数关系。被测压力不同,加在振弦上的张紧力不同,因此振弦的固有频率不同。测量此固有频率就可以测出被测压力的大小,亦即拾振线圈中感应电势的频率与被测压力有关。

3. 激振和拾振方式

谐振弦式压力传感器一般有间歇式激振和连续式激振两种激励方式,如图 5.7.7 所示。

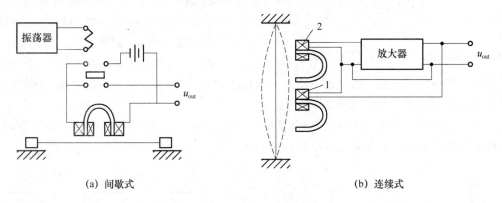

(a) 间歇式　　　　　　　　(b) 连续式

图 5.7.7　振弦的激励方式

间歇式激励方式中,如图 5.7.7(a)所示,只有一个磁铁线圈组件,前半个周期,继电器向上闭合,线圈接入耦合的振荡器激振电流,使得振弦按固有频率振动,后半个周期,继电器向下闭合,线圈没有电流接入,此时线圈敏感到交变的磁场,产生感应电势,从而测量振弦的谐振状态。有些谐振弦式压力传感器,测量指标要求不高,振弦的谐振工作状态较易达到,间歇式激振后,振弦就可以按固有频率稳定振动,因此部分谐振弦式压力传感器采用间歇式的激振和拾振的方式。

连续式激励方式中,如图 5.7.7(b)所示,有两个磁铁线圈组件,线圈 1 为激振线圈,线圈 2

为拾振线圈。线圈2的感应电势经放大器计算和放大,一方面作为输出信号,另一方面又反馈到激振线圈1,线圈1持续激振,使得谐振弦工作在谐振状态。

4. 振弦式压力传感器特点

振弦式压力传感器具有灵敏度高、测量精确度高、结构简单、体积小、功耗低和惯性小等优点,故广泛用于压力测量中。

5.7.3 振动筒式压力传感器

1. 结构与原理

振动筒式压力传感器由传感器本体和放大器两部分组成,原理示意图如图5.7.8所示,注意图中仅给出了压力传感器的本体,放大器并未示出。

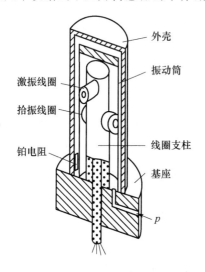

外壳
振动筒
激振线圈
拾振线圈
线圈支柱
铂电阻
基座
p

图 5.7.8 振动筒式压力传感器原理示意图

振动筒式压力传感器是一款绝压传感器,所以振动筒与壳体间为真空,可用于飞机的飞行高度和速度测量。传感器本体由振动筒、拾振线圈、激振线圈组成,激振线圈和拾振线圈在振动筒内垂直安装,以避免相互的电磁耦合造成的干扰。振动筒材料采用恒弹合金3J53或3J58(或称 Ni-Span-C),振动筒的典型尺寸为:直径16~18 mm、壁厚0.07~0.08 mm、有效长度45~60 mm,由车削或旋压拉伸工艺方法而成型,一般要求其 Q 值大于5 000。

振动筒式压力传感器的谐振筒的振动复杂,用沿圆周方向的振动形式和沿母线方向的振动形式来描述谐振子的振动,根据谐振筒的结构特点及参数范围,示出了几种可能的振型,如图5.7.9所示,图中 n 为沿振动筒圆周方向振型的整(周)波数,m 为沿振动筒母线方向振型的半波数。振动筒工作的不同振型,其最低谐振频率和振动能量不同,综合考虑振动筒压力传感器一般都选择其 $n=4,m=1$。

通入振动筒的气体压力不同时,振动筒的等效刚度不同,因此振动筒的固有频率不同,通过测量振动筒的固有频率就可以测出被测压力的大小。

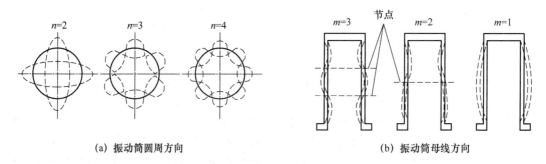

(a) 振动筒圆周方向

(b) 振动筒母线方向

图 5.7.9 振动筒所可能具有的振动振型

2. 特性方程

谐振筒式压力传感器,振动筒内气体压力与振动筒的固有频率 $f(p)$ 间的关系非常复杂,是非线性的关系,如图 5.7.10 所示。很难描述它的解析模型,假设振动筒敏感的气体压力为 p,压力为零时振动筒的固有频率为 f_0,C 是与振动筒材料、物理参数有关的系数(Pa^{-1}),则压力与固有振动频率的近似关系为

$$f(p) = f_0 \sqrt{1 + Cp} \tag{5.7.22}$$

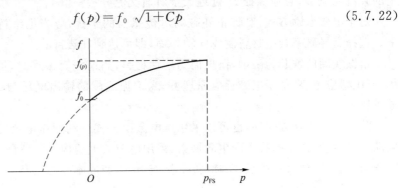

图 5.7.10 振动筒式压力传感器的频率压力特性

振动筒在零压力下的频率 f_0,与振动筒材料密度 ρ,振动筒材料泊松比 μ,弹性模量 E,振动筒中柱面半径 R,振动筒工作部分长度 L,振动筒筒壁厚度 h,以及振动筒沿母线方向的振型半波数 m,沿振动筒圆周方向的振型整波数 n 有关系,为

$$f_0 = \frac{1}{2\pi} \sqrt{\frac{E}{\rho R^2 (1 - \mu^2)}} \sqrt{\Omega_{mn}} \tag{5.7.23}$$

$$\Omega_{mn} = \frac{(1 - \mu)^2 \lambda^4}{(\lambda^2 + n^2)^2} + \alpha (\lambda^2 + n^2)^2$$

$$\lambda = \frac{\pi R m}{L}$$

$$\alpha = \frac{h^2}{12 R^2}$$

3. 激励和拾振方式

拾振和激振线圈都由铁芯和线圈组成,为了尽可能减小它们在间的电磁耦合,它们在空间位置关系上有一定的距离且相互垂直。拾振线圈的铁芯为磁钢,激振线圈的铁芯为软铁。激振线圈的激振力 $f_B(t)$ 与线圈中流过的电流的平方成正比,因此,若线圈中通入的是正弦交流电流 $i(t) = I_m \sin \omega t i(t)$,则电磁激振力为

$$f_B(t) = K_f i^2(t) = K_f I_m^2 \sin^2(\omega t) = \frac{1}{2} K_f I_m^2 (1 - \cos 2\omega t) \tag{5.7.24}$$

显然,激振线圈的激振力 $f_B(t)$ 中交变力的角频率是激振电流角频率的两倍,是谐振传感器中不希望出现的,为使电磁激振力保持同频关系,在线圈中通入的电流为的小幅值正弦交流电流和一个较大的直流偏置电流,激励电流为

$$i(t) = I_0 + I_m \sin \omega t \tag{5.7.25}$$

且保证 $I_0 \gg I_m$,则电磁激振力为

$$f_B(t) = K_f(I_0 + I_m \sin \omega t)^2$$
$$= K_f\left(I_0^2 + \frac{1}{2}I_m^2 + 2I_0 I_m \sin \omega t - \frac{1}{2}I_m^2 \cos 2\omega t\right) \tag{5.7.26}$$

当 $I_0 \gg I_m$ 时,将式(5.7.26)中按 2ω 变化的正弦小信号忽略后,激振线圈所产生的激振力 $f_B(t)$ 中交变力的主要成分是与激振电流 $i(t)$ 同频率的正弦量。因此,激振线圈中必须通入一定的直流电流 I_0,且应保证 I_0 远远大于所通交流分量幅值 I_m。

对于电磁激励方式,要防止外磁场对传感器的干扰,应当把维持振荡的电磁装置屏蔽起来。选择高导磁率合金材料制成同轴外筒,即可达到屏蔽目的。

拾振线圈的铁芯为磁钢,谐振筒为磁性材料,当谐振筒振动时,拾振线圈敏感到交变的磁场,产生感应电势,基于电磁感应原理可知,拾振线圈的输出电压与振动筒的振动速度 dx/dt 成正比。

除了电磁激励方式外,也可以采用压电激励方式。利用压电换能元件的正压电特性检测振动筒的振动,逆压电特性产生激振力;采用电荷放大器构成闭环自激电路。压电激励的振动筒压力传感器在结构、体积、功耗、抗干扰能力、生产成本等方面优于电磁激励方式,但传感器的迟滞可能稍高些。

4. 特性线性化与误差补偿

振动筒式压力传感器,气体压力与振动筒的固有频率是非线性的关系,如图5.7.10所示,当压力为零时,有一较高的初始频率,随着被测压力增加,频率升高,被测压力与输出显示值之间的非线性误差大,不便于判读。为此要对传感器的输出进行线性化处理。

随着微处理器技术的发展和智能技术在传感器中应用,已逐步采用软件非线性补偿方案,或者利用测控系统已有的计算机,进行补偿解算,直接把传感器的输出转换为经修正的所需要的工程单位,由外部设备直接显示被测值或记录下来;或者采用专用的微处理机,通过可编程的存储器,把测试数据存储在内存中,通过查表方法和插值公式找出被测压力值。

振动筒压力传感器具有较大的温度误差,需要进行温度补偿,主要误差来源于两个方面:

① 振动筒压力传感器的谐振筒为弹性元件,材料特性存在较大的温度误差,弹性模量 E 随温度而变化,振动筒其他参数如长度、厚度和半径等也随温度略有变化,但因采用的是恒弹材料,这些影响相对比较小。

② 振动筒压力传感器测量的介质为气体压力,气体的温度特性变化大,温度对被测气体密度的影响巨大。虽然用恒弹材料制造谐振敏感元件,但筒内的气体质量是随气体压力和温度变化的,测量过程中,被测气体充满筒内空间,因此,当圆筒振动时,其内部的气体也随筒一起振动,气体质量必然附加在筒的质量上,气体密度的变化引起了测量误差,气体密度 ρ_{gas} 可用下式表示

$$\rho_{gas} = K_{gas}\frac{p}{T} \tag{5.7.27}$$

式中: p 为待测压力; T 为绝对温度(K); K_{gas} 为气体成分的系数。

在振动筒压力传感器中,气体密度的影响表现为温度误差。实际测试表明,在 $-55 \sim 125 \, ^\circ\!C$ 范围,输出频率的变化约为 2%,即温度误差约为 $0.01\%/^\circ\!C$。在要求不太高的场合,可以不加考虑,但在高精度测量的场合,必须进行温度补偿。

温度误差补偿方法目前实用的有两种。一种是采用石英晶体作为温度传感器,与振动筒

压力传感器封装在一起,感受相同的环境温度。石英晶体是按具有最大温度效应的方向切割成的。石英晶体温度传感器的输出频率与温度成单值函数关系,输出频率量可以与线性电路一起处理,使压力传感器在$-55\sim125$ ℃温度范围内工作的总精度达到 0.01%。另一种是用一只半导体二极管作为感温元件,利用其偏置电压随温度而变的原理进行传感器的温度补偿。二极管安装在传感器底座上,与压力传感器感受相同环境温度,也可以采用铂电阻测温,进行温度补偿。

通过对振动筒压力传感器在不同温度、不同压力值下的测试,可以得到对应于不同压力下的传感器的温度误差特性,利用这一特性,在计算机软件支持下,对传感器温度误差进行修正,以达到预期的测量精度。

此外,也可以采用"双模态"技术来减小振动筒压力传感器的温度误差。由于振动筒的21 次模($n=2,m=1$)的频率、压力特性变化非常小;41 次模($n=4,m=1$)的频率、压力特性变化比较大,大约是 21 次模的 20 倍以上。同时温度对上述两个不同振动模态的频率特性影响规律比较接近。因此当选择上述两个模态作为振动筒的工作模态时,可以采用"差动检测"原理来改善振动筒压力传感器的温度误差。当振动筒采用"双模态"工作方式时,对其加工工艺、激振拾振方式、放大电路、信号处理等方面都提出了更高的要求。

5. 特　点

振动筒式传感器的精度比一般模拟量输出的压力传感器高 $1\sim2$ 个数量级,工作可靠,长期稳定性好,重复性高,尤其适宜于比较恶劣环境条件下的测试。也可以作压力测试的标准仪器,来代替无汞压力计。

实测表明,该传感器在 10g 振动加速度作用下,误差仅为 $0.004\ 5\%$ FS;电源电压波动20%时,误差仅为 $0.001\ 5\%$ FS。由于这一系列独特的优点,振动筒压力传感器已装备在高性能超音速飞机上,实现高度和速度的解算测量,也可作为大气数据参数测量送入大气计算机。

5.7.4　石英谐振梁式压力传感器

谐振弦式压力传感器和谐振筒式压力传感器均用金属材料做谐振子,材料性能的长期稳定性、老化和蠕变都可能造成频率漂移,并且易受电磁场的干扰和环境振动的影响,因此零点和灵敏度不易稳定。

石英晶体具有稳定的固有振动频率,当强迫振动等于其固有振动频率时,便产生谐振。利用这一特性可组成石英晶体谐振器,用不同尺寸和不同振动模式可做成从几 kHz～几百 MHz的石英谐振器。

利用石英谐振器可以研制石英谐振式压力传感器。由于石英谐振器的机械品质因素非常高,具有固有频率高,频带很窄,抗干扰能力强等优点,因此做成压力传感器时,其精度和稳定性均很高而且动态响应好。尽管石英的加工比较困难,但石英谐振式压力传感器仍然是一种极有前途的压力传感器。

1. 结构与原理

石英谐振梁式压力传感器如图 5.7.11 所示,是一款差压的压力传感器。两个相对安装的波纹管用来敏感压力 p_1,p_2,作用在波纹管有效面积上的压力差产生一个合力与差压成正比,形成了一个绕支点的力矩,该力矩与石英晶体谐振梁的拉伸力或压缩力来平衡,如图 5.7.12

所示。因此差压的大小改变了石英谐振梁的拉伸力,进而改变了石英晶体的谐振频率,石英谐振梁的频率的变化是被测压力的单值函数,测量石英谐振梁的谐振频率实现差压的测量。

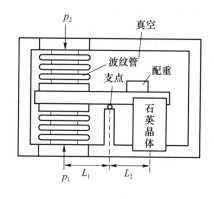
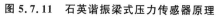

图 5.7.11　石英谐振梁式压力传感器原理

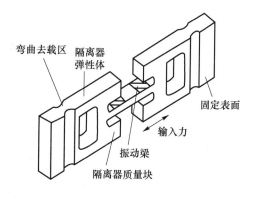

图 5.7.12　石英谐振梁及隔离器

图 5.7.12 为放大的石英谐振梁及其隔离结构,振动梁是谐振式压力传感器的敏感元件。谐振梁两端的隔离结构的作用是防止反作用力和力矩造成基座上的能量损失,从而使品质因数 Q 值降低;同时不让外界的有害干扰传递进来,降低稳定性,影响谐振器的性能。梁的形状选择应使其成为一种以弯曲方式振动的两端固支梁,这种形状感受力的灵敏度高。

在振动梁的上、下两面蒸发沉积了四个电极,四个电极上施加交变的电场,基于石英晶体的逆压电效应,梁发生机械变形,由于一端固支,发生平行四边形的形变,如图 5.7.13(a)所示,电极在梁上的空间位置对称,而加载的电场极性相反,因此梁向上振动,如图 5.7.13(b)所示,半个周期电场极性反向,则梁向下振动,如图 5.7.13(c)所示,因此石英谐振梁持续保持一阶弯曲振动。

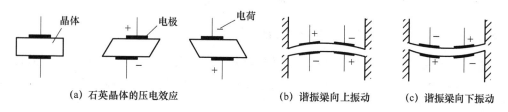

(a) 石英晶体的压电效应　　　(b) 谐振梁向上振动　　　(c) 谐振梁向下振动

图 5.7.13　谐振梁振动模式

没有差压作用时,其自然谐振频率主要决定于梁的几何形状和结构。当输入压力 $p_1 < p_2$ 时,振动梁受拉伸力,梁的刚度增加,谐振频率上升。反之,当输入压力 $p_1 > p_2$ 时,振动梁受压缩,谐振频率下降。因此,谐振梁的谐振频率的变化反映了输入压力的大小,梁的谐振频率基于压电效应测量。

石英谐振梁式压力传感器的拾振原理基于压电效应,可参考图 5.7.13 所示,振动梁的上、下两面蒸发沉积了另外的四个电极,石英谐振梁振动时,基于机-电变换原理,在电极上产生交变的电场,变化频率与石英谐振梁的振动频率一致,因此可以通过电场的变化频率来测量差压。

石英谐振梁式压力传感器中的配重可以谐振梁的重心,当石英晶体谐振器的形状、几何参数、位置决定后,调节配重使得运动组件的重心与支点重合。另外,当传感器受到外界加速度干扰时,配重还有补偿加速度的作用,因其力臂接近于零,使得谐振器仅仅感受压力引起的力矩,而对其他外力不敏感。

2. 特性方程

如图 5.7.11 所示,设波纹管的有效面积为 A_E,输入压力 p_1、p_2,差压 $\Delta p = p_2 - p_1$,转换为梁所受到的轴向力的关系为

$$T_x = \frac{L_1}{L_2}(p_2 - p_1)A_E = \frac{L_1}{L_2}\Delta p A_E \tag{5.7.28}$$

根据梁的弯曲变形理论,当梁受有轴向作用力 T_x 时,其最低阶(一阶)固有频率 f_1 与力 T_x 的关系为

$$f_1 = f_{10}\sqrt{1 + 0.295\frac{T_x L^2}{Ebh^3}} = f_{10}\sqrt{1 + 0.295 \cdot \frac{L_1}{L_2} \cdot \frac{\Delta p A_E}{Ebh} \cdot \frac{L^2}{h^2}} \tag{5.7.29}$$

$$f_{10} = \frac{4.73^2 h}{2\pi L^2}\sqrt{\frac{E}{12\rho}} \tag{5.7.30}$$

式中:f_{10} 为零压力时振动梁的一阶弯曲固有频率(Hz);ρ 为梁材料的密度(kg/m³);μ 为梁材料的泊松比;E 为梁材料的弹性模量(Pa);L 为振动梁工作部分的长度(m);b 为振动梁的宽度(m);h 为振动梁的厚度(m)。

3. 特　点

谐振梁式压力传感器具有对温度、振动、加速度等外界干扰不敏感的优点。有实测数据表明:其灵敏度温漂为 4×10^{-5} ％/℃、加速度灵敏度 8×10^{-4} ％/g、稳定性好、体积小(2.5 cm×4 cm×4 cm)、质量小(约 0.7 kg)、Q 值高(达 40 000)、动态响应高(10^3 Hz)等。目前,这种传感器已用于大气数据系统、喷气发动机试验、数字程序控制和压力二次标准仪表等。

5.7.5　硅谐振式压力微传感器

结合硅材料优良的机械性质和微结构加工工艺,硅微结构谐振式压力传感器可以进一步提高传感器的动态特性,减小传感器的体积和功耗,下面用典型的热激励微结构谐振式压力传感器进行阐述。

1. 压力微传感器的敏感结构

一种典型的热激励微结构谐振式压力传感器的敏感结构如图 5.7.14 所示,由方形膜片、梁谐振子和边界隔离部分构成。方形硅膜片是一次敏感元件,敏感被测压力,将压力转化为膜片应变与应力;硅梁是二次敏感元件,在膜片的上面,敏感膜片上的应力,即间接敏感被测压力。外部压力 p 通过改变膜片的应力,使谐振梁的等效刚度发生变化,从而改变梁的固有频率,通过检测谐振梁的固有频率的变化,即可测量外部压力的变化。

为了实现微传感器的闭环自激系统,激振器采用热电阻的热激励,拾振器采用压阻拾振方式。基于激励与拾振的作用与信号转换过程,热激励电阻设置在梁谐振子的正中间,拾振压敏电阻设置在梁谐振子一端的根部。

在初始应力 σ_0(即压力 p)的作用下,两端固支梁的一阶固有频率(最低阶)为

$$f_1 = \frac{4.73^2 h}{2\pi L^2}\left[\frac{E}{12\rho}\left(1 + 0.295\frac{KpL^2}{h^2}\right)\right]^{0.5} \tag{5.7.31}$$

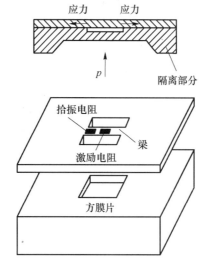

图 5.7.14 硅谐振式压力微传感器敏感结构

$$K=\frac{0.51(1-\mu^2)}{EH^2}(-L^2-3X_2^2+2X_2L+A^2)\qquad(5.7.32)$$

式中：ρ 为梁材料的密度（kg/m³）；μ 为梁材料的泊松比；E 为梁材料的弹性模量（Pa）；A、H 分别为膜片的半边长和厚度（m）；L、h 分别为梁的长度（m）、厚度（m），且有 $L=X_2-X_1$。

2. 微结构谐振式传感器的闭环系统

图 5.7.15 给出了微传感器敏感结构中梁谐振子平面结构。激励热电阻设置于梁的正中间，拾振电阻设置在梁端部。当敏感元件开始工作时，在激励电阻上加载交变的正弦电压 $U_{ac}\cos\omega t$ 和直流偏压 U_{dc}，且保证电流偏执电压大于正弦电压量，即 $U_{dc}\gg U_{ac}$，则激振电阻 R 上将产生热量为

$$P(t)=(U_{dc}^2+0.5U_{ac}^2+2U_{dc}U_{ac}\cos\omega t+0.5U_{ac}^2\cos 2\omega t)/R\qquad(5.7.33)$$

$P(t)$ 中包含常值分量、同频率的交变分量和二倍频率交变分量三种成分，其中令常值分量 $P_s=(U_{dc}^2+0.5U_{ac}^2)/R$，同频率的交变分量 $P_\omega=2U_{dc}U_{ac}\cos\omega t/R$，二倍频率交变分量 $P_{2\omega}=0.5U_{ac}^2\cos 2\omega t/R$。因为 $U_{dc}\gg U_{ac}$，$P_\omega\gg P_{2\omega}$，可以忽略二倍频交变分量 $P_{2\omega}$ 的影响，或者在拾振信号中通过滤波的方法将二倍频变化量滤除。重点讨论同频率的交变分量 P_ω，将使梁谐振子产生同频率交变的温度差分布场 $\Delta T(x,t)\cos(\omega t+\varphi_1)$，从而在梁谐振子上产生交变热应力

$$\sigma_{ther}=-E\alpha\Delta T(x,t)\cos(\omega t+\varphi_1+\varphi_2)\qquad(5.7.34)$$

式中：α 为硅材料的热应变系数（1/℃）；x,t 分别为梁谐振子的轴向位置（m）和时间（s）；φ_1 为由热功率到温度差分布场产生的相移；φ_2 为由温度差分布场到热应力产生的相移。显然，φ_1、φ_2 与激励电阻的位置、激励电阻的参数、梁的结构参数及材料参数等有关。

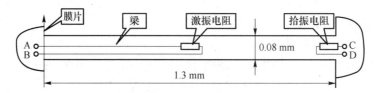

图 5.7.15 梁谐振子平面结构

设置在梁根部的拾振压敏电阻感受此交变的热应力,由压阻效应,其电阻变化为

$$\Delta R = \beta R \sigma_{axial} = \beta R E \alpha \Delta T(x_0, t)\cos(\omega t + \varphi_1 + \varphi_2) \tag{5.7.35}$$

式中:σ_{axial} 为电阻感受的梁端部的应力值(Pa);β 为压敏电阻的灵敏系数(Pa^{-1});x_0 为梁端部坐标(m)。

利用电桥可以将拾振电阻的变化转换为交变电压信号 $\Delta u(t)$ 的变化,可描述为

$$\Delta u(t) = K_B \frac{\Delta R}{R} = K_B \beta E \alpha \Delta T(x_0, t)\cos(\omega t + \varphi_1 + \varphi_2) \tag{5.7.36}$$

式中:K_B 为电桥的灵敏度(V)。

当谐振式系统工作于谐振频率时,$\Delta u(t)$ 的频率 ω 与梁谐振子的固有频率一致时,梁谐振子发生谐振,激振热电阻和拾振压阻元件,实现了"电—热—机"的转换。

3. 梁谐振子的温度场模型与热特性分析

激振的热量 $P(t)$ 中包括常值分量 P_s,将使梁谐振子产生恒定的温度差分布场 ΔT_{av},在梁谐振子上引起初始热应力,从而对梁谐振子的谐振频率产生影响。梁谐振子的温度场将引起初始热应力为

$$\varepsilon_T = -\alpha \Delta T_{av} \tag{5.7.37}$$

式中:ΔT_{av} 为梁谐振子上的平均温升(℃),与 P_s 成正比。

于是梁谐振子在综合考虑被测压力、激励电阻的温度场分布情况下,一阶固有频率为

$$f = \frac{4.73^2 h}{2\pi L^2}\left[\frac{E}{12\rho}\left(1 + 0.295\frac{(Kp + \varepsilon_T)L^2}{h^2}\right)\right]^{0.5} \tag{5.7.38}$$

式中:f 的单位为 Hz。

由式(5.7.38)可知,温度场对梁谐振子压力、频率特性的影响规律是:当考虑激励电阻的热功率时,梁谐振子的频率将减小,而且减小的程度与激励热功率 P_s 成正比;同时当激励电阻的热功率保持不变时,温度场对梁谐振子压力、频率特性的影响是固定的。

5.8　航空工程案例1——压力测量在飞行高度测量中的应用

高度是一个重要的物理量,在航空、地质、测绘和气象等许多行业当中,经常会遇到高度测量的问题。

气压高度表使用气压敏感元件感受大气压力,再根据气压与高度的函数关系(压高公式)确定高度值。高度信息是飞行器测控系统的关键参数之一,高度信息的准确与否对飞行器能否安全飞行起着至关重要的作用。气压高度表是飞行器不可或缺的仪表设备,机载大气数据计算机基于静压数据提供气压高度和垂直速度数据,静压测量口通常位于机身侧面。

1. 膜盒式气压高度表

膜盒式气压高度表测高的基本理论依据是压高公式,其核心敏感元件是如图 5.8.1 所示的压力隔膜。压高公式指出,气压不仅与高度有关,同时还与温度和重力加速度有关。由于大气状态变化的不确定性,人们不能精确给出温度 T 对高度 H 的函数关系,从而不能根据压高公式由压力来导出高度。在实际应用中常常使用压高公式的简化形式,具体参见计量检定规程(JJG683—90)。

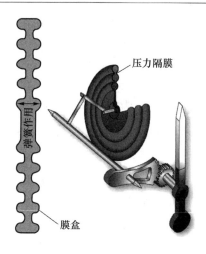

图 5.8.1　压力膜盒

膜盒式气压高度表是在空盒气压表的刻度盘外圈增加一个高度刻度盘,高度刻度盘相对压力刻度盘有的可以旋转,有的不能旋转。气压高度表有两个指针,分别用来指示压力和高度。高度刻度是按高度与气压的简化关系(简化的压高公式)来确定的。

图 5.8.2 给出了膜盒式气压高度表的内部结构。在海平面和标准大气条件下,连接到可膨胀膜盒的连杆会产生零指示。当高度增加时,膜盒外侧的静压降低,膜盒膨胀,产生高度的正向指示。当海拔降低时,大气压力增加。膜盒外侧的静气压增加,指针向相反方向移动,指示高度下降。

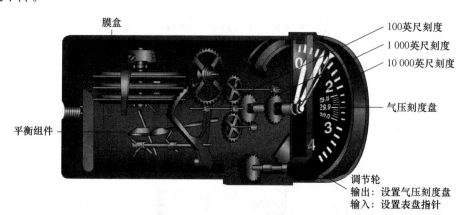

图 5.8.2　膜盒式气压高度表的结构

由于膜盒式气压高度表构造原理的局限,以及在测高过程中温度的影响不可能做到完全补偿,膜盒式气压高度表的测量精度不高,但结构简单可靠,目前仍是一种必备的航空仪表。

2. 数字式气压高度表

随着微机电技术的不断发展,以硅阻压力传感器为基础的数字式气压高度表已广泛应用于飞行器中。新型电子式气压高度表采用了单片机等 IC 技术,不仅可以对大气压力及温度进行实时精确测量,而且能够根据给定的算法进行精确计算,达到很高的测量精度。从原理上讲,此类仪表不必根据简化的压高公式进行计算,而是采用精确的压高公式,测量结果具有较高的精度。此外,还可融合 GPS 高度信息,对气压高度进行进一步修正,得出高精度的组合高度。

一种数字式气压高度表结构如图 5.8.3 所示,系统通过硅阻压力传感器检测环境大气静压力,并通过 $\Sigma-\Delta$ 数模转换器完成对传感器模拟信号的采样。温度传感器直接集成在压力传感器内,可以保证传感器检测温度与硅阻压力传感器实际温度一致。两路数据通过单片机传送到嵌入式系统(或者 PC 机)中进行处理。嵌入式系统还可接收来自其他传感器的信息,如GPS 定位信息等,组成组合高度系统。处理结果完成显示功能并根据需要输出到相应其他单元。

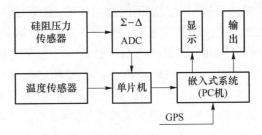

图 5.8.3 一种数字式气压高度表结构

先进的数字仪表显示器可以通过多种方式显示高度。指针式仪表直观但通常挤占空间,数字显示在现代飞机的屏显系统中尤为常见。现代飞行显示器的常规设计布局是在地平线附近给出数字显示的高度信息,如图 5.8.4 所示。

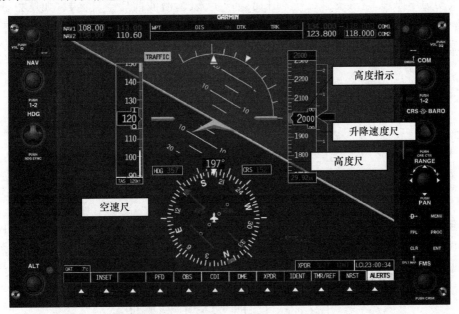

图 5.8.4 现代飞行显示器的设计布局

图 5.8.4 给出的是用于轻型飞机的 Garmin 1000 系列驾驶舱仪表的主飞行显示单元,使用垂直线性刻度和数字计数器指示高度。随着飞机爬升或下降,黑色数字高度读数后面的刻度会发生变化。

需要特别强调,由于新型电子式气压高度表的构造原理不同,因此不能采用计量检定规程(JJG683—90)的校准方法对仪表进行校准,应当采用机载气压数字高度表通用规范(SJ20406—1994)对压力、温度的采样速度、测量精度和分辨率等技术指标进行计量检定。

5.9 航空工程案例 2——压力测量在飞行速度测量中的应用

飞机在飞行中飞行员不仅要知道飞机相对地面的运动速度(地速),还要知道飞机相对于空气的运动速度(空速)。机翼的升力来自流过其上下表面气流的速度差,因此空速决定了升力的大小。地速表明飞行中的飞机相对于地面的运动速度,地速是空速与空气本身的流速(风速)的合成,空速、风速、地速三个矢量构成速度三角形。其中,空速是飞机空气动力的必要参数,也是飞机航程推算的重要依据,同时还是飞机飞行的一个重要的测量参数。

根据测量原理或使用目的的不同,目前飞机空速有多种定义,例如真空速、指示空速等。为了对飞机进行操作,常须知道飞机相对于周围空气的运动速度,即真实空速;为了了解飞机飞行安全与否,常需知道标准海平面上飞机相对于空气的运动速度,即指示空速。空速的准确、简便测量一直是人们关心的问题,尤其是对真空速的测量更是人们研究的重要问题。

1. 空速的解算

飞机真空速的定义是指飞机飞行时相对于周围空气运动的速度。飞机相对于空气运动时,可根据运动的相对性将飞机看作不动,而空气是以大小相等、方向相反的流速流过飞机。根据空气动力学原理,空气流速大于声速时会产生激波,激波前后空气参数(如压力、密度、温度、空速等)将会发生剧烈的变化,这与低速气流有很大差别。因此,空速解算分为小于声速和大于声速两种情况,并且需要考虑大气总温的影响,如图 5.9.1 所示。

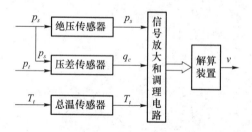

图 5.9.1 真空速解算

指示空速是将真空速计算公式中飞机所在处的大气静压、大气密度看作常数,并等于国际标准大气中所规定的标准海平面上的大气静压和密度,所得的速度即为指示空速。由真空速的解算方法可知,指示空速的解算也要根据飞行速度不同,采用不同的解算方法,如图 5.9.2 所示。

图 5.9.2 指示空速解算

2. 空速测量装置

空速计的原理主要有热线式、差压式、转轮式等,如图 5.9.3 所示为一种基于差压测量原理的模拟式空速计结构。空速计是主要的飞行仪表,核心部件是差压计。从飞机空速管获取的动压被引导到仪表的膜盒中,来自飞机静态通风口的静压被引导到膜盒周围的外壳中。随着飞机速度的变化,动压也会发生变化,膜盒膨胀或收缩。连接到隔膜的连杆装置使指针在仪器表面上移动,仪器盘以节或英里/小时(mph)为单位进行刻度,如图 5.9.4 所示。习惯上空速表布局位置处于地平仪显示屏的左侧。

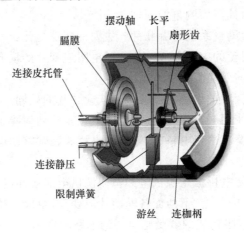

图 5.9.3 差压式模拟空速计

以差压式测量原理为例,数字式空速计主要由空速管、差压测量与信号调理电路、A/D 转换器和处理器组成,如图 5.9.5 所示。空速管正对来流方向,其输出的总压和静压连接到微差压测量单元的两个输入端,微差压测量单元输出一个与动压成正比的电压信号,此信号经过 A/D 转换,在处理器中进行处理,得到当前空速值。其中数据采集和处理器部分可根据需要进行补偿与解算。

图 5.9.4 模拟空速计的表盘

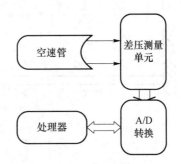

图 5.9.5 数字式空速计原理

习题与思考题

5.1 简述大气压力、绝对压力、表压和真空度的概念。

5.2 简述常用的压力测量系统有哪几类?

5.3 简述液柱压力计的工作原理和特点。

5.4 简述活塞压力计的工作原理和特点。

5.5 常用的压力弹性敏感元件主要有哪些？说明其中两种弹性元件弹性压力变换的特点。

5.6 弹性压力计电信号远传的方式有哪些？

5.7 简述膜盒式压力计压力测量的原理。

5.8 简述伺服式压力测量系统有哪几种？主要的特点是什么？

5.9 什么是金属电阻丝的应变效应？什么是电阻应变片的横向效应？它是如何产生的？如何消除电阻应变片的横向效应？

5.10 简述半导体应变片的敏感机理与金属式应变片的异同。

5.11 金属应变片在使用时，为什么会出现温度误差？如何减小温度误差？

5.12 简述应变片单臂不平衡电桥、双臂差动电桥和四臂差动电桥的测量原理、电压灵敏度和温度测量误差。

5.13 简述单臂不平衡电桥恒压源供电和恒流源供电非线性误差有何不同，请解释原因。

5.14 有一悬臂梁，在中部上、下两面各贴两片应变片，组成全桥，如题图 5.1 所示。

(1) 请给出由这四个电阻构成四臂受感电桥的电路示意图。

(2) 若该梁悬臂端受一向下力 $F=1$ N，长 $L=0.25$ m，宽 $W=0.06$ m，厚 $t=0.003$ m，$E=70\times10^9$ Pa，$x=0.5L$，应变片灵敏系数 $K=2.1$，应变片空载电阻 $R_0=120$ Ω；试求此时这四个应变片的电阻值 $\left(\text{注}:\varepsilon_x=\dfrac{6(L-x)}{WEt^2}F\right)$。

(3) 若该电桥的工作电压 $U_{in}=5$ V，试计算电桥的输出电压 U_{out}。

5.15 题图 5.2 为一受拉的 10# 优质碳素钢杆。用允许通过的最大电流为 30 mA 的康铜丝应变片组成一单臂受感电桥，试求此电桥空载时的最大可能的输出电压（应变片的电阻为 120 Ω）。应变片灵敏系数 $K=2.1$，$E=200$ GPa。

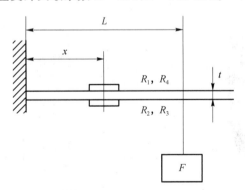

题图 5.1 悬臂梁测力

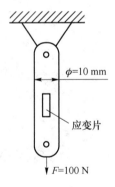

题图 5.2 拉杆测力

5.16 题图 5.3 是一个单臂受感电桥。$R(x)$ 是受感电阻（当被测量 $x=0$ 时，$R(0)=R_0$），R_1，R_0 是常值电阻。讨论当 $R_1=R_0$ 和 $R_1=5R_0$ 时电桥输出信号的异同。

5.17 题图 5.4 是一个单臂受感电桥。$R(x)$ 是受感电阻（当被测量 $x=0$ 时，$R(0)=R_0$），R_0 是常值电阻，R_f 为负载电阻。讨论当 $R_f=R_0$，$2R_0$，$5R_0$，$10R_0$ 时和空载相比的负载误差。当受感电阻 $R(x)$ 变化 0.01，0.03，0.05 时，计算输出电压。

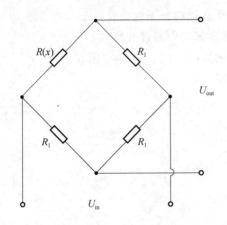

题图 5.3　单臂受感电桥　　　　题图 5.4　有负载的单臂受感电桥

5.18　简述膜片式压力传感器选择箔式应变片的原因。

5.19　试比较应变效应与压阻效应的异同。

5.20　简述压阻效应的温度特性差的原因,采用哪种结构的电桥电路减小该温度误差?

5.21　基于压阻效应的压力传感器与应变式压力传感器相比,有何特点?

5.22　给出一种压阻式压力传感器的结构原理图,并说明其工作过程与特点。

5.23　简述平膜片压阻式压力传感器在单晶硅晶面方向$<001>$上扩散 P 型压阻元件组成压力传感器的原理。

5.24　什么是压电效应?什么是逆压电效应?有哪几种常用的压电材料?

5.25　简述石英晶体纵向压电效应、横向压电效应和切向压电效应。

5.26　试比较石英晶体、压电陶瓷和 PVF2 压电薄膜的压电效应特点。

5.27　简述石英晶体压电特性产生的原理。

5.28　石英晶体在体积变形情况下,有无压电效应?为什么?

5.29　简述压电陶瓷材料压电特性产生的原理。

5.30　画出压电换能元件的等效电路。压电效应能否用于静态测量?压电元件在串联和并联使用时各有什么特点?

5.31　请比较压电换能元件的电压放大器与电荷放大器的异同。

5.32　给出一种压电式压力传感器的结构原理图,并说明其工作过程与特点。

5.33　建立以质量、弹簧、阻尼器组成的二阶系统的动力学方程,并以此说明谐振现象和基本特点。

5.34　实现谐振式测量原理时,通常需要构成以谐振子(谐振敏感元件)为核心的闭环自激系统。该闭环自激系统主要由哪几部分组成?各有什么用途?

5.35　什么是谐振子的机械品质因数 Q 值?如何测定 Q 值?如何提高 Q 值?

5.36　谐振式传感器的主要优点是什么?

5.37　利用谐振现象构成的谐振式传感器,除了检测频率的敏感机理外,还有哪些敏感机理?它们在使用时应注意什么问题?

5.38　在谐振式压力传感器中,谐振子可以采用哪些敏感元件?

5.39　简述谐振弦式压力传感器的工作原理与特点。

5.40 谐振弦式压力传感器中的谐振弦为什么必须施加预紧力？

5.41 给出振动筒压力传感器原理示意图,简述其工作原理和特点。

5.42 简单说明振动筒压力传感器中谐振筒选择 $m=1$、$n=4$ 的原因。

5.43 振动筒压力传感器中如何进行温度补偿。

5.44 简述石英谐振梁式压力传感器的特点。

第6章 流量检测

流体是指物质处于气体或液体的两种物态,是液体和气体的总称,具有静止和流动两种状态。流体流动一般通过管道进行,以实现流体的输送或者能量的传递,例如天然气输气管道输送天然气,液压系统液压油管道传递能量等,因此需要对流动状态的流体进行计量和控制,流量测量是检测技术中的一个重要问题。

流体介质的种类繁多,流体的黏度、密度等物理性质差别大,流体流动时的状态复杂,同一流体在测量时流体的压力、温度不同,流量测量范围差异大,测量精度不同,因此流量计种类繁多,原理也不相同,本书只介绍一些常用的流量测量方法。

6.1 流量检测的基本概念

1. 体积流量和质量流量

流量是流体在管道中流动快慢的描述,流量包含体积流量和质量流量两个量,分别表示某瞬时单位时间内流过管道某一截面处流体的体积数或质量数,单位分别为 $\mathrm{m^3/s}$ 和 $\mathrm{kg/s}$,流体的体积流量和质量流量分别表示为

$$q_\mathrm{V} = \frac{\mathrm{d}V}{\mathrm{d}t} = S\frac{\mathrm{d}x}{\mathrm{d}t} = Sv \qquad (6.1.1)$$

$$q_\mathrm{m} = \frac{\mathrm{d}m}{\mathrm{d}t} = \rho\,\frac{\mathrm{d}V}{\mathrm{d}t} = \rho Sv = \rho q_\mathrm{V} \qquad (6.1.2)$$

式中:q_V——流体的体积流量($\mathrm{m^3/s}$);

$\quad$ q_m——流体的质量流量($\mathrm{kg/s}$);

$\quad$ V——管道内流过流体的体积大小($\mathrm{m^3}$);

$\quad$ S——管道某截面的截面积(该截面上的平均流体流速 v)($\mathrm{m^2}$);

$\quad$ x——流体在管道内的位移(m);

$\quad$ t——时间(s);

$\quad$ v——流体在管道内某截面的平均流速(该截面的截面积为 S)($\mathrm{m/s}$);

$\quad$ ρ——流体的密度($\mathrm{kg/m^3}$);

$\quad$ m——管道内流过流体的质量(kg)。

由式(6.1.1)可见,流体的体积流量 q_V 是管道截面积 S 和平均流速 v 的函数。因此截面积 S 不变时,可通过测平均流速 v 来测量体积流量。

由式(6.1.2)可见,质量流量 q_m 是流体密度 ρ、管道截面积 S、流体的平均流速 v 的函数,因此可以分别测量流体密度 ρ,S,v 得到质量流量;也可由测量体积流量 q_V 和密度 ρ 得到质量流量;当管道截面 S 不变时,亦可借测量 ρ 和 v 来测量质量流量。

可见根据式(6.1.2)进行质量流量测量比体积流量测量复杂一些,存在质量流量、体积流量、密度三者之间的空间和时间同步性的问题,即需要保持三个量在空间位置上相同,时间上保持同步性,流体质量流量是管道某截面、某时刻体积流量与密度的乘积。

2. 累计流量

上述的体积流量和质量流量都是瞬时流量,是某时刻流体流动的快慢。累计流量或者总量是某确定时间段内管道的流过的流体量,可以通过瞬时流量在时间段内积分求得,也分为累计体积流量和累计质量流量,累计流量常用于贸易结算,t_1 到 t_2 时间段的累计体积流量和质量流量分别为

$$Q_{\mathrm{V}} = \int_{t_1}^{t_2} q_{\mathrm{V}} \mathrm{d}t \tag{6.1.3}$$

$$Q_{\mathrm{m}} = \int_{t_1}^{t_2} q_{\mathrm{m}} \mathrm{d}t \tag{6.1.4}$$

6.2 流体的物理参数与基本知识

6.2.1 流体的主要物理性质

1. 质量和密度

流体的质量用 m 来表示,单位为 kg;流体的体积用 V 来表示,单位为 m^3;单位体积的流体所具有的质量称为流体的质量密度,用 ρ 来表示,单位为 $\mathrm{kg/m}^3$,即

$$\rho = \frac{\mathrm{d}m}{\mathrm{d}V} \tag{6.2.1}$$

如果流体是均匀的流体,式(6.2.1)计算的是流体的密度;如果是非均匀流体,则计算的是某处流体的平均密度。

2. 黏　度

当流体中发生了层与层之间的相对运动时,速度快的层对速度慢的层产生了一个拖动力使它加速,而速度慢的流体层对速度快的就有一个阻止它向前运动的阻力,拖动力和阻力是大小相等方向相反的一对力,分别作用在两个紧挨着但速度不同的流体层上,这就是流体黏性的表现,称为黏滞力。黏度是衡量流体黏性大小的物理量。流体的黏度与流体的工作状态有关,随着流体温度的升高,气体的黏度增大,而液体的黏度减小。压力对气体黏度的影响,在压力小于 1 MPa 时,可以忽略不计。在压力很大时,液体黏度才与压力有关。

设流体从两个平行的平板中间流过,平板的面积 S 很大,平板间的距离 d 很小。假设以某恒定力 F 推动上面的平板,使其以速度 v 沿 x 方向运动,底下的平板保持不动。由于流体黏性的作用,附在上板底面的一薄层液体以速度 v 随上板运动,附在下平板上的流体不动,两板间的液体就分成无数薄层而运动,如图 6.2.1 所示。则有下式

$$F = \mu \frac{vS}{d} \tag{6.2.2}$$

系数 μ 称为黏度或动力黏度,单位为泊(P,即 kg/(s·m)),μ 值越大,流体的黏性越大。同时定义运动黏度,单位为 m^2/s,即

$$v = \frac{\mu}{\rho} \tag{6.2.3}$$

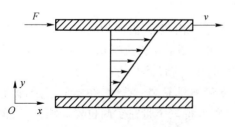

图 6.2.1　平板间液体流速分布

6.2.2　雷诺数与流速分布

1. 雷诺数与流体的流动形态

流体在圆柱形管道内流动,圆柱形管道内径为 D,流体流速为 v,流体密度为 ρ,流体的黏度为 μ,运动黏度为 v,则其雷诺数(Reynolds)定义为

$$Re = \frac{D\rho v}{\mu} = \frac{Dv}{v} \tag{6.2.4}$$

雷诺数的大小与流体的流动形态有关。工程上,对于圆柱形管道一般取临界雷诺数为 2 100,即当 $Re \leqslant 2\ 100$ 时,流体为层流状态,通常流速慢,流体会分层流动,互不混合;当 $2\ 100 < Re \leqslant 4\ 000$ 时,流体为层流与湍流的过渡流,此时流速增加,越来越快,流体开始出现波动性摆动;而当 $Re > 4\ 000$ 时,流体为湍流,流速继续增加,当流线不能清楚分辨时,会出现很多漩涡,这便是湍流。

2. 流体的流速

因为流体具有黏性,流体的流速在截面上分布并不均匀,流速的分布与流体流动形态有关,流体流动形态有层流和湍流(又称紊流)两种,如图 6.2.2 所示。对截面为圆形的圆柱形管道来说,管道内各点流体的流速随该点距离轴心的距离变化,按照流速简单的分布模型来看,对层流来说,各点速度沿管道直径呈轴对称抛物线规律分布;对湍流来说,各点速度沿管道直径呈轴对称指数规律分布,曲线顶部比较平坦,而靠近管壁处变化较陡;无论是层流还是湍流,流体在管壁处的速度均为零。因此式(6.1.1)、式(6.1.2)中流体的平均流速均指该截面上的平均速度。

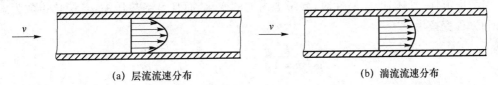

(a) 层流流速分布　　　　　　　　　　(b) 湍流流速分布

图 6.2.2　圆柱形管道内流速分布

6.2.3　流体流动的连续性方程

某圆柱形管道的变截面如图 6.2.3 所示,截面 Ⅰ-Ⅰ 处的流体平均密度为 ρ_1,平均流速为 v_1,截面积为 S_1;截面 Ⅱ-Ⅱ 处的流体平均密度为 ρ_2,平均流速为 v_2,截面积为 S_2。流体从截面 Ⅰ-Ⅰ 连续不断地流入,从截面 Ⅱ-Ⅱ 流出。

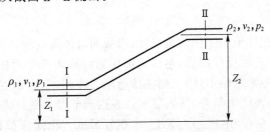

图 6.2.3　某变截面流体管道

根据质量守恒定律,流体作稳定流动时,单位时间流过两个截面的体积流量是相等的截面的流体质量必定相等,即

$$\rho_1 v_1 S_1 = \rho_2 v_2 S_2 = \text{const} \tag{6.2.5}$$

若流体是不可压缩的,即 $\rho_1 = \rho_2$,则

$$vS = \text{const} \tag{6.2.6}$$

即流体在稳定流动,且不可压缩时,流过各截面流体的体积为常量,因此截面大,流速小;截面小,流速大。

6.2.4　伯努利方程

如图 6.2.3 所示,Z_1 和 Z_2 分别为截面 I-I 和截面 II-II 相对于基线的高度。当流体无黏性,且不可压缩时,流体流动时,流体的机械能守恒,此时流体的伯努利方程可以表示为

$$gZ_1 + \frac{v_1^2}{2} + \frac{p_1}{\rho_1} = gZ_2 + \frac{v_2^2}{2} + \frac{p_2}{\rho_2} \tag{6.2.7}$$

因为流体不可压缩,即 $\rho_1 = \rho_2 = \rho$,则

$$gZ_1 + \frac{v_1^2}{2} + \frac{p_1}{\rho} = gZ_2 + \frac{v_2^2}{2} + \frac{p_2}{\rho} \tag{6.2.8}$$

表明理想流体做稳定流动时,虽然管道上各个截面处流体的位置、压力和流速不相同,亦即不同截面流体的位能、动能、压力能不同,但是它们的总的机械能是恒定的,流体流动时位能、压力能和动能三种能量互相转换。

当考虑流体(气体)的压缩性时,要考虑内能的变化,而且是绝热压缩,若绝热指数为 k,则伯努利方程变换为

$$gZ_1 + \frac{v_1^2}{2} + \frac{k}{k-1}\frac{p_1}{\rho_1} = gZ_2 + \frac{v_2^2}{2} + \frac{k}{k-1}\frac{p_2}{\rho_2} \tag{6.2.9}$$

6.3　体积流量测量

6.3.1　靶式流量计

1. 靶式流量计结构

靶式流量计结构如图 6.3.1 所示。它主要由靶、杠杆、膜片和力变换器组成。

2. 工作原理

靶式流量计是利用流体阻力工作的流量计,当被测流体流过装有靶的管道时,靶对流体产生阻滞作用,流体在靶上产生反作用力(包括流束在靶后分离产生的压差阻力,以及靶上的摩擦阻力,摩擦阻力较小,通常忽略不计)。靶在压差阻力作用下,以密封膜片为支点偏转,经杠杆传给力变换器,将力转换成电信号,送入显示仪表或调节器。密封膜片式靶式流量计的力变换器常见有力-气压、力-位移-电压、力-应变-电压等形式。靶式流量计除了密封膜片的结构形式,还有挠性管结构、扭力管结构、差压靶结构等,如图 6.3.2 所示。

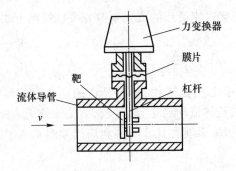

图 6.3.1　靶式流量计(密封膜片式)原理结构

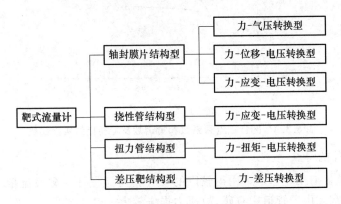

图 6.3.2　靶式流量计类型和力变换器原理

3. 流量方程式

如果圆柱形管道的内径为 D,靶的直径为 d,靶的受力面积为 S_1,$S_1 = \dfrac{\pi d^2}{4}$,流体的密度为 ρ,靶和管壁间的环形截面(环隙)上流体的平均流速为 v,阻力系数为 ζ,则流体作用在靶上的力 F 为

$$F = \zeta \frac{\rho v^2}{2} S_1 \tag{6.3.1}$$

由式(6.3.1)可求得环隙上的流体的平均流速为

$$v = \sqrt{\frac{2}{\zeta \rho S_1}} \sqrt{F} \tag{6.3.2}$$

若令流量系数 $\alpha = \sqrt{\dfrac{1}{\zeta}}$,靶径比 $\beta = \dfrac{d}{D}$,则体积流量为

$$
\begin{aligned}
q_V = vS &= \frac{\pi}{4}(D^2 - d^2)\sqrt{\frac{1}{\zeta}}\sqrt{\frac{2}{\rho \dfrac{\pi d^2}{4}}}\sqrt{F} \\
&= \alpha \frac{D^2 - d^2}{d}\sqrt{\frac{\pi}{2}}\sqrt{\frac{F}{\rho}} \\
&= \alpha \left(\frac{1}{\beta} - \beta\right)D\sqrt{\frac{\pi}{2}}\sqrt{\frac{F}{\rho}}
\end{aligned}
\tag{6.3.3}
$$

由式(6.3.3)可见,力与体积流量成平方关系,所以靶式流量计是非线性刻度。

根据式(6.3.3),若流体的热膨胀系数为 γ,γ 为常数,对于不可压缩的流体 $\gamma = 1$,对于可

压缩的流体 $\gamma < 1$，则可得到靶式流量计的流量系数 α 可以按照下式实验的方法测定：

$$\alpha = \frac{q_V}{\gamma\left(\frac{1}{\beta} - \beta\right)D \sqrt{\frac{\pi}{2}} \sqrt{\frac{F}{\rho}}} \quad 或 \quad \alpha = \frac{q_m}{\gamma\left(\frac{1}{\beta} - \beta\right)D \sqrt{\frac{\pi}{2}} \sqrt{F\rho}} \tag{6.3.4}$$

流量系数 α 与靶形、靶径比 β、雷诺数、靶与管道的同心度等因素有关。对于一定形状的靶，当靶与管道同轴安装时，流体流动稳定，流速较大，流体处于湍流时，流量系数 α 保持不变，圆盘靶流量系数 α 和雷诺数 Re 及靶径比 β 的实验曲线如图 6.3.3 所示。

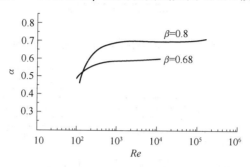

图 6.3.3　圆盘靶流量系数和雷诺数及靶径比的实验曲线

4. 靶式流量计的特点

靶式流量计是目前工业生产中用得较广的一种新型流量计。靶式流量计结构简单，安装维护方便，不易堵塞。由于管道中有靶，故压力损失较大。

靶式流量计使用范围广，适用于气体、液体的流量检测，也可用于含有固体颗粒的浆液（如泥浆、纸浆、砂浆等）及腐蚀性流体的流量检测。靶式流量计的临界雷诺数比节流式流量计的低，因此可以测量大黏度、小流量的流体流量。

6.3.2　差压式流量计

1. 差压式流量计结构

差压式流量计主要由节流装置、引压管线和压差传感器三部分组成。国家标准节流元件有标准孔板、标准喷嘴、长径喷嘴、文丘里管和文丘里喷嘴等，节流装置串联安装在流体管道中，孔板、喷嘴和文丘里管三种节流元件及流体静压沿轴线变化如图 6.3.4 所示。

由于差压式流量计利用节流装置前后的静压差来测量流量，故又叫节流式流量计。

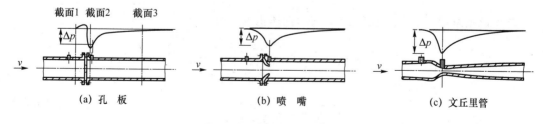

图 6.3.4　常用的节流装置

2. 工作原理

差压式流量计进行流量检测时，流体流过的管道截面大小发生变化，流体压力和流速都发生变化,三种常见的节流装置静压随轴线位置变化的曲线如图 6.3.4 所示。如图 6.3.4(a)所示的节流装置为孔板的差压式流量计,流体流过孔板时,在截面 1 处流束开始收缩,流体的平均流速开始增大,动压开始增大,而静压开始减小。在截面 2 处,因为截面最小,所以平均流速最大,静压最小,且静压差大小与流量大小有关,因此可以通过压差进行流量的测量。因为截面 3 远离孔板,截面大小恢复,故平均流速和动压与截面 1 处基本保持相同,而静压小于收缩前的数值,这就是压力损失。因为节流装置前后形成涡流以及流体的沿程摩擦变成了热能,散失在流体内,故最后流体的速度虽已恢复,但是静压有些损失。在孔板、喷嘴和文丘里管中,孔板压力损失最大,而文丘里管压力损失最小。

3. 流量方程式

假设流体是无黏性、不可压缩的理想流体,圆柱形管道水平放置,管道的截面为 S_1。选取节流元件前后的两个截面,如图 6.3.4(a)所示,如果节流装置前流体开始受节流装置影响的截面 1 处流体的静压力为 p_1',平均流速为 v_1';流束经过节流装置收缩最厉害的截面 2 处静压力为 p_2',平均流速为 v_2',流速截面积为 S_2,截面 1 和截面 2 的流体密度 ρ 相同,则由伯努利方程式得

$$\frac{p_1'}{\rho}+\frac{v_1'^2}{2}=\frac{p_2'}{\rho}+\frac{v_2'^2}{2} \tag{6.3.5}$$

由于流体是不可压缩的,根据连续性定律有

$$S_1 v_1' = S_2 v_2' \tag{6.3.6}$$

流体最小收缩截面 S_2 很难确定大小,大小与节流装置的类型有关。设流束的收缩系数为 μ,如果节流装置开孔的截面积为 S_0,则最小收缩面积为 S_2 可以表示为

$$S_2 = \mu S_0 \tag{6.3.7}$$

将式(6.3.7)代入式(6.3.6),节流装置开孔截面积与管道截面积之比 $m=\dfrac{S_0}{S_1}$,则可得

$$v_1' = \mu v_2'\frac{S_0}{S_1} = \mu m v_2' \tag{6.3.8}$$

将式(6.3.8)代入式(6.3.5)得

$$v_2' = \frac{1}{\sqrt{1-\mu^2 m^2}}\sqrt{\frac{2}{\rho}(p_1'-p_2')} \tag{6.3.9}$$

流速 v_2' 是节流元件后流速收缩最小处流体的平均流速,它的大小很难测量,仅存在理论值意义,另外流体不是理想的不可压缩的流体,流体有黏度,流动时有摩擦,因此实际的流速应修正;其次,截面 1,截面 2 的静压力 p_1',p_2' 在实际中也很难测量准确。考虑到测量的可操作性,选择节流元件前后两个固定位置的静压值 p_1,p_2 代替 p_1',p_2',因此计算 v_2' 的式(6.3.9)中也应增加相应的修正。考虑到这两方面的因素,引入流速修正系数 ξ,在确定的截面上的流速修正为

$$v_2 = \frac{\xi}{\sqrt{1-\mu^2 m^2}}\sqrt{\frac{2}{\rho}(p_1-p_2)} \tag{6.3.10}$$

流过截面 2 的体积流量为

$$q_V = v_2 S_2 = v_2 \mu S_0 = \frac{\xi\mu S_0}{\sqrt{1-\mu^2 m^2}}\sqrt{\frac{2}{\rho}(p_1-p_2)} = \alpha S_0\sqrt{\frac{2}{\rho}(p_1-p_2)} \tag{6.3.11}$$

式(6.3.11)中 $\alpha = \dfrac{\mu\xi}{\sqrt{1-\mu^2 m^2}}$,称作流量系数,可以通过实验确定,$\alpha$ 与节流装置的面积比 m、流体的黏度、密度、取压方式等有关。

如果测量的是气体的流量,由于气体的可压缩性,流过节流装置时,由于静压减小,气体的体积要膨胀、密度减小。因此,要引入一个考虑被测流体膨胀的校正系数 ε,修正流量计算公式(6.3.11),此时气体的差压式体积流量为

$$q_V = \varepsilon\alpha S_0 \sqrt{\frac{2}{\rho}(p_1 - p_2)} \tag{6.3.12}$$

$$\varepsilon = \frac{\alpha_k}{\alpha}\sqrt{\frac{1-\mu_k^2 m^2}{1-\mu_k^2 m^2\left(\dfrac{p_2}{p_1}\right)^{\frac{2}{k}}} \cdot \frac{p_1}{p_1 - p_2} \cdot \frac{k}{k-1}\left[\left(\frac{p_2}{p_1}\right)^{\frac{2}{k}} - \left(\frac{p_2}{p_1}\right)^{\frac{k+1}{k}}\right]} \tag{6.3.13}$$

式(6.3.13)中 μ_k 为可压缩流体的收缩系数,k 为绝热指数,α_k 称作可压缩流体的流量系数,表示为

$$\alpha_k = \frac{\mu_k\xi}{\sqrt{1-\mu_k^2 m^2}} \tag{6.3.14}$$

综上,推出了不可压缩的差压式流量方程(6.3.11)和可压缩的差压式流量方程(6.3.13),体积流量与节流元件前后的差压的平方根成正比,因此差压式流量计是非线性刻度。流量方程中的系数与节流装置的形式和取压方式相关,流量系数 α 与节流装置的结构形式、截面积比 m、取压方式、雷诺数、管道的粗糙度等因素有关。流体膨胀系数 ε 与 $\dfrac{\Delta p}{p_1}$、气体绝热指数 k、截面积比 m 及节流装置的结构形式等因素有关。国家标准给定了不同取压方式标准喷嘴和孔板的流量系数 α 及膨胀修正系数 ε 的值,实际应用时可查用。

4. 取压方式

国家标准规定了两种取压方式:角接取压和法兰取压。对同一结构形式的节流装置,采用不同的取压方法,即取压孔在节流装置前后的位置不同,它们的流量系数不同。

（1）角接取压方式

取压的位置分别在节流元件的前后端面处,紧贴节流元件,节流元件为孔板的角接取压形式如图 6.3.5 所示。

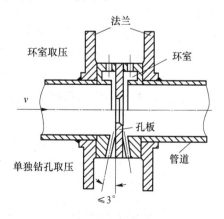

图 6.3.5　角接取压方式

角接取压可以最大程度地缩短所需的直管段,对管道影响小,因此产生的摩擦损失变化的影响最小。角接取压实现的方式有两种:环室取压和钻孔取压,分别表示在图 6.3.5 轴线上半部和轴线下半部。采用环室取压时,压力均衡,可以提高差压的测量精度。当实际雷诺数大于临界雷诺数时,流量系数只与截面积比 m 有关,因此对于 m 一定的节流装置,流量系数恒定。

角接取压时,由于取压点位于压力分布曲线最陡峭的部分,安装位置对流量测量精度的影响比较大,对取压点位置的选择和安装要求较高。同时这

种取压方式,取压管的脏污和堵塞不易排除。在法国、俄罗斯、捷克等国广泛采用角接取压法。

（2）法兰取压方式

不论管道的直径大小如何,取压的位置分别在节流元件的前后 25.4 mm 处,如图 6.3.6 所示,通过法兰盘,将节流元件前后的静压输送到压力传感器中,实现压力的测量。

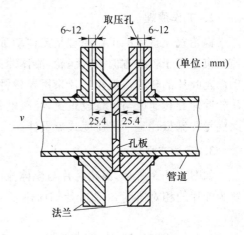

图 6.3.6　法兰取压方式

法兰取压法的具有安装方便、不易泄漏的优点,但是存在取压点之间距离较大,法兰改变管道内壁而产生的摩擦损失变化,相对于角接取压方法对流量测量影响大的缺点。实际雷诺数大于临界雷诺数时,流量系数 α 为恒值。目前美国广泛采用这种取压方法,在我国,管径较大时也采用此法。

为了提高流量测量的精度,国家标准还规定在节流装置的前后均应装有长度分别为 $10D$ 和 $5D$ 的直管段（D 为管道的内径）,以消除管道内安装的其他部件对流速造成的扰动,保证流体在管道内稳定流动。

5. 差压式流量计的特点

差压式流量计是目前工业生产中应用最广泛的一种流量计,适用于洁净流体的流量测量,占工业中所使用的流量计的 70%。差压式流量计结构简单,价格便宜,方便使用。由于管道中安装了节流装置,差压式流量计测量流量时有压力损失。

差压式流量计由于压力差与体积流量间是平方关系,刻度为非线性,当流量小于仪表满量程的 20% 时,流量测量数据不准。

除了标准的节流装置外,在工程实际中,也有一些非标准的节流元件在特殊的流量检测中应用,通常使用之前需要按照实际使用的条件进行标定。

6.3.3　涡轮式流量计

1. 涡轮式流量计的结构

涡轮式流量计主要由导流器、轴承、涡轮、磁电转换器和外壳组成,其原理结构如图 6.3.7 所示。

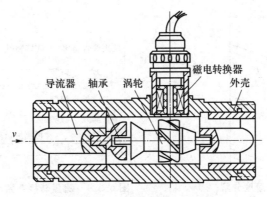

图 6.3.7　涡轮式流量计的结构

2. 工作原理

涡轮式流量计的工作原理是流体动量矩守恒,流体流入涡轮式流量计时,首先经过导流器使流束平行于轴线方向流入涡轮,流体冲击涡轮叶片,涡轮叶片克服摩擦力矩和流体阻力,推动涡轮叶片的转动。涡轮叶片采用导磁材料制成,在一定的流量范围内,流体的黏度一定时,涡轮叶片旋转速度与流量成正比,经磁电式转换器转换为与涡轮叶片转速成正比的脉冲数,因此涡轮式流量计是一种速度式流量计。

3. 流量方程式

如图 6.3.8 所示,涡轮叶片与流体流向夹角为 θ,将平行于涡轮轴线的流体平均流速 v 分解为叶片的相对速度 v_r 和叶片切向速度 v_s,显然切向速度为

$$v_s = v\tan\theta \tag{6.3.15}$$

如果忽略涡轮轴上的负载力矩和摩擦力矩等,叶片的平均半径为 R,那么当涡轮稳定旋转时,叶片顶端的切向速度为

$$v_s = R\omega \tag{6.3.16}$$

则涡轮的转速为

$$n = \frac{\omega}{2\pi} = \frac{\tan\theta}{2\pi R}v \tag{6.3.17}$$

在理想状态下,涡轮的转速 n 与流速 v 成比例,如果涡轮的叶片数目为 Z,磁电式转换器所产生的脉冲频率为

$$f = nZ = \frac{Z\tan\theta}{2\pi R}v \tag{6.3.18}$$

设涡轮式流量计管道的截面积为 S,流量转换系数为 ζ,$\zeta = \frac{Z\tan\theta}{2\pi RS}$,则流体的体积流量为

$$q_V = \frac{2\pi RS}{Z\tan\theta}f = \frac{1}{\zeta}f \tag{6.3.19}$$

由式(6.3.19)可见,对于有一定结构的涡轮,流量转换系数是一个常数,物理意义是单位体积流量通过磁电转换器所输出的脉冲数,因此流过涡轮的体积流量 q_V 与磁电转换器的脉冲频率 f 成正比。由于涡轮轴承的摩擦力矩、磁电转换器的电磁力矩、流体和涡轮叶片间的摩擦阻力等因素的影响,在整个流量测量范围内流量转换系数不是常数,流量转换系数与体积流量间关系曲线如图 6.3.9 所示。

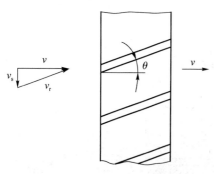

图 6.3.8 涡轮叶片速度分解

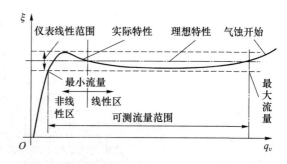

图 6.3.9 流量转换系数与体积流量的关系曲线

由图 6.3.9 可知,流量转换系数分为两段:线性段和非线性段。在小流量时,由于各种阻力力矩之和与叶轮的转矩相比较大,流量转换系数呈现非线性;在较大流量时,由于叶轮的转矩大大超过各种阻力力矩之和,因此流量转换系数几乎保持常数;当流量超过了测量范围时,会出现气蚀现象。

4. 涡轮式流量计的特点

涡轮式流量计最主要的优点就是测量精度高,基本误差可达±0.1%,重复性好,可检测的范围宽,$q_{Vmax}/q_{Vmin}=10\sim30$。涡轮式流量计响应快,适用于测量脉动流量,线性输出,输出是脉冲信号,故抗干扰能力强,便于远距离传输和数字化,可以测量洁净液体或气体的流量,压力损失小。

涡轮式流量计最主要的缺点是不能长期保持校准特性,需要定期校验;流体密度和黏度变化会引起较大的测量误差;由于在流体内装有轴承,怕脏污及腐蚀性流体,对被测介质的洁净度要求比较高。

涡轮式流量计是贸易结算中首选的流量计,不仅在地面上得到了广泛的应用,而且也用于航空上测量燃油流量。

6.3.4 电磁流量计

1. 电磁流量计的结构

电磁流量计是根据法拉第电磁感应原理制成的一种流量计,用来测量导电液体的流量。电磁流量计的结构如图 6.3.10 所示,它由均匀分布的磁场、不导磁材料的管道及在管道横截面上的导电电极组成,磁场方向、电极连线及管道轴线三者在空间互相垂直,均匀分布的磁场通常由电磁场产生。

2. 工作原理

电磁流量计只能测量导电流体的流量,当导电流体流过管道时,切割磁力线,根据右手法则,在与磁场及流动方向垂直的方向上产生感应电势,感应电势的大小与导电流体的流速成比例,若磁场的磁感应强度为 B,切割磁力线的导体液体长度为管道内径 D,导电液体在管道内的平均流速为 v,则产生的感应电势为

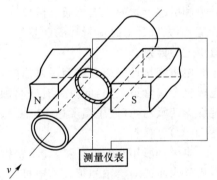

图 6.3.10 电磁流量计结构

$$E=BDv$$

(6.3.20)

由式(6.3.20)得出被测导电液体的体积流量为

$$q_V=\frac{\pi D^2}{4}v=\frac{\pi DE}{4B}$$

(6.3.21)

因此测量感应电势就可以测出被测导电液体的流量。

3. 磁场的励磁方式

电磁流量计工作时,磁场是均匀的磁场,磁场一般选择电磁场,电磁场的励磁方式主要有直流励磁、交流励磁和低频方波励磁三种形式。

直流励磁采用直流电产生的磁场,或者直接采用永久磁铁产生的磁场,所以磁感应强度 B

是常量,即直流磁场。直流励磁干扰小,但是如果测量的是电解液的流量,直流磁场将使被测液体电解,使电极极化,造成正电极被一层负离子包围,负电极被一层正离子包围,从而加大电极的电阻,破坏了原来的测量条件。同时内阻的增加随被测液体的成分和测量时间的长短而变化,因而使输出的电势不固定,影响测量精度。因此直流磁场的电磁流量计只适用于非电解性液体,如液体金属纳、汞等的流量测量。

交流励磁一般采用正弦工频(50 Hz)交流电励磁,产生正弦交变的磁场,从而消除电解液被电解、电极极化的可能。另外,励磁和感应电动势都是同频率的正弦,便于信号的放大。根据式(6.3.21)测量比值 E/B 就可以测得体积流量 q_V,故交流励磁的电磁流量计要有 E/B 的运算电路,交流励磁电压和频率波动不会引起流量测量误差。但是交流励磁因为是交变的励磁方式,干扰多,相对于直流励磁来说,容易受到电磁干扰等。

低频方波励磁兼顾了直流励磁和交流励磁方式的优点,避免了二者的缺点,方波的频率一般选择工频的 $1/10\sim1/4$。在励磁的半个周期内,励磁电流为直流,磁场为直流磁场,具有直流励磁的特点,抗干扰能力强。从整个励磁的过程看,方波信号是一个交变的信号,避免了直流励磁的电解和电极极化的可能,是一种较好的励磁方式,在电磁流量计中应用广泛。

目前常用电磁流量计,励磁系统的结构有变压器铁芯型和绕组型两种,通常变压器铁芯型的磁系统尺寸大、质量大,在小管径的电磁流量计中使用,而绕组型励磁系统在中、大管径的电磁流量计中使用。

4. 电磁流量计的测量管道和电极

电磁流量计基于电磁感应原理工作,测量管道中的流体处于较强的交流磁场中,为了避免测量管道引起磁分流,故测量管道用非导磁材料制成,且应具有高电阻率,以避免在管壁产生涡流和引起干扰的二次磁通。因此,一般中小口径电磁流量计采用不锈钢或玻璃钢制成测量管道;而大口径电磁流量计的测量管道用离心浇铸,把衬里线圈和电极浇铸在一起,以减少涡流引起的误差。

电磁流量计采用金属测量管道时,通常在金属管道的内壁挂一层绝缘衬里,用于防止两个电极被金属管道短路,同时具有防腐蚀的功能。绝缘衬里一般选择玻璃(使用温度达 120 ℃)、绝缘聚四氟乙烯(使用温度达 120 ℃)、天然橡胶(使用温度达 60 ℃)或者氯丁橡胶(使用温度达 70 ℃)等材料。

电极一般用非磁性材料,如不锈钢和耐酸钢等材料,有时也用铂和黄金或在不锈钢制成的电极外表面镀一层铂和黄金。电极必须和测量管道很好地绝缘,如图 6.3.11 所示。为了隔离外界磁场的干扰,电磁流量计的外壳用铁磁材料制成。

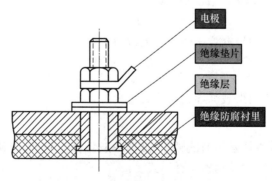

图 6.3.11 电极和测量管道的绝缘

5. 电磁流量计的特点

电磁流量计是工业中测量导电液体常用的流量计,被测介质要求导电率大于 0.002～0.005 Ω/m,不能测量气体及石油制品的流量。测量管道内没有任何阻流元件,压力损失极小,适用于有悬浮颗粒的浆液以及各种腐蚀性液体的流量测量。测量范围宽,$q_{max}/q_{min}=100$,感应电势与被测液体温度、压力、黏度等无关,因此电磁流量计使用范围广。

6.3.5　漩涡式流量计

在特定的流动条件下,流体的部分动能会转化为流体的振动,振动的频率与流体的流速具有正比的关系,据此原理工作的流量计称作漩涡式流量计,也称作流体振动式流量计。漩涡式流量计有漩涡分离型和漩涡旋进型两种,是 20 世纪 70 年代出现的一种新型流量计。

1. 卡门涡街式漩涡流量计

卡门涡街式漩涡流量计是漩涡分离型的流量计,在垂直于流动方向上放置一个漩涡发生体,其常见的形状有圆柱、三角柱、矩形柱和梯形柱等。在流体均匀流动时,在漩涡发生体后面的两侧产生旋转方向相反的、交替出现的漩涡列,称为卡门涡街,圆柱形漩涡发生体如图 6.3.12 所示,三角形漩涡发生体如图 6.3.13 所示。当流体的雷诺数满足一定条件时,卡门在理论上还证明,当两列漩涡的列距 l 与同列漩涡的间距 b 之比为 0.281 时,漩涡列是稳定的。

大量实验证明,图 6.3.12 所示漩涡发生体为圆柱时,当流体的雷诺数大于 10 000 时,流体的流速为 v,圆柱体的直径为 d,则单侧漩涡的频率 f 为

$$f = N_{st}\frac{v}{d} \tag{6.3.22}$$

式中:N_{st} 为斯托罗哈数,与放入流体中漩涡发生体的几何形状和雷诺数有关。实验证明,在一定雷诺数范围内,N_{st} 是一个常值,漩涡发生体为圆柱体时,$N_{st}=0.21$;为三角柱时,$N_{st}=0.16$。因此漩涡的频率 f 与流体的流速 v 成比例,从而测出体积流量。

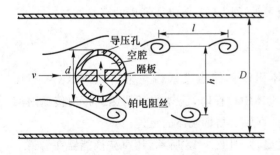

图 6.3.12　圆柱形漩涡发生体

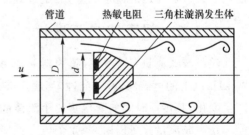

图 6.3.13　三角柱形漩涡发生体

以圆柱形漩涡发生体的涡街流量计为例来看漩涡频率的测量方法。圆柱形漩涡发生体为空心圆柱,空心圆柱体上下两侧开两排小孔,圆柱体中空腔由隔板分成两部分。当流体产生漩涡时,如在右侧产生漩涡,由于漩涡的作用使右侧的压力高于左侧的压力;如在左侧产生漩涡时,则左侧的压力高于右侧的压力,因此产生交替的压力变化。如图 6.3.12 所示,在中间隔板上安装铂热电阻,当压力交替变化时,空腔内的气体随之脉动流动,因此交替地对电阻丝产生冷却作用,电阻丝的阻值发生变化,从而产生和漩涡频率一致的脉冲信号,检测此脉冲信号,就可测量出流量值。同理,中间隔板上也可以安装压电式变换器、应变式变换器以直接测量交替

变化的力或压力。

2. 旋进式漩涡流量计

旋进式漩涡流量计的原理如图 6.3.14 所示,它由漩涡产生器、漩涡消除器、检测元件、壳体等部分组成。流体进入流量计后,通过漩涡产生器被强制旋转,形成了漩涡流,然后经过收缩段和喉部,漩涡流被加速,强度增大,在这一段管道内,漩涡中心和外套轴线一致。当漩涡进入扩张管后,流速突然急剧减小,压力上升,形成回流。因漩涡中心部分的压力比外圆部分的压力低,故回流在中心部分产生。在回流作用下,漩涡中心线偏离外套轴线,绕轴线作螺旋进动。当雷诺数及马赫数一定时,漩涡绕轴线的角速度(即进动频率)与流体的体积流量成正比。在流量计的出口装有漩涡消除器,使漩涡流整流成平直运动,用频率检测器的探头测量进动频率,以测量流量值。

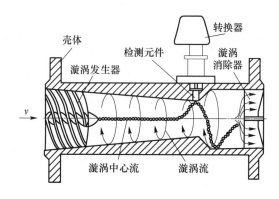

图 6.3.14　旋进式漩涡流量计原理

漩涡式流量计与被测流体的密度、黏度无关,是一种速度式的流量计,输出为频率信号,且输出与体积流量成线性关系,测量范围宽,$q_{max}/q_{min}=100$,精度达 1%,卡门涡街式漩涡流量计适用于大口径管道的流量测量,而旋进式漩涡流量计适用于中小口径管道的流量测量。

6.3.6　超声波式流量计

超声波式流量计是利用超声脉冲来测量体积流量的速度式流量计。超声波(频率在 20 kHz 以上的声波)具有方向性,当超声波束在流体中传播时,流体的流动速度将使传播时间产生变化,其传播时间的变化正比于流体的流速,可用来测量流体的流速。

超声波流量计可以由 2～4 个压电换能器组成,如图 6.3.15 所示,超声波换能器在管道上安装形式有 X 式、Z 式和 V 式,它们的工作原理基本类似,这里以 X 式安装为例讲解其测量原理。如图 6.3.15(a)所示,在管道上安装两套超声波发射器和接收器,顺流安装发射器 TR_1 和接收器 TR_2,逆流安装发射器 TR_3 和接收器 TR_4,超声波传输方向与流体流动方向的夹角为 θ,设流体自左向右以平均速度 v 流动。

超声波的声速为 c,超声波脉冲从发射器 TR_1 发射到接收器 TR_2 所需的时间为

$$t_{12}=\frac{D/\sin\theta}{c+v\cos\theta}\qquad(6.3.23)$$

同理可以得到超声波脉冲从发射器 TR_3 发射到接收器 TR_4 所需的时间为

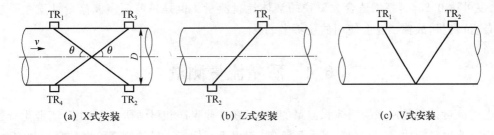

图 6.3.15　超声波流量计原理

$$t_{34}=\frac{D/\sin\theta}{c-v\cos\theta} \tag{6.3.24}$$

如果可以测量到 t_{12} 或者 t_{34}，就可以解算出流速 v，由于 t_{12} 和 t_{34} 都很小，很难测量，因此很难采用这种方法测量流量。可以得到超声波顺流接收和逆流接收的时间差为

$$\Delta t=t_{34}-t_{12}=\frac{2D\cot\theta}{c^2-v^2\cos^2\theta}v \tag{6.3.25}$$

因为超声波的声速远远大于流体的流速，即 $c\gg v$，所以式（6.3.25）可以简化为

$$\Delta t\approx\frac{2D\cot\theta}{c^2}v \tag{6.3.26}$$

因此测量时间差就可以测得平均流速 v。因为 Δt 很小，所以为了提高测量精度，采用相位法，设超声波的角频率为 ω，则接收器 TR_2 与接收器 TR_4 接收信号之间的相位差为

$$\Delta\varphi=\omega\Delta t=\omega\frac{2D\cot\theta}{c^2}v \tag{6.3.27}$$

采用式（6.3.26）的时差法和式（6.3.27）的相差法测量流速 v 均与声速有关，而声速 c 随流体温度的变化而变化。因此，为了消除温度对声速的影响，需要有温度补偿。

由式（6.3.23）式（6.3.24）可知超声波发射器超声脉冲的重复频率分别为

$$f_1=\frac{1}{t_{12}}=\frac{c+v\cos\theta}{D/\sin\theta} \tag{6.3.28}$$

$$f_2=\frac{1}{t_{34}}=\frac{c-v\cos\theta}{D/\sin\theta} \tag{6.3.29}$$

则顺流和逆流发射的频差为

$$\Delta f=f_1-f_2=\frac{2\cos\theta}{D/\sin\theta}v=\frac{\sin2\theta}{D}v \tag{6.3.30}$$

可推出流速与频差的关系为

$$v=\frac{D}{\sin2\theta}\Delta f \tag{6.3.31}$$

因此体积流量为

$$q_V=\frac{\pi D^2}{4}v=\frac{\pi D^3}{4\sin2\theta}\Delta f \tag{6.3.32}$$

由式（6.3.31）及式（6.3.32）可见，频差法测量流速 v 和体积流量 q_V 均与声速 c 无关，由此提高了测量精度，故目前超声波流量计均采用频差法。

超声波流量计对流体无压力损失，且与流体黏度、温度等因素无关。流量与频差成线性关系,精度可达 0.25%,特别适合大口径的液体流量测量。但是目前超声波流量计整个系统比较复杂,价格贵,故在工业上使用的还不多。

6.4 质量流量测量

上述流量计都是用来检测体积流量的,然而在工业生产和科学研究中,由于工业生产过程控制中需要物料配比、质量控制、成本核算等,仅仅进行体积流量检测不能满足测量的需要,还必须进行质量流量检测。

质量流量检测分为间接测量和直接测量两种方法。间接测量质量流量 q_m,首先测量流体的体积流量,然后再测量流体密度或流体的压力和温度,最后根据它们的解析关系计算质量流量。直接测量质量流量 q_m,敏感元件,如角动量式质量流量计、热式质量流量计、谐振式科里奥利(Coriolis)质量流量计等,直接感受流体的质量流量。

6.4.1 间接测量质量流量

间接质量流量的检测主要有两种实现方式,一种是体积流量加密度计的方式,另一种是体积流量加压力温度的测量方式。

1. 体积流量计加密度计

根据式(6.1.2)质量流量与体积流量的解析关系可知,利用体积流量计检测体积流量,利用密度计测量流体密度,则可以计算得到质量流量。

靶式流量计或差压式流量计与密度计可以组成间接质量流量检测,其原理图如图 6.4.1 所示。靶式流量计和差压式流量计的输出与 ρq_V^2 成正比,如果用密度计检测流体的密度,则进行乘法和开方运算后,可以得到质量流量为

$$q_m = \sqrt{\rho q_V^2 \rho} = \rho q_V \qquad (6.4.1)$$

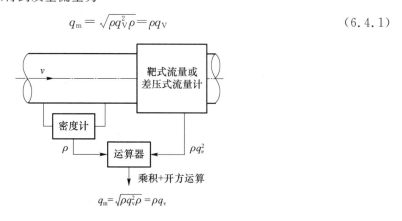

图 6.4.1 靶式流量计或差压式流量计与密度计间接质量流量检测原理

速度式流量计,如涡轮流量计、电磁流量计、旋涡式流量计或超声流量计等,与密度计也可以组成间接质量流量检测,其原理如图 6.4.2 所示。用速度式流量计检测体积流量,用密度计检测流体密度,进行乘法运算就可以计算出质量流量。

显然,靶式流量计或差压式流量计输出 ρq_V^2,速度式流量计输出量为 q_V,如果进行除法运

算 $\dfrac{\rho q_{\mathrm{V}}^2}{q_{\mathrm{V}}}$，就可以得到质量流量，原理如图 6.4.3 所示。

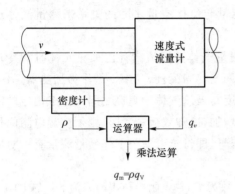

图 6.4.2　速度式流量计与密度计间接
质量流量检测原理

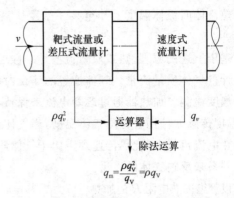

图 6.4.3　靶式流量计或差压式流量计与
速度式流量计间接质量流量检测原理

2. 体积流量加温度压力补偿

流体密度随温度和压力变化，如果已知流体在温度 T_0、压力 p_0 时的密度 ρ_0，检测流体当前的温度 T 和压力 p，则可以根据密度随温度和压力变化的关系，计算出当前的密度 ρ，根据式(6.1.2)可直接计算质量流量 q_{m} 为密度 ρ 和体积流量 q_{V} 的乘积。

对不可压缩的液体来说，它的体积几乎不随压力的变化而变化，但却随温度的升高而膨胀，若被测液体体积膨胀系数为 β，流体密度和温度间的关系为

$$\rho = \rho_0 [1 - \beta(T - T_0)] \tag{6.4.2}$$

质量流量为

$$q_{\mathrm{m}} = q_{\mathrm{V}} \rho_0 [1 - \beta(T - T_0)] \tag{6.4.3}$$

显然，检测流体的体积流量和温度差 $(T - T_0)$，按式(6.4.3)计算就可以得到质量流量。

对可压缩的气体来说，气体的体积随压力、温度的变化而变化，气体密度可按理想气体状态方程计算，即

$$\rho = \rho_0 \, \frac{p T_0}{p_0 T} \tag{6.4.4}$$

则质量流量为

$$q_{\mathrm{m}} = q_{\mathrm{V}} \rho_0 \, \frac{p T_0}{p_0 T} = \rho_0 \, \frac{T_0}{p_0} \cdot \frac{p}{T} q_{\mathrm{V}} \tag{6.4.5}$$

因此，测量出气体的压力、温度及体积流量，按式(6.4.5)计算就可以得到质量流量。

随着微处理器技术的发展，式(6.4.3)和式(6.4.5)的间接质量流量测量方法，实现技术路线变得简单易行，不仅便于质量流量的检测，也便于质量流量的控制，目前在工业领域中使用广泛。

6.4.2　热式质量流量计

热式质量流量计常用于测量气体的质量流量，是基于传热原理检测质量流量，即利用流动

的流体与热源之间热量交换关系来测量质量流量的仪表。该仪表一般利用流体流过外热源加热的管道(加热管可以在管道内,也在管壁上)时产生的温度场变化来测量流体质量流量,或利用加热流体时流体温度上升至某一温度所需的能量与流体质量之间的关系来测量流体质量流量。

基于上述的原理,热式质量流量计一般通过测量气体流经流量计内加热元件时的冷却效应来计量气体质量流量。气体通过的测量段内有两个热阻元件,其中一个作为加热器,另一个作为温度检测。加热器通过改变电流来保持其温度与被测气体的温度之间有一个恒定的温度差,温度传感元件用于检测气体温度,当气体流速增加,冷却效应越大时,则须使热电阻间恒温的加热电流也越大,此热传递须正比于气体质量流量,即供给电流与气体质量流量有一对应的函数关系来反映气体的流量。

设管道内热电阻 R 的加热电流为 I,热电转换系数为 K,热电阻换热表面积为 S_K,热电阻温度为 t_K,当流体流动时,由于对流热交换,热电阻的温度下降,若对流热交换系数为 $\alpha(\mathrm{W/m^2 \cdot K})$,此时流体温度为 t_f。若忽略热电阻通过固定件的热传导损失,则热电阻的热平衡为

$$I^2R = K\alpha S_K(t_K - t_f) \qquad (6.4.6)$$

对流热交换系数 α 与流体的密度和流速有关,设流体的密度为 ρ,流速为 v,存在系数 C_0,C_1,当流体流速 $v < 25\ \mathrm{m/s}$ 时,对于对流热交换系数有

$$\alpha = C_0 + C_1\sqrt{\rho v} \qquad (6.4.7)$$

将式(6.4.7)代入式(6.4.6)得,引入实验确定的系数 A,B,则有

$$I^2R = (A + B\sqrt{\rho v})(t_K - t_f) \qquad (6.4.8)$$

由式(6.4.8)可见,ρv 是加热电流 I 和热电阻温度的函数。当管道截面一定时,由 ρv 就可得质量流量 q_m。因此可以保持加热电流 I 不变,通过测量热电阻的阻值来测量质量流量,也可以保持热电阻的阻值不变,通过测量加热电流 I 来测量质量流量。

热式质量流量计热电阻可用热电丝或金属膜电阻制成,安装于管壁上,流量计具有压损低、流量范围度大、高精度、高重复性和高可靠性,测量时无机械运动部件,具有极低气体流量监测和控制等优点。

6.4.3　科里奥利质量流量计

科里奥利质量流量计是基于谐振式工作原理的流量计,简称科式流量计。科式流量计检测时流体在振动管中流动,流体产生与流体质量流量有关科氏力,基于科氏力的测量完成质量流量的检测。

1. 科氏力与质量流量

如图 6.4.4 所示,当杆以角速度 ω 绕 O 旋转,杆上的质量块 m 以线速度 v 沿杆运动时,质量块 m 将获得法向加速度 a_r(向心加速度)和切向加速度 a_t(科氏加速度)。其中,$a_r = \omega r^2$,方向指向旋转中心 O;$a_t = 2\omega v$,方向符合右手定则,作用于管壁上的科氏力方向与 a_t 相反,科氏力为

$$F_t = 2m\omega v \qquad (6.4.9)$$

若杆内是流体,设管道的截面积为 A,流体的密度为 ρ,流速为 v,将长度为 ΔX 的流体视

作质量块 m，则 $m = \rho A \Delta X$，所产生的科氏力为

$$F_t = 2\omega v \rho A \Delta X \tag{6.4.10}$$

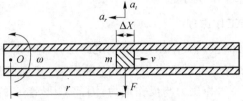

图 6.4.4 科氏力产生原理

将质量流量 $q_m = \rho v A$ 代入式(6.4.9)，则科氏力为

$$F_t = 2\omega q_m \Delta X \tag{6.4.11}$$

由式(6.4.11)可知，通过测量流体作用在管壁上的科氏力，就可以实现质量流量的测量，是科式流量计测量的基本原理。由于很难直接测量科氏力，那么需要搭建一个管道转动和流体流动的环境，管道采用弹性管，测量时弹性管以振动代替转动，基于谐振式工作原理，管壁受到了流体交变的科氏力，使得弹性管在科氏力作用下产生了扭转变形，变形的大小与科氏力有关系，即与质量流量有关系，从而实现质量流量的测量。

2. 科氏质量流量计的结构

图 6.4.5 给出了一种典型科氏流量计的结构，流量计的敏感元件为两根 U 形管，测量时 U 型管工作于谐振状态，是基于谐振工作原理的流量计。科氏流量计核心结构由谐振元件、激振元件和拾振元件三部分组成，另外还有支撑分流管 O、外壳和控制电路等。

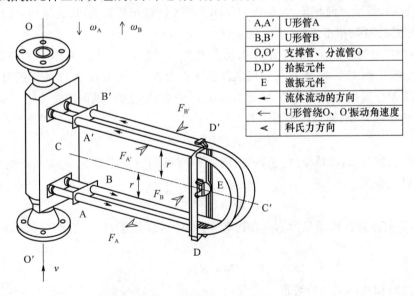

A,A′	U形管A
B,B′	U形管B
O,O′	支撑管、分流管O
D,D′	拾振元件
E	激振元件
←	流体流动的方向
←	U形管绕O、O′振动角速度
⋖	科氏力方向

图 6.4.5 U 形管科氏质量流量计结构

谐振元件是一对 U 形弹性管，如图 6.4.5 中 A、B 所示；激振元件是电磁线圈，如图 6.4.5 中 E 所示，线圈和磁铁分别装在 A、B 两个 U 形管上，工作时按照控制信号通以工作电流，产生交变的电磁激振力；拾振元件是两对电磁线圈，分别安装在 U 型管的 D、D′处，线圈和磁铁

也分别安装在 A、B 两个 U 形管上,流量计工作时线圈敏感交变的磁场,产生感应电流。支撑分流管 O 主要用于流体接入和分流,外壳具有保护防尘功能,控制电路使流量计工作在谐振工作状态,以实现质量流量解算等功能。

3. 科氏质量流量计的工作原理

如图 6.4.5 所示,依据谐振式工作原理,控制电路通过闭环算法,为激振元件 E 的线圈通入交变电流,U 形管敏感交变的电磁激振力绕 OO′ 轴振动,建立流量计的工作点。U 形管 A 和 B 受到的电磁激振力是一对作用力与反作用力,因此 U 形管 A 的振动角速度 ω_A 与 B 的振动角速度 ω_B 方向相反。图 6.4.5 为电磁激振力工作于正半周情况,U 形管 A 和 B 的振动角速度,ω_A 竖直向下、ω_B 竖直向上;在负半周期工作时 U 形管 A 和 B 的振动角速度 ω_A 和 ω_B 与图示方向相反。

U 形管绕 OO′ 轴振动时,拾振元件敏感 U 形管的振动,产生感应电流,若 U 形管内没有流体流动,则 DD′ 处拾振元件的感应电流同相位;若 U 形管内有流体流动,则 D,D′ 处拾振元件的感应电流不再同相位,存在时差或者相差,如图 6.4.6 所示。如果 U 形管内有流体流动,则 U 形管的直管段受到科氏力的作用,由于 U 形管 A 的振动角速度 ω_A 方向与 U 形管 B 的振动角速度 ω_B 方向相反,而 U 形管上边与下边直管内流体流动的方向相反,因此 U 形管 A 与 U 形管 B 相应直管段的科氏力方向相反,U 形管 A 与 U 形管 B 分别绕 CC′ 轴扭动,且方向相反,故拾振元件的感应电流不再同相位,拾振信号存在时差和相位差,如图 6.4.6 所示。而弯管段 DD′(视作等效的直管段)由于流体线速度与 U 形管的振动角速度平行,因此没有科氏力作用,如图 6.4.5 所示。

可见,科式流量计在测量时,U 形管 A 和 B 工作于谐振频率,在激振元件电磁激振力作用下绕 OO′ 轴振动,振动方向相反,在科氏力作用下绕 CC′ 轴扭转振动,扭转振动方向相反,引起 DD′ 处拾振信号的时差和相位差。

当 U 形管内有流体流动,U 形管 A 振动角速度 ω_A 如图 6.4.5 所示,流体在 AD 流动方向与 A′D′ 方向相反,则 U 形管 A 的直管段 AD 的科氏力 F_A 与直管段 A′D′ 的科氏力 $F_{A'}$ 方向相反,将 U 形管 A 分流端视作固支端,因此形成了 U 形管 A 绕 CC′ 轴的扭转力矩。设 U 形管直管段内流体的质量为 m,则该扭转力矩为

$$M = F_A r + F_{A'} r = 4m\omega v r \qquad (6.4.12)$$

设直管段长度为 L,流体流过直管的时间为 t,则可知质量流量 $q_m = m/t$,流速 $v = L/t$,则式(6.4.12)可变换为

$$M = 4\omega r L q_m \qquad (6.4.13)$$

设 U 形管的扭转弹性模量为 K_S,在扭转力矩 M 的作用下,U 形管产生的扭转角度为 θ,故有

$$M = K_S \theta \qquad (6.4.14)$$

根据式(6.4.13)和式(6.4.14)可得

$$q_m = \frac{K_S \theta}{4\omega r L} \qquad (6.4.15)$$

U 形管在振动的过程中,弹性管的扭转角是变化的,如图 6.4.7 所示,扭转角在 U 形管中线处于图示中心位置时达到最大值 θ,最大扭转角 θ 与质量流量的关系为式(6.4.15)。

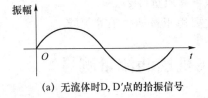

(a) 无流体时D, D′点的拾振信号

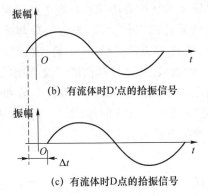

(b) 有流体时D′点的拾振信号

(c) 有流体时D点的拾振信号

图 6.4.6　D, D′拾振信号

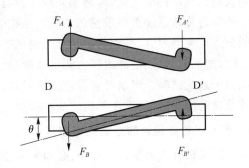

图 6.4.7　有流体时 U 型管竖直位置最大扭转角

U 形管 B 和 U 形管 A 的振动工作情况相似,但是在绕 OO′轴转动和绕 CC′轴扭转振动的方向不同。显然由于科氏力的作用,在有流体流动时,U 形管 A 和 B 沿 CC′轴做扭转振动的方向相反,则两个 U 形管通过中心位置的时间存在时间差 Δt,由于 θ 值也很小,设 U 形管在振动中心位置时的振动速度为 ωL,则

$$\Delta t = \frac{2r\sin\theta}{\omega L} \approx \frac{2r\theta}{\omega L} \tag{6.4.16}$$

时间差 Δt 也是 DD′拾振信号的时差,如图 6.4.7 所示,则有

$$\theta = \frac{\omega L}{2r}\Delta t \tag{6.4.17}$$

将式(6.4.17)代入式(6.4.15)则有

$$q_m = \frac{K_S}{8r^2}\Delta t \tag{6.4.18}$$

式中,K_S 和 r 是质量流量计的特性参数,因此质量流量与时间差成正比,只要测量 U 形管的时间差就可以测量质量流量。

基于科里奥利质量流量计的工作原理分析,在进行质量流量测量时,其关键的技术在于 U 形管的谐振工作状态,以及在此工作状态下的 U 形管扭转振动时差测量,它们是决定质量流量计测量精度等主要技术指标的关键问题。

4. 特　点

基于科氏效应的谐振式直接质量流量传感器除了可直接测量质量流量,受流体的黏度、密度、压力等因素的影响很小外,它还具有如下特点:

① 可同时测出流体的密度,自然也可以解算出体积流量;并可解算出两相流液体(如油和水)各自所占的比例(包括体积流量和质量流量以及它们的累积量)。

② 信号处理、质量流量的解算是全数字式的,便于与计算机连接,构成分布式计算机测控

系统;易于解算出被测流体的瞬时质量流量(kg/s)和累计质量(kg)。

③ 性能稳定,精度高已达到 0.2%,实时性好,主要用于石油化工等领域。

6.5　航空工程案例——飞机燃油流量测量

飞机燃油系统用来贮存飞机所需要的燃油,并保证飞机在所有的工作状态下都能连续、有效地向发动机供给燃油。此外,燃油系统还具有为空调系统的工作介质、发电机冷却系统、液压系统和雷达冷却系统提供散热的功能。根据燃油系统的功能及试验方法,将飞机燃油系统试验划分为九大项内容,分别为供油子系统试验、抽吸供油试验、负过载供油试验、输油子系统试验、压力加油试验、加油冲击压力测量试验、通气增压分系统试验、散热子系统试验和油量、耗量测量子系统试验。燃油具有合理的流量和压力是飞机正常飞行的保证,无论哪一项试验都会涉及流量的测试,所以在飞机燃油试验中流量测量的方法尤为关键。

1. 基于涡轮流量计的燃油流量测量

为保证飞机有全天候升空能力,必须制定合理的航空发动机起动供油规律。燃油流量是起动控制的主要控制量,发动机起动燃油流量测量数据是调整供油规律的直接参考量。起动过程中,发动机参数变化迅速,燃油流量调整速度快,这就要求燃油流量测量系统须具有较好的动态特性。燃油流量是评定发动机稳态性能的主要参数,要求其具有较高的稳态测量精度。因此,燃油流量测量系统必须同时具备较好的快速性和稳定性。

燃油流量范围宽,为保证测量精度,采用不同量程的涡轮流量计进行分段组合测量。如图 6.5.1 所示为某型号航空发动机燃油流量试验台测试系统,燃油流量信号采用涡轮流量计,分别采用两套不同速率的 VXI 设备采集瞬态和稳态信号。试验时,随着发动机燃油流量的变化,通过控制管路电磁阀来实现不同量程流量计的组合和切换。涡轮流量计输出的频率信号和密度计输出的密度信号经测量转换后进入测试网络,并计算得到燃油流量。

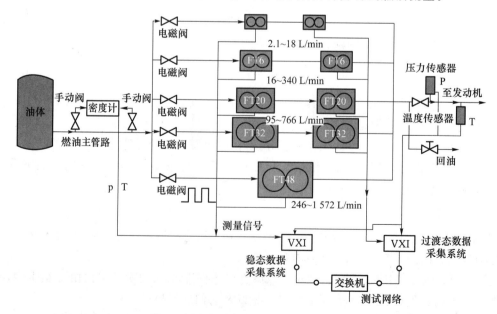

图 6.5.1　某型号航空发动机燃油流量试验台测试系统

除受安装位置限制只有一个涡轮流量计外,其余每个量程都串联两个涡轮流量计,其信号分别进入过渡态 VXI 采集系统和稳态 VXI 采集系统。试验时两系统各有侧重又互为备份。稳态采集系统是低通系统,转换速率低但稳态特性较好;过渡态采集系统频带宽、信号转换速率快且动态特性较好。

传感器采用 FT 系列涡轮流量计,传感器输出脉冲信号,经过信号调理对脉冲信号进行放大、整形、滤波后变换成标准的方波信号。VXI 采集系统把待测的频率信号转换为原码,输出由记录器进行记录,最后由数据处理把记录器记录下的采集器原码还原为原始的流量信号。

2. 基于超声波流量计的燃油流量测量

真实飞机各个油箱内没有流量计,所以如果在油箱内安装涡轮流量计势必会破坏管路流阻特性,并且涡轮流量计的体积很大,不适合安装在油箱内的狭小空间里。超声波流量计体积很小,只需要安装在输油管路的外管壁上,不会破坏输油管路流阻特性,并且其防爆等级符合试验要求,适合安装在油箱内测量管路的液体流量。

沈阳飞机设计研究所首次将超声波流量计应用到飞机试验油箱内部输油管路的流量测试中,对飞机燃油流量测试和飞机排故试验起到了重要作用。

结合飞机燃油试验流量测量需要,选定超声波流量计型号为 FLFXIM 公司的 F601 传感器,如图 6.5.2 所示。该型传感器具有以下特点:

① 测量精度为 0.5%;

② 适用温度范围−200 ℃～450 ℃;

③ 响应时间为 70 ms;

④ 可测量最小管径为 6 mm;

⑤ 可测最低流速为 0.01 m/s;

⑥ 主机采用双处理器,分别承担信号采集和信号处理任务,运行速度高;

⑦ 传感器内部带有温度补偿功能,确保介质温度发生变化时的测量精度;

⑧ 传感器电缆为铠装电缆,防止传感器在经常使用的情况下损坏电缆,环境适应性强;

⑨ 超声波流量器内部固化储存芯片,使用时流量计自动读取传感器数据,方便操作,保证试验测量精度。

图 6.5.2　试验台上安装的超声波流量计

超声波流量计的探头通过铠装同轴电缆与二次仪表相连,二次仪表通过采集超声波信号,进行相关计算得到流量值。二次仪表需要输入输油管路的管径参数:超声波在煤油中的传播速度、煤油密度、黏度系数、测试电缆长度等参数。测量仪表计算出流量值后,可以根据设定的量程范围变送输出标准的电流电压信号,供计算机测试系统采集和记录。

超声波流量计的优点是体积小,适合安装在输油管路的外管壁上,不会破坏输油管路流阻特性,并且其防爆等级是二区防爆,符合飞机燃油试验要求,可以浸泡在油箱煤油中测量油箱内部管路的煤油流量。

习题与思考题

6.1 举例说明瞬时流量和累积流量的用途。

6.2 流体在层流和紊流时的状态有何不同? 流速有什么特点?

6.3 质量流量可以通过体积流量和密度测量来实现,但是测量时要有"同步性",请解释原因。

6.4 试述转子流量计的工作原理和特点。

6.5 试述靶式流量计的工作原理和特点。

6.6 试述常见的差压式流量计的节流装置有哪些?

6.7 理论上差压式流量计的取压点在哪里? 实际工程中差压式流量计的取压方式有几种? 实现方式有什么特点?

6.8 试述差压式流量计的工作原理和特点。

6.9 根据涡轮流量计工作原理,分析其结构和特点。

6.10 已知涡轮流量计的流量系数 $\zeta=3\times10^4$(脉冲数/m³),现测得流量计的输出信号频率为 300 Hz,求流体的瞬时流量和 5 min 内的累计流量。

6.11 简述电磁流量计的工作原理以及测量流体的特点。

6.12 试述旋涡式流量计的测量原理及主要类型。

6.13 简述超声波式流量频差法的优点。

6.14 间接式质量流量的测量方法有哪些?

6.15 简述热式质量流量计的工作原理和特点。

6.16 什么是科氏效应? 结合谐振式工作原理和科氏效应,简述谐振式科里奥利质量流量计的测量原理。

第7章　相对位移检测

第4～6章重点阐述了温度、压力和流量三个基本物理参数的检测,第7～9章将重点介绍在工业测量及控制过程中其他常用参数的检测,包括相对位移、运动速度、转速、加速度、振动、力和转矩等。其中位移(位置)、速度(转速)、力(力矩)是闭环控制系统中常见的三种反馈参数,因此有必要系统地介绍这些参数的检测工作原理、检测系统的组成、变换电路以及典型应用等。本章重点介绍相对位移的检测。

相对位移检测包括相对线位移和相对角位移检测。相对线位移是指一个点相对另一个点沿直线的移动量;相对角位移是指一条直线相对于另一条直线而围绕一轴线在平面上转动的角度。

实现相对位移测量的方法非常多,常用的相对位移检测方式有:电位器式、应变式、压阻式、光电式、电容式、电感式、差动变压器式、电涡流式、霍尔式等,此外还有一些光电式位移测量系统。本章重点介绍光电式、电感式、差动变压器式、电涡流式、霍尔式相对线、电容式位移检测方法,由于角位移的检测原理与线位移原理相似,在介绍角位移时,重点讲解结构上与线位移的差异。

7.1　光栅位移检测

7.1.1　光栅的结构和分类

光栅分为物理光栅和计量光栅。物理光栅利用光栅的衍射现象,用于光谱分析和光波长的测量;计量光栅莫尔条纹现象测量,用于位移测量。

光栅是在玻璃或者金属基体上按照一定间隔刻有均匀分布条纹的光学元件,如图7.1.1所示,其中亮条纹的宽度为a,暗条纹的宽度为b,光栅栅距$d=a+b$。一般情况下,光栅的亮条纹宽度与暗条纹宽度相同,即$a=b$,则光栅栅距$d=2a$。

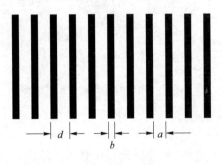

图7.1.1　光　栅

光栅系统由光栅副、光源、光路和测量电路等部分组成。光栅副是一对光栅,包括指示光栅和标尺光栅,是光栅系统的关键部件,决定整个系统的检测精度。光栅有多种,按光路系统不同可分为透射式和反射式两类,如图7.1.2所示。按其用途和形式可分为检测线位移的长条形光栅和检测角位移的圆盘形光栅。按物理原理和刻线形状不同,可分为黑白光栅(或称幅值光栅)和闪耀光栅(或称相位光栅)。

用于线位移检测的光栅有长短两块,其上刻有均匀平行分布的刻线。短的一块称为指示光栅,由高质量的光学玻璃组成。长的一块称为标尺光栅或主光栅,由透明材料(对于透射式光栅)或高反射率的金属或镀有金属层的玻璃(对于反射式光栅)制成。刻线密度由检测精度确定,闪耀式光栅为每毫米为 100~2 800 条,黑白光栅有每毫米为 25,50,100,250 条不等。

用于角位移检测的光栅与线位移测量原理和结构均相似,角位移透射式光栅如图 7.1.3 所示。检测时,角位移光栅与线位移光栅固定的光栅副不一样,角位移光栅固定不动的是标尺光栅,而线位移固定不动的是指示光栅。

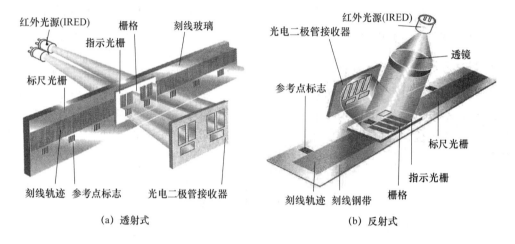

(a) 透射式　　　　　　　　　　(b) 反射式

图 7.1.2　线位移测量的透射式光栅和反射式光栅

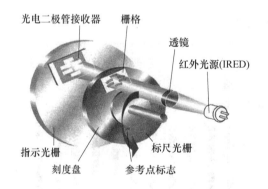

图 7.1.3　角位移测量的透射式光栅

7.1.2　莫尔条纹

以线位移透射式黑白光栅为例,来分析光栅位移工作原理。

通常光栅副重叠放置,中间留有微小的间隙 δ,一般 $\delta=\dfrac{d^2}{\lambda}$,其中 d 为光栅栅距。为了避免光栅副移动时产生的光闸效应,光栅副刻线之间有一很小的夹角 θ,当有光照时,光线就从两块光栅刻线重合处的缝隙透过,形成明亮的条纹,如图 7.1.4(a)中的 h—h 所示;在两块光栅刻线错开的地方,光线被遮住不能透过,于是形成暗的条纹,如图 7.1.4(a)中的 g—g 所示。这些明暗相间的条纹称为莫尔条纹,其方向与光栅刻线近似垂直,相邻两明暗条纹之间的距离 B 称为莫尔条纹间距。

若标尺光栅和指示光栅的刻线密度相同,即光栅栅距 d 相等,如图 7.1.4(b)所示,则莫尔条纹间距为

$$B = \frac{d}{2\sin\frac{\theta}{2}} \approx \frac{d}{\theta} \tag{7.1.1}$$

由于光栅副的夹角 θ 角很小,所以莫尔条纹间距 B 远大于光栅栅距 d,即莫尔条纹具有放大作用,将光栅的栅距 d 放大为莫尔条纹的间距 B。

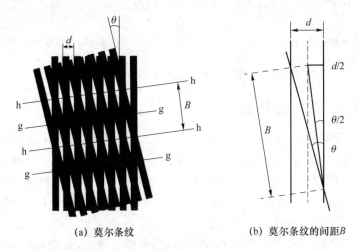

(a) 莫尔条纹 　　　　　(b) 莫尔条纹的间距B

图 7.1.4　莫尔条纹和间距

线位移检测时,标尺光栅与被测对象相联结,使之随其一起运动。当标尺光栅沿着垂直于刻线的方向相对于指示光栅移动时,莫尔条纹就沿着近似垂直于光栅移动的方向运动。当光栅移动一个栅距 d 时,莫尔条纹也相应地运动一个莫尔条纹间距 B。因此,可以通过莫尔条纹的移动来检测光栅移动的大小和方向。

对于某一固定观测点,光栅每移动一个栅距,莫尔条纹移动一个间距,其光强在垂直于移动方向,随莫尔条纹的移动按近似余弦的规律变化,光强变化一个周期,如图 7.1.5 所示。如果在该观测点放置一个光敏元件,就可把光强信号转变成按同一规律变化的电信号,为

$$u_{\text{out}} = U_d + U_m \sin\left(\frac{\pi}{2} + \frac{2\pi}{d}x\right) = U_d + U_m \sin(\varphi + 90°) \tag{7.1.2}$$

式中:U_d——信号的直流分量(V);

$\quad U_m$——信号变化的幅值(V);

$\quad x$——标尺光栅的位移(mm);

$\quad \varphi$——角度(°),$\varphi = \frac{2\pi}{d}x = \frac{360°}{d}x$。

由式(7.1.2)可知,在莫尔条纹间距 B 的 1/4 和 3/4 处信号变化斜率最大,灵敏度最高,因此通常选择莫尔条纹的这些点作为观测点。

将光电元件的电信号通过整形电路,把正弦信号转变为方波脉冲信号,每经过一个周期输

出一个方波脉冲,这样脉冲数 N 就与光栅移动过的栅距数相对应,因而位移 $x=Nd$。

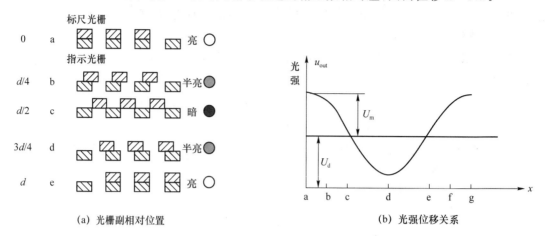

(a) 光栅副相对位置   (b) 光强位移关系

图 7.1.5　光栅副相对位置和光强与位移的关系

7.1.3　辨向和细分电路

对于一个固定的观测点,不论光栅向哪个方向移动,光照强度都只是做明暗交替变化,光敏元件总是输出同一规律变化的电信号,因此根据一个固定点的光电信号变化只能判断位移变化量,无法判别光栅移动方向。为了辨别光栅移动的方向,通常在相距 $B/4$ 的位置安放两个光敏元件 1 和 2,如图 7.1.6(a)所示,从而获得相位相差为 90°的两个正弦信号。

当光栅左移时,光敏元件 1 的信号超前光敏元件 2 的信号 90°,可以根据光敏元件 2 亮时,光敏元件 1 由亮变暗来判断,如图 7.1.6(b)所示;当光栅右移时,光敏元件 2 的信号超前光敏元件 1 的信号 90°,可以根据光敏元件 2 亮时,光敏元件 1 由暗变亮来判断,如图 7.1.6(c)所示。

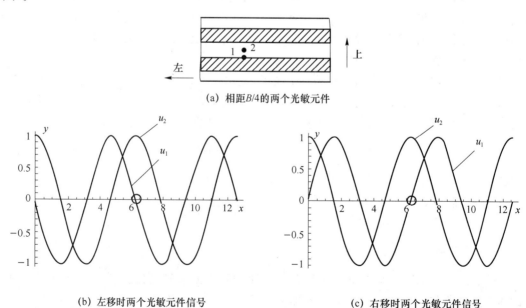

(a) 相距 $B/4$ 的两个光敏元件

(b) 左移时两个光敏元件信号   (c) 右移时两个光敏元件信号

图 7.1.6　辨向光敏元件及信号

按照上述的方法,将两个电压信号 u_1 和 u_2 输入到图 7.1.7 所示的辨向电路处理。当标尺光栅向左移动,莫尔条纹向上运动时,光敏元件 1 和 2 分别输出图 7.1.8(a)所示的电压信号 u_1 和 u_2,经过放大整形后得到相位相差90°的两个方波信号 u_1' 和 u_2'。u_1' 经反相后得到 u_1'' 方波。u_1' 和 u_1'' 经 RC 微分电路后得到两组光脉冲信号 u_{1w}' 和 u_{1w}'',分别输入到与门 Y_1 和门 Y_2 的输入端。对与门 Y_1,由于 u_{1w}' 处于高电平时,u_2' 总是低电平,故脉冲被阻塞,Y_1 无输出;对与门 Y_2,u_{1w}'' 处于高电平时,u_2' 也正处于高电平,故允许脉冲通过,并触发加减控制触发器使之置"1",可逆计数器对与门 Y_2 输出的脉冲进行加法计数。同理,当标尺光栅反向移动时,输出信号波形如图 7.1.8(b)所示,与门 Y_2 阻塞,Y_1 输出脉冲信号使触发器置"0",可逆计数器对与门 Y_1 输出的脉冲进行减法计数。这样每当光栅移动一个栅距时,辨向电路只输出一个脉冲,计数器所计的脉冲数则代表光栅位移 x。

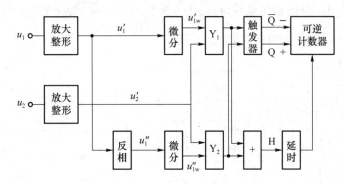

图 7.1.7　辨向电路

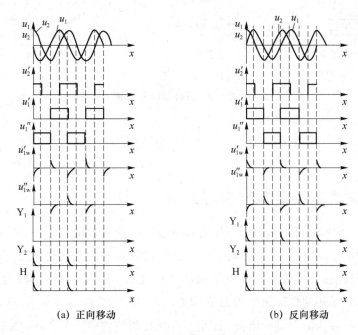

(a) 正向移动　　　　　　　(b) 反向移动

图 7.1.8　光栅移动时辨向电路波形

上述辨向逻辑电路的分辨力为一个光栅栅距 d，为了提高分辨力，可以增大刻线密度来减小栅距，但这种办法受到制造工艺的限制。另一种方法是采用电子细分技术，使光栅每移动一个栅距时输出均匀分布的 n 个脉冲，从而分辨力提高到 d/n。细分方法有多种，这里只介绍直接细分方法。

直接细分也称为位置细分，常用细分数目为四，故又称为四倍频细分。实现方法有两种：一种是在相距 $B/4$ 的位置依次安放四个光敏元件，如图 7.1.5(a)中的 a,b,c,d 所示，从而获得相位依次相差 90°的四个正弦信号，再通过由负到正过零检测电路，分别输出四个脉冲；另一种方法是采用在相距 $B/4$ 的位置上，安放两个光敏元件，首先获得相位相差 90°的两个正弦信号，然后分别通过各自的反相电路后就又获得与 u_1 和 u_2 相位相反的两个正弦信号 u_3 和 u_4。最后，通过逻辑组合电路在一个栅距内可以获得均匀分布的四个脉冲信号，送到可逆计数器。图 7.1.9 所示为一种四倍频细分电路，工作原理与辩向相同，这里不再赘述。

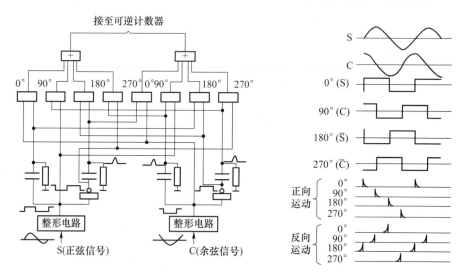

图 7.1.9　四倍频细分电路

7.2　差动变压器

7.2.1　差动变压器的结构与分类

差动变压器式变换元件简称差动变压器，由铁芯、衔铁和线圈三个主要部分组成。差动变压器的几种典型结构如图 7.2.1 所示，图中(a)、(b)两种结构的差动变压器，衔铁均为平板型且灵敏度高，检测范围则较窄，一般用于检测 1～几百 μm 的机械位移；对于位移在 1～上百 mm 的检测，常采用圆柱形衔铁的螺管型差动变压器，两种结构见图(c)、(d)；图中(e)、(f)两种结构为检测转角的差动变压器，通常可测到几角秒的微小角位移，输出的线性范围在 ±10°之间。

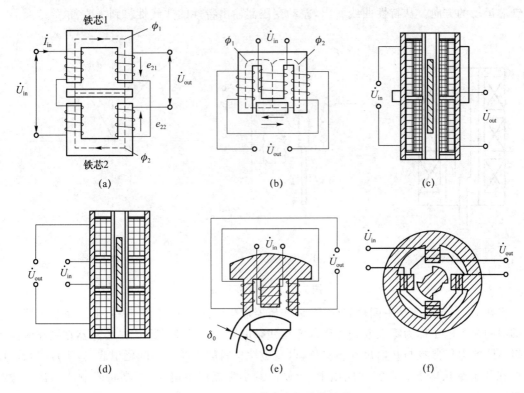

图 7.2.1　各种差动变压器的结构

7.2.2　差动变压器的工作原理

差动变压器的结构形式较多,下面以应用广泛的螺管式差动变压器为例介绍其工作原理。

螺管式差动变压器主要由线圈框架 A、绕在框架上的一组初级线圈 W 和两个完全相同的次级线圈 W_1、W_2 及插入线圈中心的圆柱形铁芯 B 组成,如图 7.2.2(a)所示。当初级线圈 W 加上一定的交流电压时,次级线圈 W_1 和 W_2 由于电磁感应分别产生感应电势 e_1 和 e_2,其大小与铁芯在线圈中的位置有关。把感应电势 e_1 和 e_2 反极性串联,如图 7.2.2(b)所示,则输出电势为

$$e_o = e_1 - e_2 \qquad (7.2.1)$$

次级线圈产生的感应电势为

$$e = -M \frac{\mathrm{d}i}{\mathrm{d}t} \qquad (7.2.2)$$

式中:M——初级线圈与次级线圈之间的互感;

i——流过初级线圈的激磁电流。

当铁芯在中间位置时,由于两线圈互感相等 $M_1 = M_2$,感应电势 $e_1 = e_2$,故输出电压 $e_o = 0$;当铁芯偏离中间位置时,由于磁通变化使互感系数一个增大,一个减小,$M_1 \neq M_2$,$e_1 \neq e_2$,所以 $e_o \neq 0$。若 $M_1 > M_2$,则 $|e_1| > |e_2|$,反之 $|e_1| < |e_2|$。随着铁芯偏离中间位置,e_o 逐渐增大,其输出特性如图 7.2.2(c)所示。

以上分析表明,差动变压器输出电压的大小反映了铁芯位移的大小,输出电压的极性反映

了铁芯运动的方向。从特性曲线看出,差动变压器输出特性的非线性得到了改善。

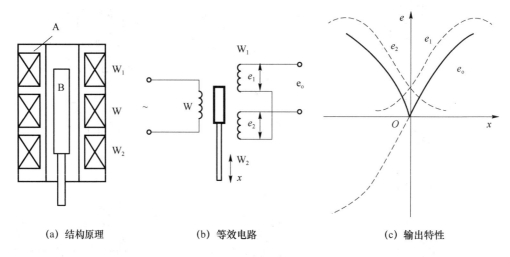

(a) 结构原理　　　　　(b) 等效电路　　　　　(c) 输出特性

图 7.2.2　差动变压器

实际上,当铁芯位于中间位置时,差动变压器输出电压 e_o 并不等于零,把差动变压器在零位移时的输出电压称为零点残余电压。零点残余电压产生的主要原因是传感器在制作时两个次级线圈的电气参数与几何尺寸不对称,以及磁性材料的非线性等问题引起的,零点残余电压一般在几十毫伏以下。在实际应用中,应设法减小零点残余电压,否则将影响传感器的检测结果。

7.2.3　差动变压器的检测电路

差动变压器的输出是一个调幅波,且存在一定的零点残余电压,因此为了判别铁芯移动的大小和方向,必须进行解调和滤波。另外,为消除零点残余电压的影响,差动变压器的后接电路常采用差动整流电路和相敏检波电路。

差动整流电路是把差动变压器的两个次级线圈的感应电动势分别整流,然后将整流后的两个电压或电流的差值作为输出。

1. 全波差动整流电路

电压输出型全波差动整流电路如图 7.2.3 所示。由图 7.2.3(a)可见,无论两个次级线圈的输出瞬时电压极性如何,流过两个电阻 R 的电流总是从 a 到 b,从 d 到 c,故整流电路的输出电压为

$$u_o = u_{ab} + u_{cd} = u_{ab} - u_{dc} \tag{7.2.3}$$

其波形见图 7.2.3(b),当铁芯在零位时,$u_o = 0$,铁芯在零位以上或零位以下时,输出电压的极性相反。

差动变压器具有检测精度高、线性范围大(± 100 mm)、灵敏度高、稳定性好和结构简单等优点,被广泛用于直线位移的检测。

2. 差动相敏检波电路

通常差动变压器的检测位移信号为缓变信号,则差动变压器的输出为以位移信号为包络线的调幅波,通过相敏检波器判断位移的方向,然后通过滤波器将励磁的高频信号滤除,得到

缓变的位移信号,原理和输出波形如图 7.2.4 所示。

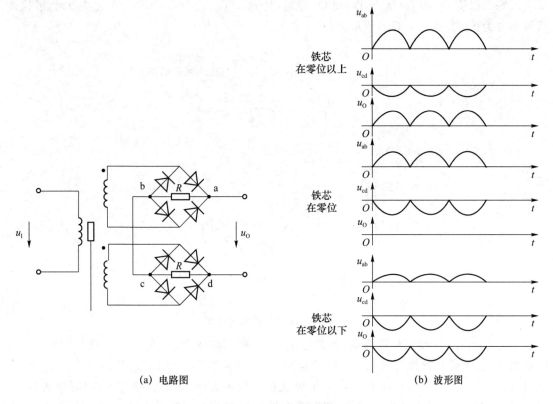

(a) 电路图　　　　　　　　　　　　　　　(b) 波形图

图 7.2.3　全波差动整流电路

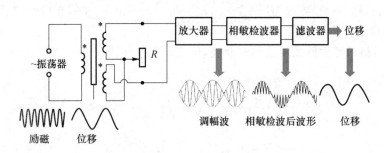

图 7.2.4　差动变压器位移测量

　　差动相敏检波电路可鉴别输入信号的相位并判断位移的方向,由二极管组成的相敏检波电路如图 7.2.5 所示,AB 为变压器,且输出 B>A,A 的初级线圈接入的是差动变压器输出的调幅波,B 的励磁与差动变压器励磁相同,输出信号为参考信号。相敏检波电路将差动变压器输出的调幅波,变换为电阻 R_1 上的电压 e_{o1},即当位移为正时,$i_1>0$,R_1 电压为正,$e_{o1}>0$;位移为负时,$i_1<0$,R_1 电压为负,$e_{o1}<0$。

　　将正弦励磁简画为三角波形,如图 7.2.6(a) 所示,假设当 $0<t<t_1$ 时位移为正,当 $t_1<t<t_2$ 时位移为负,如图 7.2.6(b) 所示,则差动变压器的输出为调幅波,如图 7.2.6(c) 所示。

　　当 $0<t<t_1$ 时,相对位移为正,如果励磁为正,则调幅波为正,变压器 AB 极性如图 7.2.5 所示,由于 B>A,则二极管 D_1 和 D_4 截止,D_2 和 D_3 导通,且 $i_{D_2}>i_{D_3}$,$i_{o1}=i_{D_2}-i_{D_3}>0$,$e_{o1}>0$,

相敏检波输出为正；如果励磁为负，则调幅波为负，变压器 AB 极性如图 7.2.5 所示相反，由于 B＞A，则二极管 D_2 和 D_3 截止，D_1 和 D_4 导通，且 $i_{D_4}＞i_{D_1}$，$i_{o1}=i_{D_4}-i_{D_1}＞0$，$e_{o1}＞0$，相敏检波后输出也为正，如图 7.2.6(d)所示。

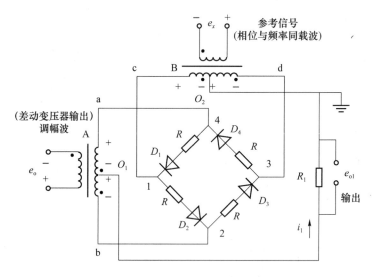

图 7.2.5　差动相敏检波电路

当 $t_1＜t＜t_2$ 时，相对位移为负，如果励磁为正，则调幅波为负，变压器 A 极性与图 7.2.5 所示相反，变压器 B 极性与图 7.2.5 所示相同，由于 B＞A，则二极管 D_1 和 D_4 截止，D_2 和 D_3 导通，且 $i_{D_3}＞i_{D_2}$，$i_{o1}=i_{D_2}-i_{D_3}＜0$，$e_{o1}＜0$，相敏检波输出为负；如果励磁为负，则调幅波为正，变压器 A 极性与图 7.2.5 所示相同，变压器 B 极性与图 7.2.5 所示相反，由于 B＞A，则二极管 D_2 和 D_3 截止，D_1 和 D_4 导通，且 $i_{D_1}＞i_{D_4}$，$i_{o1}=i_{D_4}-i_{D_1}＜0$，$e_{o1}＜0$，相敏检波后输出也为负，如图 7.2.6(d)所示。

相敏检波后信号经过低通滤波器的滤波，可以得到位移，如图 7.2.6(e)所示。

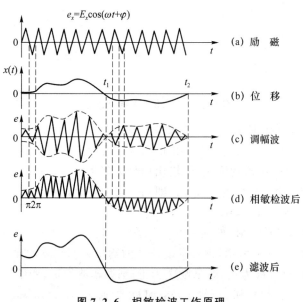

图 7.2.6　相敏检波工作原理

7.3　感应同步器

7.3.1　感应同步器的结构与分类

感应同步器由两片平面型印刷电路绕组构成,分为检测直线位移的直线感应同步器和检测角位移的圆形感应同步器(也称为旋转式感应同步器) 两大类,都是两片绕组相对平行安装,两片间距 0.05～0.25 mm,直线感应同步器绕组相对位置如图 7.3.1 所示。

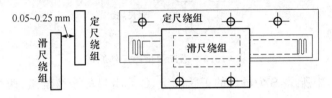

图 7.3.1　直线感应同步器绕组位置

感应同步器工作时,其中一片固定不动,另一片相对固定片作直线移动或转动。对于直线感应同步器,固定片和运动片分别称为定尺和滑尺,定尺上是连续绕组,滑尺上交替排列着周期相等但相角相差 90°的正弦和余弦两组断续绕组,如图 7.3.2(a)所示;对于圆形感应同步器分别称定子和转子,转子上是连续绕组,定子上交替排列着周期相等但相角相差 90°的正弦和余弦两组断续绕组,如图 7.3.2(b)所示。

感应同步器的连续绕组和断续绕组均为几何结构完全相同的平面型印刷电路绕组,是矩形绕组形式,绕组采用铜箔粘贴在基板的结构,如图 7.3.2(c)所示,铜箔的宽度为 a,铜箔间距为 b,矩形绕组节距 $d=2(a+b)$,通常 $a=b$,则节距 $d=4a$。

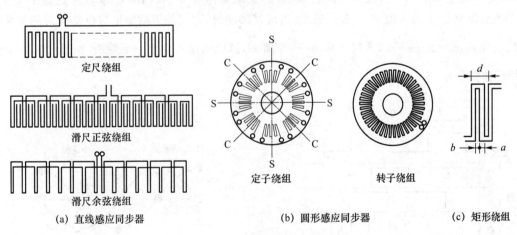

定尺绕组

滑尺正弦绕组

滑尺余弦绕组

(a) 直线感应同步器　　　　　　(b) 圆形感应同步器　　　　(c) 矩形绕组

定子绕组　　　转子绕组

图 7.3.2　感应同步器的绕组结构

7.3.2　直线感应同步器的工作原理

感应同步器基于电磁感应原理,其输出是数字信号,因此是数字式的位移检测。如图 7.3.3所示,为了示图的清晰,将滑尺翻转 180°,与定尺保持一个平面。假设滑尺绕组通以交流激励电压,由于电磁耦合,当滑尺与定尺发生相对位移时,在定尺绕组上将产生感应电动势,它随定尺与滑尺的相对位置不同呈正弦函数变化,再通过对此信号的处理,便可测量出直线位移量。

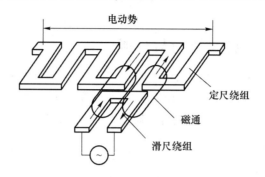

图 7.3.3　感应同步器工作原理

如图 7.3.4(a)中所示,S 为滑尺的正弦绕组,C 为滑尺的余弦绕组,两个绕组在空间位置上相隔四分之三节距$\left(\frac{3}{4}d\right)$。假设正弦绕组 S 通以直流励磁,导体周围形成环形磁场,这个磁场也环绕定尺绕组,当滑尺处于图 7.3.4(a)中 A 点位置时,环绕定尺导体的磁场最强,定尺绕组的感应电势最大,为 $e_{SA}=K$。滑尺向右移动,环绕定尺绕组的磁场逐渐减小,感应电势逐渐减小,当移动$\frac{1}{4}d$到达 B 点位置时,相邻两感应单元的空间磁通全部抵消,定尺绕组的感应电势 $e_{SB}=0$。滑尺继续向右移动,感应电势由零变负,当移动$\frac{d}{2}$到达 C 点时,感应电势达到负最大值 $e_{SC}=-K$。当滑尺继续向右移动,感应电势逐渐升高,向正方向变化,当移动$\frac{3}{4}d$到达 D 点时,感应电势 $e_{SD}=0$。滑尺继续向右移动,感应电势由零变正,当滑尺移动 d 到达 E 点时,感应电势又达到正最大值 $e_{SE}=K$。因此,当滑尺移动时,定尺绕组就输出与位移成余弦关系的感应电势 e_S,$e_S=K\cos\frac{2\pi}{d}x$,滑尺每移动一个间距 d,感应电动势变化一个周期,如图 7.3.4(b)中S 绕组曲线所示。

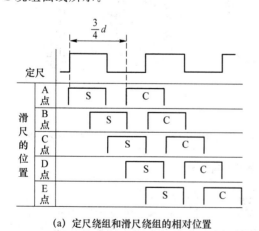

（a）定尺绕组和滑尺绕组的相对位置

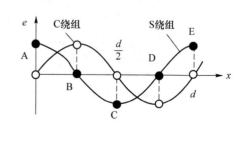

（b）定尺绕组感应电动势

图 7.3.4　感应同步器工作原理

同理,如果在余弦绕组 C 上加载直流激磁电流,定尺绕组也有感应电动势输出,在 A 点位置感应电动势为零 $e_{CA}=0$,右移直 B 点感应电动势为 $e_{CB}=K$,右移直 C 点感应电动势为零 $e_{CC}=0$,右移直 D 点感应电动势为负的最大 $e_{CD}=-K$,继续右移直 E 点感应电动势为零 $e_{CE}=0$,为起始点的正弦感应电势。当滑尺右移时分析定尺中的感应电动势。因此,当滑尺移动时,定尺绕组就输出与位移成正弦关系的感应电势 e_C,$e_C=K\sin\dfrac{2\pi}{d}x$,滑尺每移动一个间距 d,感应电动势变化一个周期,如图 7.3.4(b)中 C 绕组曲线所示。

基于上述分析,如果滑尺正弦绕组上的激磁电压为

$$U_{in}=U_m\sin\omega t \tag{7.3.1}$$

则定尺绕组的输出感应电势为

$$e_S=KU_m\cos\frac{2\pi}{d}x\cos\omega t \tag{7.3.2}$$

如果滑尺余弦绕组也加载式(7.3.1)的激磁电压,则定尺绕组的输出感应电势为

$$e_C=KU_m\sin\frac{2\pi}{d}x\cos\omega t \tag{7.3.3}$$

式中:K——电磁耦合系数;

$\quad x$——滑尺与定尺之间的相对位移(mm);

$\quad d$——绕组节距(mm);

$\quad U_m$——激磁电压幅值(V);

$\quad \omega$——角频率(rad/s)。

由此可见,当滑尺励磁为交流励磁时,定尺感应电势 e 随时间和滑尺位移变化,故可通过感应电势来检测位移。

7.3.3　信号的处理方式和电路

感应同步器检测系统可采用两种激磁方式,一种是滑尺激磁,由定尺绕组产生感应电势;另一种是由定尺激磁,由滑尺绕组产生感应电势。在信号处理方面又分为鉴幅型和鉴相型两类。

1. 鉴幅型感应同步器电路

鉴幅型感应同步器,滑尺的正弦绕组和余弦绕组在空间位置错开 $\dfrac{d}{4}$,正弦绕组和余弦绕组通以频率和相位相同、幅值不同的正弦激磁电压,激磁电压分别为

$$u_S=U_S\sin\omega t$$

$$u_C=U_C\sin\omega t$$

在定尺上产生随空间位移和时间变化的两个感应电势 e_S 和 e_C,e_S 和 e_C 分别为

$$e_S=-KU_S\cos\frac{2\pi}{d}x\cos\omega t=-KU_S\cos\theta_x\cos\omega t \tag{7.3.4}$$

$$e_C=KU_C\sin\frac{2\pi}{d}x\cos\omega t=KU_C\sin\theta_x\cos\omega t \tag{7.3.5}$$

式中:θ_x 称为位置相位角,单位为弧度,则 $\theta_x=\dfrac{2\pi}{d}x$。

定尺绕组感应电势为正弦绕组和余弦绕组感应电动势的叠加

$$e=e_S+e_C=K(U_C\sin\theta_x-U_S\cos\theta_x)\cos\omega t \tag{7.3.6}$$

采用函数发生器，设激磁电压的相位角 φ，使激磁电压幅值满足

$$\left.\begin{array}{l}U_S=U_m\sin\varphi\\U_C=U_m\cos\varphi\end{array}\right\} \tag{7.3.7}$$

将式(7.3.7)代入式(7.3.6)，则

$$e=KU_m\sin(\theta_x-\varphi)\cos\omega t=E_m\cos\omega t \tag{7.3.8}$$

E_m 为定尺感应电势的幅值(V)，可以表示为

$$E_m=KU_m\sin(\theta_x-\varphi) \tag{7.3.9}$$

显然定尺绕组的感应电势的幅值 E_m 随位置相角 θ_x，也就是随位移 x 变化。如果初始时，使 $\theta_x=\varphi$，则 $E_m=0$。当滑尺移动一微小的 Δx，θ_x 将随之变化一微量 $\Delta\theta_x$，此时定尺感应电势的幅值为

$$E_m=KU_m\sin\Delta\theta_x\approx KU_m\frac{2\pi}{d}\Delta x \tag{7.3.10}$$

定尺感应电势的幅值 E_m 与位移 Δx 成正比，因此可以通过感应电势的幅值来检测位移。

依据上述原理可以实现鉴幅型感应同步器位移测量，如图 7.3.5 所示。当滑尺由初始位置移动 Δx 时，感应电势位置相位角变化 $\Delta\theta_x$，显然 $\Delta\theta_x=\theta_x-\varphi\neq0$，并随着位移的变化而继续增大。当 $\Delta\theta_x$ 大于某阈值时，相应的感应电势也大于某阈值，门槛电路则发出指令脉冲，转换计数器开始计数并控制函数电压发生器，调节激磁电压幅值的相位角 φ，使其跟踪 θ_x。当 $\varphi=\theta_x$ 时，感应电势幅值下降到门槛电平以下，此时撤消指令脉冲，停止计数。因此转换计数器的计数值与滑尺位移相对应，代表位移的大小。

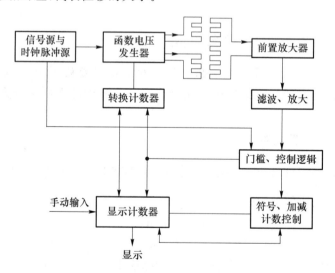

图 7.3.5　鉴幅型感应同步器结构

2. 鉴相型感应同步器电路

鉴相型感应同步器，滑尺的正弦绕组和余弦绕组在空间位置错开 $\dfrac{d}{4}$，正弦绕组和余弦绕组通以频率和幅值相同、相位相差 $90°$ 的正弦激磁电压，激磁电压分别为

$$U_S = U_m \sin \omega t$$
$$U_C = U_m \cos \omega t$$

则在定尺上产生随空间位移和时间变化的两个感应电势 e_S 和 e_C, e_S 和 e_C 分别为

$$e_S = -KU_m \sin \frac{2\pi}{d} x \cos \omega t = -E_m \sin \theta_x \cos \omega t$$

$$e_C = KU_m \cos \frac{2\pi}{d} x \sin \omega t = E_m \cos \theta_x \sin \omega t$$

定尺绕组感应电势为正弦绕组和余弦绕组感应电动势的叠加：

$$e = e_S + e_C = E_m \sin(\omega t - \theta_x) \qquad (7.3.11)$$

式中：E_m——定尺绕组感应电势的幅值(V)，$E_m = KU_m$;

θ_x——感应电势的相角。

$$\theta_x = \frac{2\pi}{d} x \qquad (7.3.12)$$

显然，定尺的感应电势也是随空间位移和时间变化，每经过一个节距，相角 θ_x 变化 2π, 在一个节距 d 内，感应电势的相角 θ_x 与位移 x 呈线性关系，因此可通过相角检测滑尺位移。

根据上述的工作原理，可以实现鉴相型感应同步器检测，如图 7.3.6 所示。绝对相位基准对时钟进行 n 分频后，输出频率为 f 的两路电压，其中一路产生 90°的相移，两路电压分别加到感应同步器的正弦绕组和余弦绕组上，将位移转换为相位。

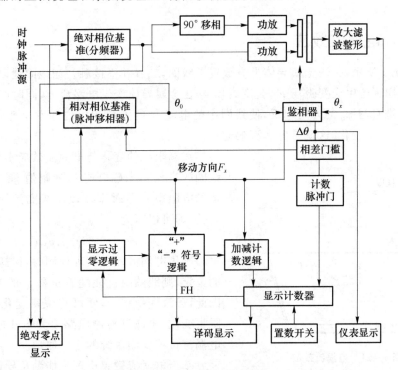

图 7.3.6　鉴相型感应同步器电路

相对相位基准实际是一个数/模转换器，由分频器和脉冲加减电路组成。它把时钟进行了 n 分频后输出频率为 f 的方波，其相位为 θ_0。定子绕组感应电势的相角 θ_x 与相角 θ_0 在鉴相器中进行比较后，输出脉宽信号 $\Delta\theta$ 和位移方向信号 F_x。脉宽信号 $\Delta\theta = \theta_x - \theta_0$, 输入到相差门

槛;当 θ_0 滞后于 θ_x 时,位移方向信号 F_x 为1;当 θ_0 超前 θ_x 时,位移方向信号 F_x 为 0。F_x 控制脉冲加减电路,使输出波形产生相移,实现 θ_0 跟踪感应电势相位 θ_x,实现模/数转换。每输入一个脉冲,θ_0 变化 $360°/n$,即相应于一个脉冲当量的位移。

接通电源后,由于相位跟踪作用,$\Delta\theta$ 小于一个脉冲当量,以此时滑尺位置为相对零点,并将计数器清零。此后当滑尺移动,而 θ_x 变化时就产生相位差 $\Delta\theta$。当 $\Delta\theta$ 达到门槛电平时,相差门槛输出信号,一方面与 F_x 信号相配合使相对相位基准输入相应的减或加脉冲,相位 θ_0 跟踪 θ_x,直到 $\Delta\theta$ 重新小于一个脉冲当量为止;另一方面,同时打开计数脉冲门,把相对相位基准的输入脉冲送到显示计数器进行累计。由于所计脉冲数就代表位移的大小,这就实现了对位移的模/数转换。

在显示环节中,显示过零电路的作用是当所有数字显示均为零时,输出为"1"。"+""－"号逻辑的功能是当滑尺作正向移动时,若显示过零,则显示"+"号;当滑尺做反向移动时,若显示过零,则显示"－"号。加减计数逻辑的作用是:当显示"+"号时,使计数器对正向移动作加计数,对反向移动作减计数;当显示"－"号时,对反向运动作加计数,对正向运动则作减计数。绝对零点显示的作用是当绝对相位基准与相对相位基准的相位相同时,零点指示灯亮一下,表示滑尺已移动一个节距。

7.4 电涡流位移检测

7.4.1 电涡流效应

如图 7.4.1 所示,一块金属导体上方放置了线圈,二者并不接触。当线圈通以高频交变电流 i_1,在线圈周围产生交变磁场 ϕ_1;交变磁场 ϕ_1 在金属导体产生电涡流 i_2,同时产生交变磁场 ϕ_2,ϕ_2 穿过线圈且与 φ_1 的方向相反,使线圈中的电流 i_1 的大小和相位均发生变化,即线圈中的等效阻抗发生了变化,这就是电涡流效应。

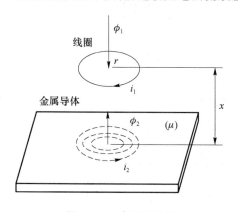

图 7.4.1 电涡流效应

线圈阻抗的变化与电涡流效应密切相关,即与线圈的半径 r、激磁电流 i_1 的幅值、频率 ω、金属导体的电阻率 ρ、导磁率 μ 以及线圈到导体的距离 x 有关,即可以写为

$$Z = f(r, i_1, \omega, \rho, \mu, x) \qquad (7.4.1)$$

利用电涡流效应实现检测时,保持 $r, i_1, \omega, \rho, \mu$ 的恒定,则线圈阻抗便随着位移 x 的变化而变化。因此,若改变位移 x,便可将位移变化转换为线圈阻抗变化,再通过检测电路变为电压输出,这就是电涡流位移检测系统的工作原理。

基于电涡流敏感机理只能测量导体,一般用于位移、振动和厚度的测量。基于电涡流效应测量的优点有:灵敏度高、结构简单、抗干扰能力强、不受油污等介质影响、可进行非接触检测等。常用于检测位移、振幅、厚度、工件表面粗糙度、导体的温度、金属表面裂纹、材质的鉴别等,广泛应用于工业生产和科学研究等各个领域。

7.4.2　等效电路分析

将电涡流效应理想化空心变压器模型,等效电路如图 7.4.2(a)所示,将高频导电线圈视作原边电路,R_1 和 L_1 分别为高频导电线圈的电阻和电感,为线圈 1;金属导体的涡流回路视作副边,R_2 和 L_2 分别为金属导体的电阻和电感,为线圈 2;高频导电线圈与导电金属之间的磁耦合理想化为互感系数 M,线圈与金属导体间互感系数 M 随间隙 x 的减小而增大。

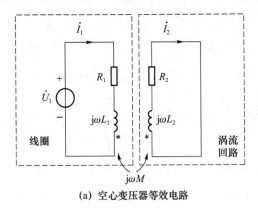

(a) 空心变压器等效电路　　　　　(b) 电涡流线圈等效阻抗

图 7.4.2　电涡流效应等效电路

设电涡流线圈高频激磁电压为 $\dot{U}_1$,角频率为 ω,电压电流相量如图 7.4.2(a)所示,则可以写出如下约束关系

$$\left.\begin{array}{l}(R_1+\mathrm{j}\omega L_1)\,\dot{I}_1-\mathrm{j}\omega M\dot{I}_2=\dot{U}_1\\ -\mathrm{j}\omega M\dot{I}_1+(R_2+\mathrm{j}\omega L_2)\,\dot{I}_2=0\end{array}\right\} \tag{7.4.2}$$

则原边等效阻抗为

$$Z=\frac{\dot{U}_1}{\dot{I}_1}=R_1+R_2\,\frac{\omega^2M^2}{R_2^2+\omega^2L_2^2}+\mathrm{j}\omega\left(L_1-L_2\,\frac{\omega^2M^2}{R_2^2+\omega^2L_2^2}\right)=R_\mathrm{e}+\mathrm{j}\omega L_\mathrm{e} \tag{7.4.3}$$

$$R_\mathrm{e}=R_1+R_2\,\frac{\omega^2M^2}{R_2^2+\omega^2L_2^2} \tag{7.4.4}$$

$$L_\mathrm{e}=L_1-L_2\,\frac{\omega^2M^2}{R_2^2+\omega^2L_2^2} \tag{7.4.5}$$

式中:R_e——考虑电涡流效应时,线圈的等效电阻(Ω);

$\quad\ \ L_\mathrm{e}$——考虑电涡流效应时,线圈的等效电感(H)。

由上述分析可知,由于涡流效应的作用,电涡流线圈的阻抗由 $Z_0=R_1+\mathrm{j}\omega L_1$ 变成了 Z,增加了一个附加阻抗 $\dfrac{\omega^2M^2}{Z_{22}}$,如图 7.4.2(b)所示。由于附加阻抗 $\dfrac{\omega^2M^2}{Z_{22}}$ 的引入,使等效阻抗 Z 的实部增大,虚部减少,等效阻抗 Z 变化的大小随间隙 x 的减小变化量增大。由于电涡流的损耗,等效电感减小,线圈的品质因数 Q 下降了,且品质因数随间隙 x 的减小而减小。

7.4.3　信号转换电路

电涡流信号转换电路有定频调幅电路和调频电路两种,主要工作于高频。

1. 定频调幅信号转换电路

定频调幅信号转换电路的原理如图 7.4.3(a)所示,其中 R_e 和 L_e 为电涡流线圈原边的等效电阻和等效电感,R_e 随间隙 x 的减小而增大,L_e 随间隙 x 的减小而减小,谐振频率随着 x 的减小而增大。调幅信号转换电路的频率恒定,选择最大间隙时的谐振角频率 ω_0。因此定频 ω_0 恒流 $\dot{I}_{in}$ 激励下,输出电压为

$$\dot{U}_{out} = \dot{I}_{in} Z = \dot{I}_{in} \left[\frac{(R_e + j\omega_0 L_e)\dfrac{1}{j\omega_0 C}}{R_e + j\omega_0 L_e + \dfrac{1}{j\omega_0 C}} \right] \quad (7.4.6)$$

一般谐振角频率 ω_0 为高频信号,满足 $R_e \ll \omega_0 L_e$,则由式(7.4.6)可得

$$\dot{U}_{out} \approx \dot{I}_{in} \frac{\dfrac{L_e}{R_e C}}{\sqrt{1 + \left[\dfrac{L_e}{R_e}\left(\dfrac{\omega_0^2 - \omega^2}{\omega_0}\right)\right]^2}} \approx \dot{I}_{in} \frac{\dfrac{L_e}{R_e C}}{\sqrt{1 + \left(\dfrac{2L_e}{R_e}\Delta\omega\right)^2}} \quad (7.4.7)$$

式(7.4.7)中 ω 为涡流线圈的谐振频率(rad/s),是与涡流有关的变量,与涡流线圈的等效电感 L_e 有关,$\omega = \dfrac{1}{\sqrt{L_e C}}$,随间隙 x 的减小而增大。$\Delta\omega$ 为失谐频率偏移量,$\Delta\omega = \omega_0 - \omega$,是定频角频率与电涡流线圈间隙为 x 时谐振频率的差值,即间隙 x 对应的谐振频率偏离最大间隙谐振频率的值。

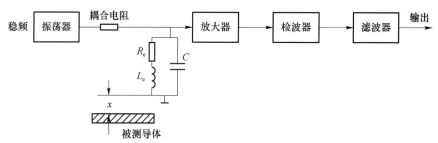

(a) 定频调幅信号转换电路原理

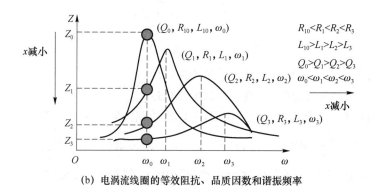

(b) 电涡流线圈的等效阻抗、品质因数和谐振频率

图 7.4.3 定频调幅信号转换电路

综上可知,当间隙为最大值时,$\Delta\omega = 0$,$\omega_0 = \omega$,输出达到最大,为 $\dot{U}_{out} = \dot{I}_{in}\dfrac{L_e}{R_e C}$。对非导磁

金属,随间隙 x 的减小,涡流增大,L_e 减小,ω 增大,R_e 增大,因此式(7.4.7)的分子减小而分母增大,则输出电压随间隙 x 的减小而减小,谐振频率增大,如图 7.4.3(b)所示。

定频调幅信号转换电路输出信号是测量位移的调幅波电压,电压的幅值与测量位移有关,电压的幅值随间隙 x 的减小而减小,然后将调幅波输入放大器放大,经检波器鉴相,最后经过滤波器滤除高频信号,解算出缓变的位移,如图 7.4.3(a)所示。

2. 调频信号转换电路

调频电路虽然应用范围没有定频条幅电路广泛,但是电路简单,线性范围宽。调频电路将 LC 谐振回路和放大器结合构成 LC 振荡器,通过激磁频率调整,使得电路工作频率等于谐振频率 $\dfrac{1}{\sqrt{L_e C}}$,则此时调频电路输出电压为谐振电压,电压的幅值为谐振电压的峰值,根据式(7.4.7)可知,输出电压为

$$\dot{U}_{out} = \dot{I}_{in} \frac{L_e}{R_e C} \tag{7.4.8}$$

当电涡流传感器的间隙 x 减小时,涡流效应增大时,L_e 减小,R_e 增大,谐振频率增高,谐振电压输出幅值减小。调频电路有两种检测的方式:一种为调频鉴幅式,利用频率与幅值同时随位移变化的特点,测出图 7.4.4(a)所示的谐振电压的幅值,如图中谐振曲线的包络线所示,根据谐振电压幅值解算位移大小,与定频调幅法类似经过鉴相和滤波,完成位移的测量;另一种方式是直接输出频率,如图 7.4.4(b)所示,信号转换电路中的鉴频器将调频信号转换为电压输出。

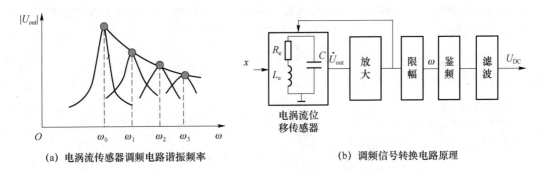

(a) 电涡流传感器调频电路谐振频率　　　　(b) 调频信号转换电路原理

图 7.4.4　调频信号转换电路

7.5　霍尔位移传感器

7.5.1　霍尔元件的结构及工作原理

1. 霍尔效应

霍尔效应是由美国物理学家霍尔于 1879 年发现。如图 7.5.1 所示,将通以激励电流 I 的金属或半导体薄片,置于磁感应强度为 B 的磁场,则在垂直于电流和磁场的方向上将产生电动势 U_H,这个电动势称为霍尔电势或霍尔电压,这种现象称为霍尔效应。

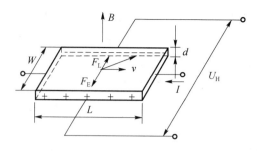

图 7.5.1　霍尔效应

霍尔效应的产生是由于运动电荷在磁场中受到洛仑兹力作用的结果。假设在 N 型半导体薄片的控制电流端通以电流 I，那么，半导体中的载流子（电子）将沿着电流反向运动。若在垂直于半导体薄片平面的方向上加以磁场 B，由于洛仑兹力 F_L 的作用，电子向一边偏转，并使该边形成电子积累；另一边积累正电荷，于是产生电场。该电场阻止运动电子的继续偏转。载流子（电子）偏转方向和受到洛仑兹力为

$$F_L = -ev \times B \qquad (7.5.1)$$

式中：F_L——载流子（电子）洛仑兹力矢量（N）；

　　　v——运动电荷速度矢量（m/s）；

　　　B——磁感应强度矢量（T）；

　　　e——电荷电量（C），1.602×10^{-19} C。

载流子（电子）为带负电粒子，运动方向与正电荷相反，因此式(7.5.1)前冠以负号。

当电场作用在运动电子上的力 F_E 与洛仑兹力 F_L 相等时，电子的积累便达到动态平衡。这时，在薄片两横端面之间建立的电场称为霍尔电场 E_H，相应的电势就称为霍尔电势 U_H，其大小可用下式表示

$$U_H = \frac{R_H I B}{d} = K_H I B \qquad (7.5.2)$$

式中：R_H——霍尔常数（$m^3 C^{-1}$）；

　　　I——控制电流（A）；

　　　B——磁感应强度（T）；

　　　d——霍尔元件的厚度（m）；

　　　K_H——霍尔元件的灵敏度，$K_H = \dfrac{R_H}{d}$。

由式(7.5.2)可知，霍尔电势的大小正比于控制电流 I 和磁感应强度 B。霍尔元件的灵敏度 K_H 为单位磁感应强度和单位控制电流时输出霍尔电压的大小，电压越大灵敏度越高。由于半导体（尤其是 N 型半导体）的霍尔常数 R_H 要比金属的大得多，所以在实际应用中，一般都采用 N 型半导体材料做霍尔元件。此外，霍尔元件的厚度 d 对灵敏度的影响也很大，元件越薄灵敏度就越高，因此霍尔元件的厚度一般都比较薄。

当控制电流的方向或磁场的方向改变时，洛仑兹力的方向也会改变，则输出的霍尔电势的方向也将改变。但是如果磁场和电流同时改变方向时，则霍尔电势依旧保持原来的方向。

在实际使用中，可以把激励电流 I 或外磁场感应强度 B 作为输入信号，或同时将两者作为输入信号，而输出信号则正比于 I 或 B，或为两者的乘积。

2. 霍尔元件的结构

霍尔元件的结构如图 7.5.2 所示，为一长方形薄片。在垂直于 y 轴的两个侧面上，对应地

附着两个电极,用以导入激励电流,称为激励电极或控制电极。在垂直于 x 轴的两个端面的正中贴两个金属电极用以引出霍尔电势,称为霍尔电极。这个电极沿 b 向的长度力求小,且要求在中点,这对霍尔元件的性能有直接影响。垂直于 z 的表面要求光滑即可,外面用陶瓷、金属或环氧树脂封装即成霍尔元件。

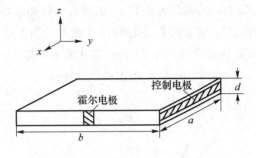

图 7.5.2　霍尔元件的结构

霍尔元件是一个四端元件,由霍尔片、四根引线和壳体组成,在检测电路中一般有两种表示方法,如图 7.5.3 所示。

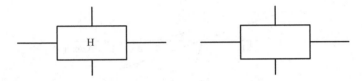

图 7.5.3　霍尔元件的表示方法

霍尔元件一般采用 N 型的锗、锑化铟和砷化铟等半导体单晶材料制成,一般地,在高精度检测中,大多采用锗和砷化铟元件;而作为敏感元件时,一般采用锑化铟元件。锗元件的灵敏度低,但温度性能和线性度却比较好。锑化铟元件的灵敏度高,但受温度的影响较大。砷化铟元件的灵敏度没有锑化铟元件高,但是受温度的影响却比锑化铟要小,而且线性度也较好,因此采用砷化铟做霍尔元件的材料受到普遍重视。

3. 霍尔位移传感器的工作原理

如图 7.5.4 所示,将霍尔元件置于一个有均匀梯度的磁场中,控制电流 I 保持恒定,当霍尔元件在磁场中移动时,霍尔电势与位移量成正比,可表示为 $U_H = K_x \cdot x$,x 为沿磁场 x 方向的位移量;K_x 为位移传感器的灵敏系数。磁场梯度越大,位移检测的灵敏度越高;磁场梯度越均匀,输出电势线性度越好。

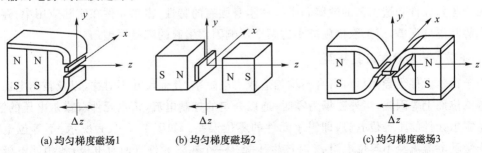

(a) 均匀梯度磁场1　　(b) 均匀梯度磁场2　　(c) 均匀梯度磁场3

图 7.5.4　霍尔位移传感器工作原理

图 7.5.4 是三种霍尔位移传感器的工作原理,霍尔传感器的磁场结构不同。图 7.5.4(a) 的梯度磁场的磁系统简单,静态特性曲线如图 7.5.5 中曲线 1 所示,线性范围窄,且在位移 $\Delta z=0$ 时,有霍尔电势输出,即 $U_H\neq 0$。图 7.5.4(b)中磁系统由两块场强相同,其磁场梯度一般大于 0.03 T/mm,分辨率可达 10^{-6} m,同极相对放置的磁铁组成,两磁铁正中间处作为位移参考原点,即 $z=0$,此处磁感应强度 $B=0$,霍尔电势 $U_H=0$,静态特性曲线如图 7.5.5 中直线 2 所示,在位移量 $\Delta z<2$ mm 范围内,U_H 和 x 间有良好的线性关系。图 7.5.4(c)是两个直流磁系统共同形成一个高梯度磁场,磁场梯度可达 1 T/mm,其灵敏度最高,适于检测振动等微小位移,如图 7.5.5 中曲线 3 所示,在 ± 0.5 mm 位移范围内线性度好。

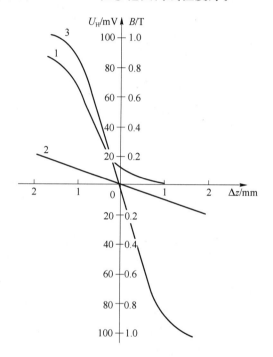

图 7.5.5 霍尔位移传感器静态特性曲线

霍尔式位移传感器可测 ± 0.5 mm 的小位移,其特点是惯性小,响应速度快,可实现非接触检测。同理也可以检测与位移有关的机械量,如力、压力、振动、应变、加速度等。

7.5.2 霍尔传感器的检测电路

由于霍尔元件制造工艺的缺陷和半导体本身固有的特性,霍尔元件在实际应用中,存在不等位电势和温度误差,应采取措施减小这两个影响因素引起的测量误差。

1. 不等位电势误差及其补偿

由于霍尔元件半导体材料自身不均匀造成了电阻率、几何尺寸不对称,以及霍尔电极位置不在等电位面上等因素,当外磁场为零时,通以一定的控制电流,霍尔元件有霍尔电压的输出,这就是霍尔元件的不等位电势,即霍尔元件的零位误差。如图 7.5.6(a)所示,不等位电势可以视作激励电流流经不等位电阻 r_0 时产生压降。一个霍尔元件有两对电极,各相邻电极之间的电阻若为 r_1、r_2、r_3、r_4,在分析不等位电势时,可以把霍尔元件等效为一个四臂电阻电桥,如

图 7.5.6(b)所示。

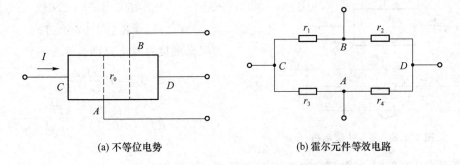

(a) 不等位电势　　　　　　　　　　　(b) 霍尔元件等效电路

图 7.5.6　霍尔元件不等位电势的几种补偿线路

当霍尔电极 A 和 B 处于同一电位面时，$r_1=r_2=r_3=r_4$，电桥处于平衡状态，不等位电势 U_0 为零；反之，则存在不等位电势，U_0 为电桥初始不平衡输出电压。因此，在霍尔元件电路中接入不等电位调整电阻，当磁场为零时，调整电阻使得霍尔电压为零就可以实现不等电势补偿，常用的几种补偿如图 7.5.7 所示。因为不等位电势也具有温度系数，所以还要考虑温度补偿问题。图 7.5.7(a)为不对称电路，补偿电阻 R 与等效桥臂的电阻温度系数一般都不同，因此工作温度变化后原补偿关系即遭破坏，但其电路结构简单，调整方便，能量损失小。图 7.5.7(b)为对称补偿电路，温度变化时补偿稳定性好，但会使霍尔元件的输入电阻减小，输入功率增大，霍尔输出电压降低。

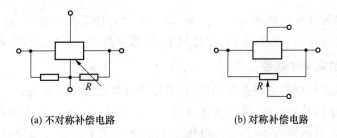

(a) 不对称补偿电路　　　　　　　　　　(b) 对称补偿电路

图 7.5.7　霍尔元件不等位电势补偿线路

2. 温度误差及其补偿

由于霍尔元件由半导体材料制造而成，特性参数具有较大的温度系数，测量时会造成较大的温度误差。为了减小霍尔元件的温度误差，可以采用温度系数较小的半导体材料砷化铟等制造霍尔元件，或者为保证霍尔元件工作于恒温环境，也可以采用温度补偿电路来解决。

常用的霍尔元件温度补偿电路有多种，包括：恒流源激励并联分流电阻补偿电路，恒压源激励输入回路串联电阻补偿电路，以及电桥补偿电路等，下面主要对恒流源激励并联分流电阻的补偿电路进行分析。

恒流源激励并联分流电阻的补偿电路如图 7.5.8 所示。假设初始温度为 T_0，此时霍尔元件的输入电阻为 R_{i0}，选用的补偿电阻为 R_{P0}，补偿分流电阻为 I_{P0}，激励电流为 I_{C0}，霍尔元件的灵敏度 K_{H0}。当温度升为 T 时，$\Delta T=T-T_0$，输入电阻、分流电阻及灵敏度的温度系数分别为 α、β、δ，上述各参数相应为 R_i、R_P、I_P、I_C、K_H，且有关系

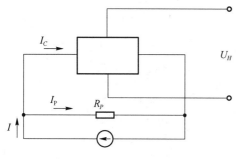

图 7.5.8 温度补偿电路

$$R_i = R_{i0}(1 + \alpha \cdot \Delta T)$$
$$R_P = R_{P0}(1 + \beta \cdot \Delta T) \qquad (7.5.3)$$
$$K_H = K_{H0}(1 + \delta \cdot \Delta T)$$

根据温度补偿电路图 7.5.8 可知

$$I_{C0} = I \frac{R_{P0}}{R_{P0} + R_{i0}} \qquad (7.5.4)$$

$$I_C = I \frac{R_{P0}(1 + \beta \Delta T)}{R_{P0}(1 + \beta \Delta T) + R_{i0}(1 + \alpha \Delta T)} \qquad (7.5.5)$$

当温度变化 ΔT 时,为使霍尔电势不变则必须有如下关系

$$U_{H0} = K_{H0} I_{C0} B = K_H I_C B = U_H$$

$$= K_{H0}(1 + \delta \Delta T) B I \frac{R_{P0}(1 + \beta \Delta T)}{R_{P0}(1 + \beta \Delta T) + R_{i0}(1 + \alpha \Delta T)} \qquad (7.5.6)$$

整理上式得

$$R_{P0} = R_{i0} \frac{\alpha - \beta - \delta}{\delta} \qquad (7.5.7)$$

对于确定的霍尔元件,其参数 R_{i0}、α、δ 是确定值,可由上式求得分流电阻 R_{P0} 及要求的温度系数,分流电阻可取温度系数不同的两种电阻进行串并联,能够起到很好的温度补偿效果。

7.5.3 霍尔集成传感器

霍尔集成传感器有线性型和开关型两种,集成霍尔元件采用集成化,将霍尔元件与放大、整形等变换电路集成在同一芯片上,具有体积小、灵敏度高、价格便宜、性能稳定等优点。

1. 线性型霍尔集成传感器

线性型霍尔集成传感器是将霍尔元件、恒流源和线性放大器等集成在一块芯片上,工作时输入工作电压,则输出伏级电压,使用非常方便。如图 7.5.9 所示为双端差动输出的线性霍尔器件 UGN3501M。当磁场为零时,输出电压等于零,如果存在不等位电势,则在 5、6、7 脚外接一微调电位器,通过微调,消除不等位电势引起的差动输出零点漂移。当霍尔集成传感器感受的磁场为正向(磁钢的 S 极对准 UGN3501M 的正面)时,输出为正;磁场反向时,输出为负。

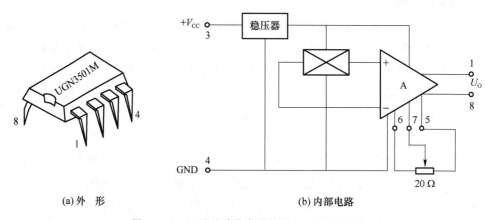

(a) 外 形　　　　　　　　(b) 内部电路

图 7.5.9 双端差动输出线性霍尔集成传感器

2. 开关型霍尔集成传感器

UGN3020 为开关型霍尔集成传感器,外形和内部电路框图如图 7.5.10 所示,由霍尔元件、稳压器、差分放大器、施密特触发器、OC 门(集电极开路输出门)等电路集成在同一芯片上制成。当外加磁场强度达到或超过规定的工作点时,OC 门由高阻态变成导通状态,输出为低电平;当外加磁场强度低于释放点时,OC 门重新变为高组态,输出变为高电平。

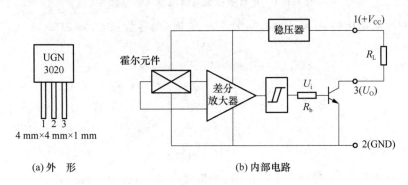

图 7.5.10　开关型霍尔集成传感器

7.6　电容式位移检测

电容式敏感元件在结构上分为平行板式和圆柱同轴式,两种结构的电容式敏感元件都是通过改变物理量来改变电容敏感元件的 ε,S,δ 和改变敏感元件的电容量 C 来实现检测的,因此有变间隙、变面积和变介质三类电容式敏感元件。

变间隙电容式敏感元件一般用来检测微小的线位移(如小到 $0.01~\mu m$);变面积电容式敏感元件一般用来检测角位移(如小到 $1''$)或较大的线位移;变介质电容式敏感元件也可以用来测位移,常用于检测介质的某些特性,如湿度、密度等参数。

电容式敏感元件的优点主要有:结构简单,非接触式检测,灵敏度高,分辨率高,动态响应好,可在恶劣环境下工作等;其缺点主要有:受干扰影响较大,特性稳定性差,易受电磁干扰,高阻输出状态,介电常数受温度影响大,有静电吸力等。因此使用电容式敏感元件要注意扬长避短。

7.6.1　电容式敏感元件

1. 变间隙电容式敏感元件

平行极板变间隙电容式敏感元件结构如图 7.6.1 所示,如果忽略边缘电场效应,其电容为

$$C = \frac{\varepsilon S}{\delta} = \frac{\varepsilon_r \varepsilon_0 S}{\delta} \tag{7.6.1}$$

式中:ε_0——真空中的介电常数(F/m),$\varepsilon_0 = \dfrac{10^{-9}}{4\pi \times 9}$ F/m;

ε_r——极板间的相对介电常数,$\varepsilon_r = \varepsilon/\varepsilon_0$,对于空气约为 1。

由式(7.6.1)可知:电容量 C 与极板间的间隙 δ 成反比,且与极板间的间隙 δ 的关系为非线性关系。因此变间隙测量时,间隙变化只能在较小范围内。

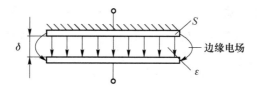

图 7.6.1　平行极板变间隙电容式敏感元件

当极板间隙从初始的 δ_0 减小 $\Delta\delta$，变为 $\delta_0 - \Delta\delta$ 时，电容量从 C_0 增加 ΔC

$$\Delta C = \frac{\varepsilon S}{\delta_0 - \Delta\delta} - \frac{\varepsilon S}{\delta_0} \qquad (7.6.2)$$

故

$$\frac{\Delta C}{C_0} = \frac{\dfrac{\Delta\delta}{\delta_0}}{1 - \dfrac{\Delta\delta}{\delta_0}} \qquad (7.6.3)$$

一般间隙变化量很小，即满足 $\left|\dfrac{\Delta\delta}{\delta_0}\right| \ll 1$，则将式（7.6.3）展为级数形式为

$$\frac{\Delta C}{C_0} = \frac{\Delta\delta}{\delta_0}\left[1 + \frac{\Delta\delta}{\delta_0} + \left(\frac{\Delta\delta}{\delta_0}\right)^2 + \cdots\right] \qquad (7.6.4)$$

忽略式（7.6.4）的非线性项，得到输出电容的相对变化 $\dfrac{\Delta C}{C_0}$ 与相对输入位移 $\dfrac{\Delta\delta}{\delta_0}$ 的近似线性关系

$$\frac{\Delta C}{C_0} \approx \frac{\delta}{\delta_0} \qquad (7.6.5)$$

灵敏度 K 为单位间隙变化引起的电容量的相对变化量，则 K 为

$$K = \frac{\dfrac{\Delta C}{C_0}}{\Delta\delta} = \frac{1}{\delta_0} \qquad (7.6.6)$$

忽略式（7.6.4）中 $\dfrac{\Delta\delta}{\delta_0}$ 二次方以上各项，则输出电容的相对变化 $\dfrac{\Delta C}{C_0}$ 与相对输入位移 $\dfrac{\Delta\delta}{\delta_0}$ 的非线性关系为

$$\left(\frac{\Delta C}{C_0}\right)_2 = \frac{\Delta\delta}{\delta_0}\left(1 + \frac{\Delta\delta}{\delta_0}\right) \qquad (7.6.7)$$

对于变间隙的电容式敏感元件，式（7.6.5）为线性输出特性，如图 7.6.2 所示中直线 1；式（7.6.7）为忽略二次以上小量的非线性特性，如图 7.6.2 所示中曲线 2。

如果图 7.6.2 所示曲线 2 的参考直线采用端基直线 3 进行线性化，输出电容的相对变化 $\dfrac{\Delta C}{C_0}$ 与相对输入位移 $\dfrac{\Delta\delta}{\delta_0}$ 的线性关系为

$$\left(\frac{\Delta C}{C_0}\right)_3 = \frac{\Delta\delta}{\delta_0}\left(1 + \frac{\Delta\delta_m}{\delta_0}\right) \qquad (7.6.8)$$

式中，$\Delta\delta_m$ 为极板的最大位移。

图 7.6.2 所示非线性曲线 2 对于参考直线 3 的非线性误差为

$$\Delta y = \left(\frac{\Delta C}{C_0}\right)_2 - \left(\frac{\Delta C}{C_0}\right)_3 = \frac{\Delta\delta}{\delta_0}\left(\frac{\Delta\delta - \Delta\delta_m}{\delta_0}\right) \qquad (7.6.9)$$

欲求非线性误差的最大值,即式(7.6.9)的最大值,则求 $\dfrac{\mathrm{d}(\Delta y)}{\mathrm{d}(\Delta \delta)}$ 并令 $\dfrac{\mathrm{d}(\Delta y)}{\mathrm{d}(\Delta \delta)} = 0$。则当 $\Delta \delta = 0.5\Delta \delta_m$ 时,式(7.6.9)非线性误差取极值,其绝对值为

$$(\Delta y)_{\max} = \frac{1}{4}\left(\frac{\Delta \delta_m}{\delta_0}\right)^2 \tag{7.6.10}$$

则相对非线性误差为

$$\xi_L = \frac{(\Delta y)_{\max}}{\left(\dfrac{\Delta C}{C_0}\right)_{3\max}} = \frac{\dfrac{1}{4}\left(\dfrac{\Delta \delta_m}{\delta_0}\right)^2}{\dfrac{\Delta \delta_m}{\delta_0} + \left(\dfrac{\Delta \delta_m}{\delta_0}\right)^2} \times 100\% \tag{7.6.11}$$

通过上面分析,可得以下几点结论:

① 由式(7.6.6)可知,欲提高灵敏度 K,应减小初始间隙 δ_0,但应考虑电容器承受击穿电压的限制及增加装配工作的难度。

② 由式(7.6.10)和式(7.6.11)可知,非线性将随相对位移的增大而增加,因此为保证线性度,应当限制动极片的相对位移。通常取 $|\Delta \delta_m / \Delta \delta|$ 约为 $0.1\sim 0.2$,此时非线性误差约为 $2\%\sim 5\%$。

③ 为改善非线性,可以采用差动方式,如图 7.6.3 所示。当一个电容增加时,另一个电容则减小。结合适当的信号变换电路形式,可以得到非常好的特性,如图 7.6.9 所示。

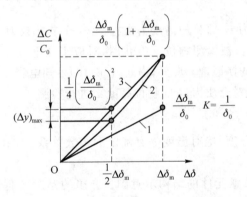

图 7.6.2　变间隙电容式敏感元件特性

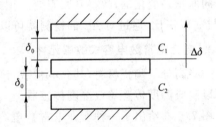

图 7.6.3　变间隙差动电容式敏感元件

2. 变面积电容式敏感元件

图 7.6.4 给出了平行极板变面积电容式敏感元件原理图,当不考虑边缘效应时,当极板移动 Δx,电容量减少,ΔC 为

$$\Delta C = \frac{\varepsilon b(a - \Delta x)}{\delta} - \frac{\varepsilon ba}{\delta} = -\frac{\varepsilon b}{\delta}\Delta x \tag{7.6.12}$$

灵敏度 K 为单位间隙变化引起的电容量的相对变化量,则 K 为

$$K = \frac{\Delta C}{\Delta x} = -\frac{\varepsilon b}{\delta} \tag{7.6.13}$$

变面积式电容传感器是线性的,灵敏度 K

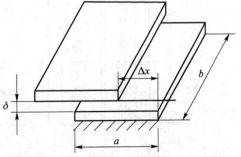

图 7.6.4　平行极板变面积电容式敏感元件

为一常数,可以通过增大 b 或减小 δ,获得更大的灵敏度 K。极板宽度 a 不影响 K,但影响边缘效应。

圆筒形变面积电容式敏感元件常用于液位的测量,如图 7.6.5 所示,当不考虑边缘效应时,可视作两个电容的并联,其圆筒形电容的特性方程为

$$C=\frac{2\pi\varepsilon_0(h-x)}{\ln\left(\dfrac{R_2}{R_1}\right)}+\frac{2\pi\varepsilon_1 x}{\ln\left(\dfrac{R_2}{R_1}\right)}=\frac{2\pi\varepsilon_0 h}{\ln\left(\dfrac{R_2}{R_1}\right)}+\frac{2\pi(\varepsilon_1-\varepsilon_0)x}{\ln\left(\dfrac{R_2}{R_1}\right)}=C_0+\Delta C \tag{7.6.14}$$

$$C_0=\frac{2\pi\varepsilon_0 h}{\ln\left(\dfrac{R_2}{R_1}\right)} \tag{7.6.15}$$

$$\Delta C=\frac{2\pi(\varepsilon_1-\varepsilon_0)x}{\ln\left(\dfrac{R_2}{R_1}\right)} \tag{7.6.16}$$

式中:ε_1——某一种介质(如液体)的介电常数(F/m);

ε_0——空气的介电常数(F/m);

h——极板的总高度(m);

R_1——内电极的外半径(m);

R_2——外电极的内半径(m);

x——介质 ε_1 的物体高度(m)。

综上可知,圆筒形电容敏感元件介电常数为 ε_1 部分的高度为被检测 x,介电常数为 ε_0 的空气部分的高度为 $(h-x)$,为两个相容的并联。被检测物位 x 变化时,对应于介电常数为 ε_1 部分的面积是变化的,故将其归于变面积式的变换原理。此外,由式(7.6.16)可知电容变化量 ΔC 与 x 成正比,通过对 ΔC 的检测就可以实现对介质为 ε_1 的物位高度 x 进行检测。

3. 变介电常数电容式敏感元件

一些高分子陶瓷材料,其介电常数与环境温度、绝对湿度等有确定的函数关系,利用其特性可以制成温度传感器或湿度传感器。

图 7.6.6 给出了一种变介电常数电容式敏感元件的结构示意图。介质的厚度 d 保持不变,相对介电常数 ε_r 变化,从而导致电容发生变化。

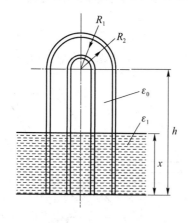

图 7.6.5 圆筒形变面积电容式敏感元件

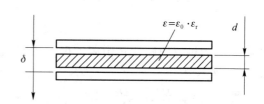

图 7.6.6 变介电常数的电容式敏感元件

7.6.2　电容式变换元件的信号转换电路

电容式变换元件将被检测转换为电容变化后,需要采用一定信号转换电路将其转换为电压、电流或频率信号,常见的变换电路有交流不平衡电桥电路、变压器电桥电路、双 T 型充放电电路(二极管电路)、差动脉冲宽度调制电路等。

1. 交流不平衡电桥电路

交流电桥电路如图 7.6.7 所示,当极板位于初始位置时,电桥平衡,平衡条件为

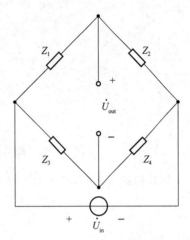

$$\frac{Z_1}{Z_2} = \frac{Z_3}{Z_4} \tag{7.6.17}$$

Z_1,Z_2,Z_3 和 Z_4 为复阻抗,平衡条件包括阻抗的幅值条件和相角条件,交流电桥的平衡条件为

$$\begin{cases} |Z_1||Z_4| = |Z_2||Z_3| \\ \varphi_1 + \varphi_4 = \varphi_2 + \varphi_3 \end{cases} \tag{7.6.18}$$

图 7.6.7 所示的交流电桥一般由图 7.6.3 所示的2 个差动电容式传感器构成四臂差动交流电桥,当物理量变化时,其中两个电容值增大,两个电容值减小,且电容变化量 ΔZ_i 微小,且满足 $\left|\dfrac{\Delta Z_i}{Z_i}\right| \ll 1$,则交流电桥的电压输出为

图 7.6.7　交流电桥电路

$$\dot{U}_{out} \approx \dot{U}_{in} \frac{Z_1 Z_2}{(Z_1 + Z_2)^2}\left(\frac{\Delta Z_1}{Z_1} + \frac{\Delta Z_4}{Z_4} - \frac{\Delta Z_2}{Z_2} - \frac{\Delta Z_3}{Z_3}\right) \tag{7.6.19}$$

这是交流电桥不平衡输出的一般表述,实际应用时有多种简化的方案。

2. 变压器式电桥电路

变压器式电桥电路的原理如图 7.6.8 所示,差动电桥电路将电容极板的位移变换为不平衡电压,送入放大器、相敏解调器和滤波器,实现位移的检测。

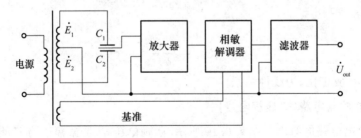

图 7.6.8　变压器式电桥电路

电容 C_1,C_2 是差动电容,当极板位于中间位置时,变压器式电桥平衡,满足

$$\frac{\dot{E}_1}{\dot{E}_2} = \frac{C_2}{C_1} \tag{7.6.20}$$

即当被检测变化时,极板偏离中间位置时,两个电容一个增大,另一个减小,且变化量相同,通过差动电桥变换为电桥的电压输出,即 Z_f 上的电压,差动电容等效电路如图 7.6.9 所示。电桥输出电压为

$$\dot{U}_{\text{out}} = \dot{I}_f Z_f = \frac{(\dot{E}_1 C_1 - \dot{E}_2 C_2)\mathrm{j}\omega}{1 + Z_f(C_1 + C_2)\mathrm{j}\omega} Z_f \tag{7.6.21}$$

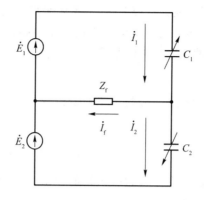

图 7.6.9 变压器式差动电桥等效电路

如果初始平衡时,$\dot{E}_1 = \dot{E}_2 = \dot{E}$,$C_1 = C_2 = C$,$Z_f = R_f$,$\Delta C_1 = \Delta C_2 = \Delta C$,则电桥输出为

$$U_{\text{out}} = \frac{2\omega E R_f \Delta C}{\sqrt{1 + 4\omega^2 R_f^2 C^2}} \tag{7.6.22}$$

$\dot{U}_{\text{out}}$ 与 $\dot{E}$ 的相移为

$$\varphi = \arctan \frac{1}{2\omega R_f C} \tag{7.6.23}$$

由式(7.6.23)可知,当 $R_f \to \infty$ 时,$\varphi = 0$,根据式(7.6.21),可得

$$\dot{U}_{\text{out}} = \frac{\dot{E}(C_1 - C_2)}{C_1 + C_2} \tag{7.6.24}$$

对于平行极板差动电容器

$$C_1 = \frac{\varepsilon S}{\delta_0 - \Delta\delta}, \quad C_2 = \frac{\varepsilon S}{\delta_0 + \Delta\delta}$$

则

$$\dot{U}_{\text{out}} = \frac{\dot{E}\Delta\delta}{\delta_0} \tag{7.6.25}$$

输出电压与 $\Delta\delta/\delta_0$ 成正比,为线性关系。

3. 双 T 型充放电电路(二极管电路)

双 T 型充放电电路的原理如图 7.6.10 所示,激励电压 u_{in} 是振幅值为 E 的高频(MHz 级)方波振荡源,电容 C_1、C_2 可以是差动方式的电容组合,也可以一个是固定电容,另一个是受感电容;R_f 为输出负载;D_1、D_2 为两个二极管;R 为常值电阻。假设二极管正向导通时电阻为零,反向截止时电阻为无穷大,通过双 T 型充放电电路的变换,将电容的变化转换为负载电阻 R_f 上的电流。

双 T 型充放电电路在激励电压正半周和负半周的工作过程分别如图 7.6.11(a)、(b)所示,电路负载电流动态过程如图 7.6.12 所示,为了更好地表示电路的动态过程,图中 RC 电路的时间常数比较大,在实际使用中时间常数通常比较小,一般小于激励电压周期的 1/5。

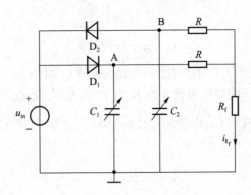

图 7.6.10　双 T 型充放电电路

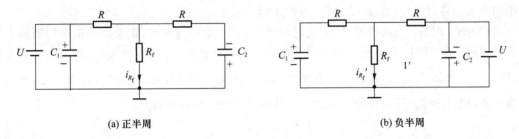

(a) 正半周　　　　　　　　　　　　　　(b) 负半周

图 7.6.11　电路工作过程

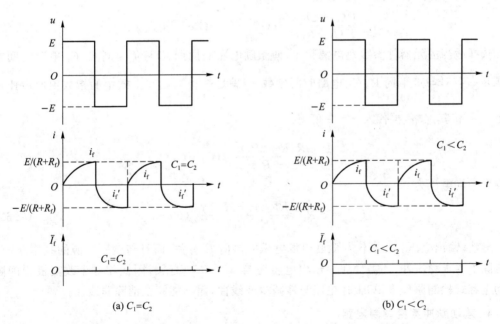

(a) $C_1=C_2$　　　　　　　　　　　(b) $C_1<C_2$

图 7.6.12　负载电流波形 $\left(\text{动态过程示意图，实际电路}\dfrac{T}{\tau_1}>5,\dfrac{T}{\tau_2}>5\right)$

当激励电压 u_{in} 在正半周时，双 T 型充放电电路二极管 D_2 截止，D_1 导通，电路如图 7.6.11(a)所示。电容 C_1 在电路换路瞬间被强制充电为 E，电容 C_2 组成 $R_{eq}C_2$ 电路放电，负载电阻 R_f 的电流 $i_{R_f}(t)$ 为激励电压电流和 C_2 放电电流之和，实际方向与 i_{R_f} 相同，$R_{eq}=R+\dfrac{RR_f}{R+R_f}$，时间常

数 $\tau_2 = R_{eq}C_2$，表示为

$$i_{R_f}(t) = \frac{E}{R+R_f}(1-e^{-\frac{t}{\tau_2}}) \tag{7.6.26}$$

当激励电压 u_{in} 在负半周时，双 T 型充放电电路二极管 D_1 截止，D_2 导通，电路如图 7.6.11(b)所示。电容 C_2 在电路换路瞬间被强制充电为 E，电容 C_1 组成 $R_{eq}C_1$ 电路放电，负载电阻 R_f 的电流 $i'_{R_f}(t)$ 为激励电压电流和 C_1 放电电流之和，实际方向与 i'_{R_f} 相反，$R_{eq}=R+\dfrac{RR_f}{R+R_f}$，时间常数 $\tau_1 = R_{eq}C_1$，表示为

$$i'_{R_f}(t) = \frac{E}{R+R_f}(e^{-\frac{t}{\tau_1}}-1) \tag{7.6.27}$$

当 $C_1 = C_2$ 时，$\tau_1 = \tau_2$，正半周和负半周的动态过程对称，故在一个周期内，流经负载 R_f 上的平均电流为零，即 $\bar{I}_f = 0$，如图 7.6.12(a)所示。

当 $C_1 < C_2$ 时，$\tau_1 < \tau_2$，即 C_1 放电的过程要比 C_2 放电的过程快，正半周和负半周的动态过程不再对称，负半周比正半周的动态过程快，在一个周期内，流经负载 R_f 上的平均电流为负值，即 $\bar{I}_f < 0$，如图 7.6.12(b)所示。如果 $C_1 > C_2$ 时，在一个周期内，流经负载 R_f 上的平均电流为正值，即 $\bar{I}_f > 0$。所以输出电流在一个周期 T 内对时间的平均值为

$$\bar{I}_f = \frac{1}{T}\int_0^T [i_{R_f}(t) + i'_{R_f}(t)]\,dt \tag{7.6.28}$$

将式(7.6.26)和式(7.6.27)代入式(7.6.28)，可得

$$\bar{I}_f = \frac{R(R+2R_f)}{T(R+R_f)^2}Ef(C_1 - C_2 - C_1 e^{-\frac{T}{\tau_1}} + C_2 e^{-\frac{T}{\tau_2}}) \tag{7.6.29}$$

选择适当的元器件参数及电源频率，使激励电压的周期 T 与负半周 $R_{eq}C_1$ 电路时间常数 τ_1 满足 $\dfrac{T}{\tau_1} > 5$，与正半周 $R_{eq}C_2$ 电路时间常数 τ_2 满足 $\dfrac{T}{\tau_2} > 5$，则在上式中的指数项所占比例将不足 1%，将其忽略，再代入 $f = \dfrac{1}{T}$ 可得

$$\bar{I}_f \approx \frac{R(R+2R_f)}{(R+R_f)^2}Ef(C_1 - C_2) \tag{7.6.30}$$

故输出平均电压为

$$\bar{U}_{out} = \bar{I}_f R_f \approx \frac{RR_f(R+2R_f)}{(R+R_f)^2}Ef(C_1 - C_2) \tag{7.6.31}$$

显然，输出电压 $\bar{U}_{out}$ 不仅与激励电源电压的幅值 E 有关，而且与激励电源的频率 f 有关，因此除了要求稳压外，还需稳频。输出电压还与 $(C_1 - C_2)$ 有关，因此相对于改变极板间隙的差动电容式检测原理来说，上述电路只能减少非线性，而不能完全消除非线性。

4. 差动脉冲宽度调制电路

差动脉冲宽度调制电路原理如图 7.6.13 所示，包括电压比较器 A_1，A_2，双稳态触发器及差动电容 C_1，C_2 组成的充放电回路，电阻 R_1R_2，二极管 D_1D_2 等，双稳态触发器的两个输出端为电路的输出电压。

如果电源接通时，双稳态触发器的 A 端为高电位，B 端为低电位，则 A 点通过 R_1 对 C_1 充电，M 点的电位为

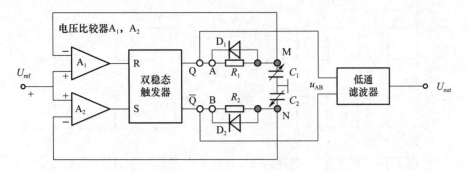

图 7.6.13　差动脉冲调宽电路

$$U_M = U_1 \left(1 - e^{-\frac{t}{R_1 C_1}}\right) \tag{7.6.32}$$

式中, U_1 为触发器输出的高电平(V)。

当经过 $T_1 = R_1 C_1 \ln \dfrac{U_1}{U_1 - U_{ref}}$ 时, M 点的电位等于直流参考电压 U_{ref}, 比较器 A_1 产生脉冲, 触发双稳态触发器翻转, A 端为低电位, B 端为高电位。此时 M 点电位经二极管 D_1 从 U_{ref} 迅速放电至零; 而同时 B 点的高电位经 R_2 对 C_2 充电, N 点的电位为

$$U_N = U_1 \left(1 - e^{-\frac{t}{R_2 C_2}}\right) \tag{7.6.33}$$

当经过 $T_2 = R_2 C_2 \ln \dfrac{U_1}{U_1 - U_{ref}}$ 时, N 点的电位充至参考电压 U_{ref}, 比较器 A_2 产生脉冲, 触发双稳态触发器翻转, A 端为高电位, B 端为低电位, 又重复上述过程。周而复始, 在双稳态触发器的两端各自产生一宽度受电容 C_1, C_2 调制的脉冲方波。

当 $C_1 = C_2$ 时, 电路上各点电压信号波形如图 7.6.14(a)所示, A, B 两点间的平均电压等于零。

当 $C_1 > C_2$ 时, 则电容 C_1, C_2 的充放电时间常数就要发生变化, 电路上各点电压信号波形如图 7.6.14(b)所示, A, B 两点间的平均电压不等于零。输出电压 U_{out} 经低通滤波后获得, 表示为

$$U_{out} = \frac{T_1 - T_2}{T_1 + T_2} U_1 \tag{7.6.34}$$

当电阻 $R_1 = R_2 = R$ 时, 式(7.6.34)可改写为

$$U_{out} = \frac{C_1 - C_2}{C_1 + C_2} U_1 \tag{7.6.35}$$

由式(7.6.35)可知: 差动电容的变化使充电时间不同, 导致双稳态触发器输出端的方波脉冲宽度不同而产生电压输出。不论对于变面积式还是变间隙式电容变换元件, 都能获得线性输出。同时脉冲宽度还具有与双 T 型充放电电路相似的特点: 不需附加相敏解调器就可以获得直流输出。输入信号为 100 kHz~1 MHz 的矩形波, 所以直流输出只需经低通滤波器简单地引出即可。由于低通滤波器的作用, 对输出矩形波的纯度要求不高, 只需要电压稳定度较高的直流参考电压 U_{ref} 即可, 这比其他检测线路中要求高稳定度的稳频稳幅的交流电源易于做到。

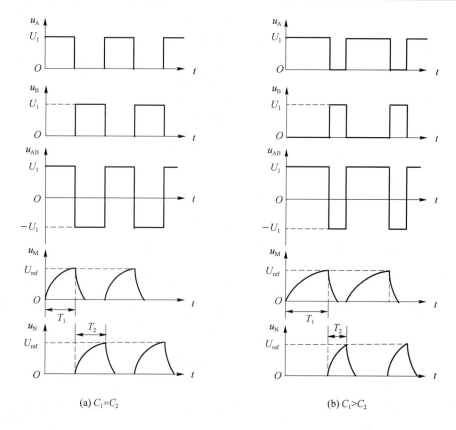

(a) $C_1 = C_2$　　　　　　　　　　　　(b) $C_1 > C_2$

图 7.6.14　电压信号波形图

5. 运算放大器式电路

运算放大器式电路的原理如图 7.6.15 所示。假设运算放大器是理想的,开环增益足够大,输入阻抗足够高,则输入输出关系为

$$u_{\text{out}} = -\frac{C_f}{C_x} u_{\text{in}} \qquad (7.6.36)$$

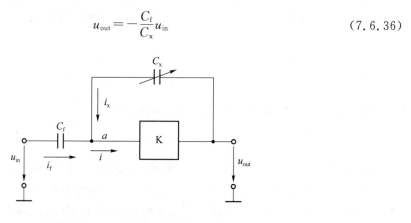

图 7.6.15　运算放大器式电路

对于变间隙式电容变换器,$C_x = \dfrac{\varepsilon S}{\delta}$,则

$$u_{out} = -\frac{C_f}{\varepsilon S}u_{in}\delta = K\delta \qquad (7.6.37)$$

$$K = -\frac{C_f}{\varepsilon S}u_{in}$$

输出电压 u_{out} 与电极板的间隙成正比,很好地解决了单电容变间隙式变换器的非线性问题,该方法特别适用于微结构传感器。实际运算放大器不能完全满足理想情况,非线性误差仍然存在。由式(7.6.37)可知,信号变换精度还取决于信号源电压的稳定性,所以需要高精度的交流稳压源。由于其输出亦为交流电压,故需要经精密整流变为直流输出,这些附加电路将使整个变换电路变得复杂。

7.7　航空工程案例——飞机操纵面位置检测

飞机操纵系统是用来传递飞行员的操纵指令,使飞机各操纵面按指令的规律偏转,产生气动操纵力和力矩,来实现各种飞行姿态的稳定控制。因此,它在很大程度上影响飞机的飞行性能和安全。

飞机操纵面(舵面)是飞机实现操纵控制能力的主要手段,准确预测舵面气动特性和铰链力矩是飞机舵面设计和操纵系统设计的重要依据。舵面设计主要依赖工程经验,然后通过风洞试验,获得舵面特性和铰链力矩特性,如果不满足设计要求,则通过调整舵面参数再次进行风洞试验,循环往复直至满足设计要求为止。飞机操纵面位置检测是实验与设计改进环节的重要技术手段。此外,多操纵面飞机存在交叉耦合效应,容易产生虚拟控制误差和舵效中和等问题。以操纵面偏量为参数,可以构建目标函数,优化设计多操纵面控制策略分配方法,实现从控制指令到操纵面的合理精确分配。

1. 舵面偏度检测

飞机舵面偏度是试飞测试系统所需要采集的重要参数,能够反映飞机的舵面变化,对于考核飞机的飞行性能有着重要的作用。传统的飞机舵面偏度校准方法大多采用接触式检测方法,一般选用电阻式的线位移传感器或角位移传感器检测飞机舵面偏度。电阻式传感器虽然量程大,但精度差(毫米级),已经无法满足当前舵面偏度检测精度的需求。基于计量圆光栅的舵偏角检测方法精度高,但量程无法应用于大型客机舵面偏度的校准。

旋转可变差动变压器(RVDT)属于电感式位移传感器,实际上是铁芯可动变压器,由一个初级线圈、两个次级线圈、铁芯、线圈骨架、外壳等部分组成。当铁芯处于线圈骨架的中间位置时,两个次级线圈输出的电动势 V1 和 V2 相等,输出电压为零;当铁芯偏离中间位置时,两个次级线圈的电动势 V1 和 V2 不相等,输出一定的电压。RVDT 传感器具有环境适应性强、坚固耐用;零位稳定、精度高;抗冲击能力强、耐振极限高等优点。

RVDT 传感器安装在飞机舵面的转动机构上,通过 RVDT 采集板卡,试飞测试系统可以采集到包含舵面转动角度的数字信号,因此必须建立该数字信号与舵面偏度的真实关系,试飞测试系统才可以获得飞机舵面偏度物理量值。通过在飞机舵面安装角规校准仪器,可以得到真实的舵面偏度,根据 RVDT 相应的数字信号,确立 RVDT 传感器的校准,并可以得到舵面偏度与 RVDT 传感器数字信号的校准关系。通过校准,RVDT 传感器便可以真实采集到飞机舵面偏度的量值。

除了接触式检测方法以外,基于全站仪、双目视觉等技术的非接触式检测方法,在飞机舵面偏度检测中也被成功应用。

2. 舵面参数测试校准

飞机舵面参数测试校准是对位移传感器通过拉杆或挠性联轴节与飞机的活动部分相连的系统校准。传统舵面参数测试校准设备采用数显有线倾角仪,校准过程属于多参数联合校准,需手动逐点记录,工作效率低,并且收放线缆也会增加额外的工作量。针对飞行试验过程中舵面参数校准出现的精度及效率低等问题,中国飞行试验研究院设计出了一套基于无线传感网络的舵面参数测试校准系统。

飞机舵面参数测试校准中,操纵杆/盘和舵面随动,需多参数联合校准。根据机载环境要求,中国飞行试验研究院设计了无线传感网络系统星形拓扑结构,总体设计方案如图 7.7.1 所示。无线倾角仪分布在飞机被测舵面位置,舵面位置发生改变时,无线倾角仪输出舵面的转动角度,通过无线发送模块将角度信息发送至传感器网关,网关通过 485/USB 串口与校准计算机进行通信,同时机载数据采集器通过网线与校准计算机进行数据交互。

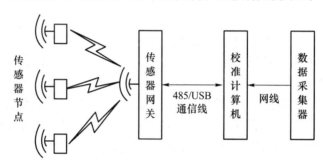

图 7.7.1　基于无线传感网络的舵面参数测试校准

系统硬件由传感器节点(包括倾角传感器、无线发射装置等)、传感器网关(包括无线接收装置等)、校准计算机、数据采集器、各通信线缆等构成。其中传感器网络节点由 6 个功能模块组成,即传感模块、计算模块、存储模块、通信模块、电源模块和嵌入式软件系统。传感器网关具有无线接收、数据流和信息流的汇总传递功能,与校准计算机通过 485/USB 串口通信线连接,校准计算机通过向网关发送读取寄存器的指令,获取相应的数据信息。舵面参数测试自动化校准软件可实现对无线传感网络节点角度信息、机载数据采集系统输出码值信息的接收、处理等功能,保证机载数据采集系统和无线传感网络的同步性,避免人为误差,提高测试精度。

习题与思考题

7.1　什么是莫尔条纹?莫尔条纹有哪些特点?

7.2　简述光栅位移测量的原理。

7.3　简述光栅式位移测量位移方向判别原理。

7.4　光栅式位移传感器采用四倍细分原理时,若某一光电元件所转化成的电压信号描述为:$u_3 = U_m \sin \dfrac{2\pi x}{d}$,试写出其他三个光电元件应转化的电压信号的形式。

7.5　差动变压器、感应同步器和电涡流式位移测量都是变电感式的传感器,从敏感原理上他们之间有何异同？

7.6　简述差动变压器位移测量的原理。

7.7　简述差动变压器次级线圈的接线方法和原因。

7.8　差动变压器输出的是什么信号？为什么？

7.9　简述差动变压器全波差动整流电路的工作原理。

7.10　简述差动相敏检波电路的工作原理。

7.11　简述感应同步器位移测量的原理和特点。

7.12　简述直线感应同步器滑尺余弦绕组和正弦绕组的空间位置关系，并简述原因。

7.13　简述直线感应同步器滑尺余弦绕组和正弦绕组加载直流励磁时，定尺绕组的感应电动势是什么？与位移有什么关系？

7.14　简述感应同步器分别采用鉴幅型和鉴相型位移测量时，励磁信号加载方法和位移测量原理。

7.15　某感应同步器采用鉴相型检测电路解算被测位移，当定尺节距为 0.5 mm，激励电压为 $5\sin 500t$ V 和 $5\cos 500t$ V 时，定尺上的感应电动势为 $2.5\times10^{-2}\sin(500t+\frac{\pi}{5})$ V，试计算此时的位移。

7.16　某感应同步器采用鉴相型检测电路解算被测位移，当定尺节距为 0.8 mm，激励电压为 $5\sin 1\,500t$ V 和 $5\cos 1\,500t$ V 时，定尺上的感应电动势为 $2\times10^{-2}\cos(1\,500t+\frac{\pi}{5})$ V，试计算此时的位移。

7.17　什么是电涡流效应？基于电涡流效应可以测量哪些常见的物理参数？

7.18　电涡流位移测量的定频调幅和调频转换电路的工作原理是什么？

7.19　现有一种电涡流式位移传感器，其输出为频率，特性方程形式为 $f=e^{(bx+a)}+f_\infty$。已知 $f_\infty=2.333$ MHz，见题表 7.1 所列的一组标定数据：

题表 7.1　一电涡流式位移传感器的一组标定数据

位移 x/mm	0.3	0.5	1.0	1.5	2.0	3.0	4.0	5.0	6.0
输出 f/MHz	2.523	2.502	2.461	2.432	2.410	2.380	2.362	2.351	2.343

试求该传感器的工作特性方程及符合度（采用曲线化直线的拟合方法，并用最小二乘法作直线拟合）。

7.20　什么是霍尔效应？为了获得较高的检测灵敏度，霍尔元件的几何结构有什么特点？

7.21　简述霍尔位移测量原理。

7.22　简述霍尔传感器温度误差产生的主要原因，以及恒流源激励并联分流温度补偿的原理。

7.23　举例说明集成霍尔元件的特点和工程应用实例。

7.24　电容式位移传感器有几种类型，请简述位移检测的原理？

7.25　简述交流不平衡电桥电路位移测量的原理。

7.26　简述变压器式电桥电路位移测量的原理。

7.27　简述双 T 型充放电网络测量原理及特点。

7.28 简述差动脉冲宽度调制电路测量的原理。

7.29 题图 7.1 给出了差动变极距位移传感器的结构及其电桥检测电路。$u_{in}=U_m\sin\omega t$ 为激励电压。试建立输出电压 u_{out} 与被测位移 $\Delta\delta$ 的关系,并说明该检测方案的特点。

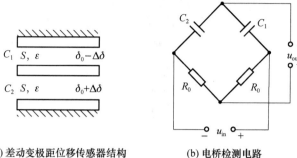

(a) 差动变极距位移传感器结构 (b) 电桥检测电路

题图 7.1 差动变极距位移传感器结构图及其电桥检测电路

7.30 上题图 7.1(a)为差动变极矩型电容式位移传感器的结构,某工程师设计了题图 7.2(a)、题图 7.2(b)两种检测电路,欲利用电路的谐振频率检测位移 $\Delta\delta$,试分析这两种方案。

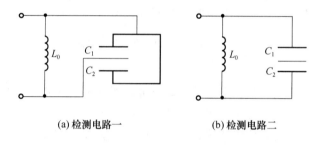

(a) 检测电路一 (b) 检测电路二

题图 7.2 差动变极距位移传感器结构图及其两种检测电路

7.31 某变极距型电容式位移传感器的有关参数为:$\delta_0=1\text{ mm}$,$\varepsilon_r=1$,$\varepsilon_0=8.85\times10^{-12}\text{ F/m}$,$S=314\text{ mm}^2$;当极板极距减小 $\Delta\delta=10\text{ }\mu\text{m}$ 时,试计算该电容式传感器单位极距变化引起的电容变化量以及单位极距变化引起的电容的相对变化量。

第8章　运动速度、转速、加速度和振动检测

8.1　运动速度测量

速度是单位时间位移的变化量,单位是 m/s。运动速度常见的检测方法包括微积分电路法、平均速度法、磁电感应测速法和激光测速法等。

8.1.1　微积分电路法

速度的检测可以变换为位移和加速度的检测。因为速度是位移对时间的微分,加速度是位移对时间的积分,将位移传感器的输出信号通过微分电路进行微分,或者将加速度传感器输出电信号通过积分电路进行积分,即可得到速度信号。这种方法的主要问题是微分会增强信号中低幅高频噪声成分,积分会随着测量时间的增长引起累计误差。另外对于输出为交流信号的传感器,其输出经过调解和滤波后所得到的信号中存在载频纹波,这也给测量带来一定的麻烦。

8.1.2　平均速度法

平均速度法是通过已知的位移 Δx 和发生位移的时间 Δt 来测量平均速度 $\bar{v}$,即

$$\bar{v} = \frac{\Delta x}{\Delta t} \tag{8.1.1}$$

对于恒定不变的速度,取较长的时间间隔 Δt 和相应的位移 Δx 可获得较高的测量精度。而对于变化较快的速度,则应取较短的时间间隔和相应的位移。

平均测速法需要精确测量发生位移 Δx 的时间间隔 Δt,可采用适当的电路在位移 Δx 始末两端触发出两个脉冲,利用该脉冲控制计数器对已知的时钟脉冲进行计数,则可得

$$\Delta t = N \frac{1}{f} \tag{8.1.2}$$

式中:f——时钟信号频率(Hz);

N——两个脉冲之间的时间内的计数值。

图 8.1.1 是一个接近式位移传感器,由绕有感应线圈的永久磁铁组件和空心圆柱体组成,空心圆柱体由非导磁性铝材料制成,其上镶有已知长度 Δx 的导磁性材料。空心圆柱体上的导磁体未进入永久磁铁组件之前,磁路的磁阻最大并保持恒定,磁通恒定不变,感应线圈上无感应电势。当圆柱体上的导磁体开始进入到永久磁铁系统内并继续向前移动时,磁路的磁阻和磁通不断变化,在线圈上产生感应电势。当圆柱体上的导磁体全部进入到永久磁铁组件之后,磁路的磁阻达到最小,磁通达到最大。此后,圆柱体继续向前移动时,磁阻和磁通均保持不变,故线圈上的感应电势为零。因此,在圆柱体上的导磁体开始进入和全部进入的两个瞬时,线圈上的感应电势发生突变。将感应电势通过微分电路,在导磁体开始进入和全部进入的两个瞬时形成两个脉冲信号。如果把微分电路的输出接到示波器上,就可读出两脉冲信号之间的时间间隔值,或者用微分电路的输出去控制计数器对已知的时钟脉冲进行计数。

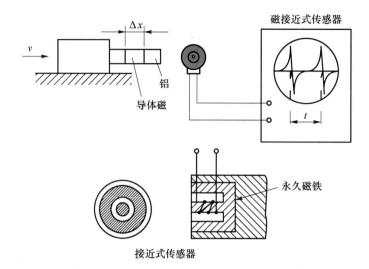

图 8.1.1 利用磁电感应产生控制脉冲信号

轧钢厂钢带运动速度测量原理如图 8.1.2 所示,在距离为 d 的 AB 两个固定位置安装两个光电元件,分别将钢带反射的光信号变换为电信号 $x(t)$ 和 $y(t)$,只要测量钢带移动 d 所需要的时间,就可以获得钢带运动的平均速度 $\bar{v}$。由于 $x(t)$ 和 $y(t)$ 都是钢带反射的电信号,A点位置钢带反射的电信号 $x(t)$,当钢带从 A 点移动到 B 点时,在 B 点变换为电信号 $y(t)$,因此 $x(t)$ 和 $y(t)$ 信号存在时间的延迟,延迟时间为钢带从 A 点移动到 B 点的时间。因此求 $x(t)$ 和 $y(t)$ 的互相关函数 $R_{xy}(\tau) = \lim_{T \to \infty} \frac{1}{T} \int_0^T x(t) y(t+\tau) dt$,$R_{xy}(\tau)$ 将在相当于两点延迟时间上出现极值,此时 $\tau = \tau_d$,如图 8.1.2(b)所示。τ_d 就是钢带移动 d 所需要的时间,则 $\bar{v} = \dfrac{d}{\tau_d}$。

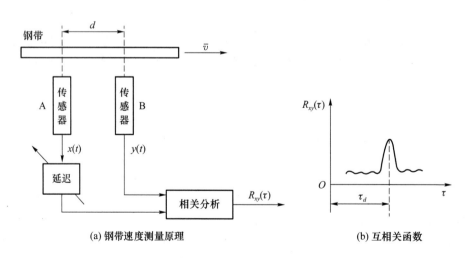

(a) 钢带速度测量原理

(b) 互相关函数

图 8.1.2 钢带运动速度测量

8.1.3 磁电感应测速法

线圈在恒定的磁场中进行切割磁力线运动时,线圈中会产生感应电势,感应电势的大小与线圈的匝数和切割磁力线的速度呈线性关系。根据这个原理可以制成磁电感应式振动速度测量。

振动速度传感器原理如图 8.1.3 所示。其中图(a)是线速度传感器,图(b)为角速度传感器。传感器输出的感应电动势与速度为线性关系,感应电势为

$$e = WBLv = Kv \tag{8.1.3}$$

式中:v——线圈相对于磁场的运动速度(m/s);

　　　B——工作气隙的磁感应强度(T);

　　　L——线圈的有效边长(m);

　　　K——线速度传感器的灵敏度(V·s/m),$K = WBL$。

图 8.1.3 (c)所示频率式角速度传感器的输出电势 e 为交流信号,工作频率取决于转子的转速和齿数。其工作原理是当转子转动时,永久磁铁产生的恒定磁通 ϕ 在反相串联的两个感应线圈间交替分配,从而在线圈上感应出频率与转动角速度成比例的交流电势。

(a) 线速度传感器　　　　　(b) 角速度传感器　　　　　(c) 频率式角速度传感器

图 8.1.3　振动速度传感器

8.1.4　激光测速法

激光测量速度是基于多普勒原理实现的。多普勒原理揭示出,如果波源或接收波的观测者相对于传播媒质而运动,则观测者所测得的频率与波源所发出的振动频率有关系,同时也与波源或观测者的运动速度的大小和方向有关系。

假设波在媒质中的传播速度为 c,波源频率为 f_1,波长为 λ,波源静止不动,即波源运动速度为 $v_1 = 0$;若观测者以速度 $v_2 \neq 0$ 趋近波源,观测者所测得的波源波动频率为 f_2,即在单位时间内越过观测者的波数。由此可见,由于观测者在运动,观测者实际测得的频率 f_2 与光源频率 f_1 之间有一个频差 Δf,频差为

$$\Delta f = f_2 - f_1 = \frac{v_2}{\lambda} = \frac{f_1}{c} v_2 \tag{8.1.4}$$

激光多普勒测速仪的一般原理结构如图 8.1.4 所示。激光器是光源,它发出频率为 f_1 的激光,经过光频调制器(例如声光调制器)调制成频率为 f 的光波,透射到运动体上,再反射到光检测器上。光检测器(例如光电倍增管)把光波转变成相同频率的电信号。

由于激光在空气中传播速度很稳定,因此当运动体的速度为 v 时,反射到光检测器上的光波频率为

$$f_2 = f + \frac{2v}{\lambda} = f + f_d \tag{8.1.5}$$

式中:f_d 为运动体引起的多普勒频移(Hz),即

$$f_{\mathrm{d}} = \frac{2v}{\lambda} \qquad\qquad (8.1.6)$$

光检测器输出的电信号,由电子线路将频移信号的中心频率作适当的偏移,然后再由信号处理器将多普勒频移信号转换成与运动速度相对应的电信号。

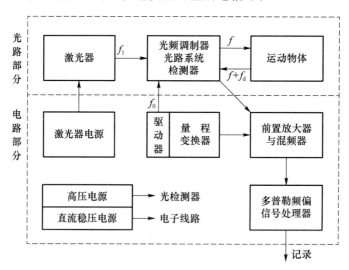

图 8.1.4　激光测速仪原理结构

8.2　转速测量

转速为旋转体每分钟内的转数,单位为 r/min,是工程上一个常见的参数。转速检测的常见方法有离心式、感应式、光电式和闪光频率式转测仪等,按输出信号的形式也可分为模拟式和数字式两类。

8.2.1　离心式转速表

离心式转速表是一种用来检测转动物体瞬时转速的机械式转速表,发明很早,目前仍然广泛应用于发动机、透平机等转速控制系统中的转速测量装置,结构与工作原理如图 8.2.1 所示。

离心式转速表由旋转轴、重锤、弹簧、指针杆以及转速指示结构等组成。当旋转轴以角速度 ω 随被测旋转体一起转动时,沿径向固定在其上的两个重球感受旋转速度 ω 而产生离心力 F_c,使重球向外张开并带动指针杆向上移动而迫使弹簧变形。当弹簧反作用力 F_s 与离心力 F_c 平衡时,指针杆即停留在一定位置,把转速转换成相应的线位移,从而测量出转速。

设 K_c 为敏感小球及相关系统的离心力系数$(\mathrm{N \cdot s^2})$,则离心力 F_c 为

$$F_c = K_c \omega^2 \qquad\qquad (8.2.1)$$

如果采用弹性力与位移的平方成正比的非线性弹簧,K_s 为弹簧的弹性系数$(\mathrm{N/m})$,x 为指针杆的位移(m),则弹簧的弹性力为

$$F_s = K_s x^2 \qquad\qquad (8.2.2)$$

则可得到指针杆的位移与转速是线性关系,当离心力 F_c 与弹性力 F_s 平衡时,弹簧的位移为

$$x = \sqrt{\frac{K_c}{K_s}}\omega \tag{8.2.3}$$

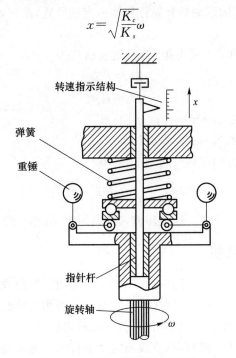

图 8.2.1　离心式转速测量装置

　　离心式转速测量装置是一个机械惯性系统,其特点是结构简单、可靠、测量范围比较宽,可达 20 000 r/min 以上。但测量精度不高,误差一般在 1% ~ 2%;且由于重锤质量大,惯性大而动态特性不好,不适合测量变化较快的转速。

8.2.2　磁性转速表

　　磁性转速表的工作原理是电磁感应原理,将转速转变成转角,实现转速测量的装置。

　　磁性转速表由旋转轴、磁铁、铝盘、游丝、指针和刻度盘组成。其中旋转轴与磁铁固连,磁铁随旋转体一起转动,铝盘与指针轴相固联,指针轴与游丝的自由端固连,带动游丝旋转,产生平衡力矩,游丝固定端和刻度盘固定于壳体,如图 8.2.2 所示。

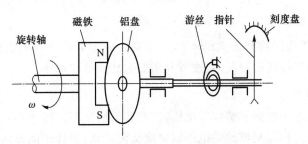

图 8.2.2　磁性转速表原理结构

　　转速测量时,当永久磁铁随被测轴一起按转速 ω 旋转,铝制圆盘敏感旋转的磁场,在铝盘中产生电涡流,电涡流产生的磁场与旋转磁场相互作用而产生与转轴转速 ω 成正比的电磁力矩 M_e。力矩 M_e 驱动铝盘跟随永久磁铁转动,并使游丝产生扭转变形,游丝由于铝盘转角 θ 产

生力矩,游丝反作用力矩 M_s 抵抗铝盘转动。当铝盘上的电磁力矩 M_e 与游丝反作用力矩 M_s 力矩相等时,铝盘以及与其固联的指针轴停留在一定的位置,此时指针的转角 θ 即对应于被测轴的转速。

电磁力矩 M_e 与游丝的反作用力矩 M_s 分别可描述为

$$M_e = K_e \omega \tag{8.2.4}$$

$$M_s = K_s \theta \tag{8.2.5}$$

式中: K_e——电磁力矩系数(N·m·s);

K_s——游丝力矩系数(N·m)。

由式(8.2.4)和式(8.2.5)可得

$$\theta = \frac{K_e}{K_s} \omega \tag{8.2.6}$$

指针的转角 θ 与转速成线性关系。这类转速表结构简单、维修方便,但精度不高。

8.2.3 测速发电机

测速发电机测速的原理是电磁感应原理,与发电机的工作原理一样,都是将机械能转换成电信号输出的装置,与普通发电机不同之处是它有较好的测速特性,输出电压与转速之间有较好的线性关系、较高的灵敏度、较小的惯性和较大的输出信号。

测速发电机分为直流和交流两类,直流测速发电机又分为永磁式和电磁式两种,交流测速发电机分为同步和异步两种,如图 8.2.3 所示。

1. 直流测速发电机

直流测速发电机的平均直流输出电压 $\bar{U}_{out}$ 与转速 n 呈线性关系,可描述为

$$\bar{U}_{out} = \frac{n_p n_c \phi n}{60 n_{pp}} \tag{8.2.7}$$

式中: n_p——磁极数;

n_c——电极导线数;

ϕ——磁极的磁通(Wb);

n——转速(r/min), $n = \dfrac{60\omega}{2\pi}$;

n_{pp}——正负电刷之间的并联路数。

输出电压 $\bar{U}_{out}$ 的极性随旋转方向的不同而改变。由于电枢导线的数目有限,所以输出电压有小纹波。对于高速旋转的情况,纹波可利用低通滤波器来减小。

2. 交流测速发电机

交流测速发电机是一种两相感应发电机,一般多采用鼠笼式转子,为了提高精度有时也采用拖杯式转子。其中一相加交流激励电压以形成交流磁场,当转子随被测轴旋转时,就在另一相线圈上感应出频率和相位都与激励电压相同,但幅值与瞬时转速($n = 60\omega/2\pi$)成正比的交流输出电压 u_{out}。当旋转方向改变时, u_{out} 亦随之发生 $180°$ 的相移。当转子静止不动时,输出电压 u_{out} 基本上为零。

大多数工业交流测速发电机在设计时,都用于交流伺服机械系统,激励频率通常为 50 Hz

或 400 Hz。典型的高精度交流测速发电机以 400 Hz,115 V 电压激励,当转速在 0～3 600 r/min范围时,其非线性约为 0.05％。动态响应频率受载波频率限制,一般为载波频率的 1/10～1/15。

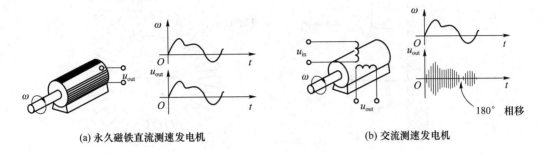

(a) 永久磁铁直流测速发电机　　　　　　　　(b) 交流测速发电机

图 8.2.3　测速发电机

8.2.4　频率量输出的转速测量系统

频率量输出的转速测量系统主要有磁电感应式、电涡流式、霍尔式、磁敏二极管或三极管式和光电式,基于这些变换机理输出频率脉冲信号,转速 n 与脉冲频率 f 成正比,与测量结构中的齿数或槽数或孔数 Z 的倒数成正比,通过转速与这些参数的关系检测转速。

1. 磁电感应式转速传感器

图 8.2.4 所示为磁电感应式转速传感器,由感应线圈、永久磁铁、导磁齿轮和旋转轴组成。当旋转轴随转轴旋转时,带动固连的导磁齿轮旋转,其齿依次通过永久磁铁两磁极间的间隙,使磁路的磁阻和磁通 ϕ 发生周期性突变,因此线圈上感应电动势的频率和幅值为与轴转速成比例的交流电压信号 u_{out}。根据磁电感应原理,线圈感应电压为

$$u_{out} = W \frac{d\phi}{dt} \tag{8.2.8}$$

式中,W——线圈匝数。

导磁齿轮每一个齿通过永久磁铁两磁极间都输出最大的感应电势,感应线圈输出的感应电动势如图 8.2.5 所示,当导磁齿轮反向旋转时,感应电压方向。线圈的感应电动势的频率为

$$f = \frac{nZ}{60} \tag{8.2.9}$$

式中:n——转速;

Z——齿轮的齿数。

当齿轮的齿数 $Z=60$ 时,则

$$f = n \tag{8.2.10}$$

即只要测量频率 f 就可以得到被测的转速。旋转时线圈与齿轮的耦合越紧密,感应电动势的峰值越大,波形越接近于正弦波形。

如果磁电感应式传感器转轴转速较低,磁通 ϕ 对时间的变化率较小,故输出电压幅值较小。当转轴转速继续降低时,电压幅值将会减小到无法检测出的量值,因此这种传感器不适合低速测量。为了提高低转速的测量效果,可采用电涡流式、霍尔式、磁敏二极管(或三极管)式

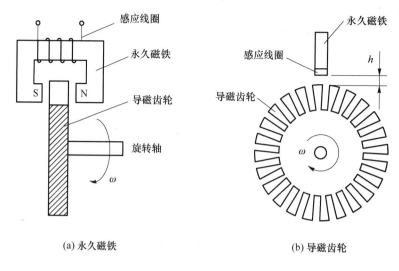

(a) 永久磁铁　　　　　　　　　(b) 导磁齿轮

图 8.2.4　磁电感应式转速传感器

图 8.2.5　感应线圈感应电动势

转速传感器,它们的共同特点是输出电压幅值受转速影响很小。

2. 电涡流式转速传感器

电涡流式传感器测量转速的原理如图 8.2.6 所示,由旋转体和电涡流传感器组成,旋转体有槽状结构和齿状结构两种。槽状结构旋转体如图 8.2.6(a)所示,在旋转体上开一条或多条均布的槽;齿状结构旋转体如图 8.2.6(b)所示,旋转体圆周均布多个齿,旋转体旁边安装一个电涡流式传感器。当旋转体转动时,电涡流传感器就输出周期性变化的电压信号。若旋转轴上有 Z 个槽或者齿,电涡流传感器的脉冲频率为 f,则转轴的转速 n 为

$$n = 60\frac{f}{Z} \tag{8.2.11}$$

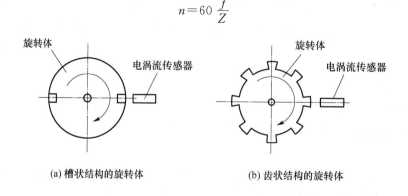

(a) 槽状结构的旋转体　　　　　　　　　(b) 齿状结构的旋转体

图 8.2.6　电涡流式转速传感器

3. 霍尔式转速传感器

霍尔式转速传感器有两种常见的结构,一种如图 8.2.7(a)所示,旋转轴固连非磁性圆盘,

在圆盘圆周边缘等距离地嵌装着一些永磁铁氧体,测量探头由导磁体和置放在导磁体间隙中的霍尔元件组成。测量时,探头对准铁氧体,当圆盘随被测轴一起旋转时,磁感应强度沿圆周方向发生周期性变化,因而通有恒值电流的霍尔元件就输出周期性的霍尔电势,霍尔电势如图 8.2.7(c)所示。

另一种如图 8.2.7(b)所示,旋转轴与齿状导磁铁片固连,与旋转轴一起旋转。在齿状导磁铁片的两端分别安装磁铁和霍尔元件,当齿状导磁铁片随被测轴旋转时,霍尔元件敏感到磁感应强度的周期性变化,因而输出周期性的霍尔电势,霍尔电势也如图 8.2.7(c)所示。

图 8.2.7 所示的霍尔式转速传感器,如果霍尔电压的脉冲频率为 f,由于非磁性圆盘上贴了 3 个磁铁,或者导磁贴片有 3 个齿,则转速为 $n = 60\dfrac{f}{3}$。

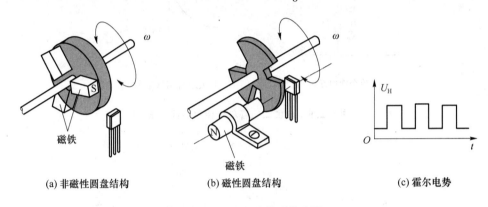

(a) 非磁性圆盘结构   (b) 磁性圆盘结构   (c) 霍尔电势

图 8.2.7   霍尔式转速传感器

4. 磁敏式转速传感器

磁敏二极管和磁敏三极管是比霍尔元件具有更高磁灵敏度的磁电转换元件,其灵敏度是霍尔元件的数百甚至数千倍,能识别磁场极性、体积小、电路简单等优点,以磁敏二极管为例介绍构成转速传感器的原理。

$P^{+}-i-N^{+}$ 型磁敏二极管结构如图 8.2.8 所示,当磁敏二极管外加正向偏压(电源正极接 P 区,负极接 N 区)时,随着它所感受的磁场的变化,其上的电流亦发生变化,即磁敏二极管的等效电阻随磁场不同而变化。

在磁敏二极管中,载流子偏转的程度取决于洛伦兹力的大小,而洛伦兹力与电压和磁场的乘积成正比。如果以恒压源供电,则随正向磁场 H_+ 的增强,流经磁敏二极管的电流减小。如以恒流源供电,则其上的电压降随磁场的场强而增大。磁敏二极管单个使用接线方式如图 8.2.9(a)所示,电压降 ΔU 与磁感应强度 B 的关系曲线如图 8.2.9(b)所示。两只磁敏二极管互补使用的接线图如图 8.2.10(a)所示,电压降 ΔU 与磁感应强度 B 的关系曲线如图 8.2.10(b)所示。所谓互补使用,是把两只性能相同的磁敏二极管按磁敏感面相对或相背重叠放置(即按相反磁极性组合),然后串联在电

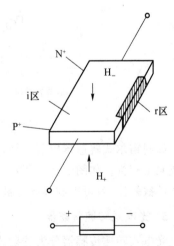

图 8.2.8   磁敏二极管

路中。互补使用不但可以提高磁灵敏度,而且还可以进行温度补偿。

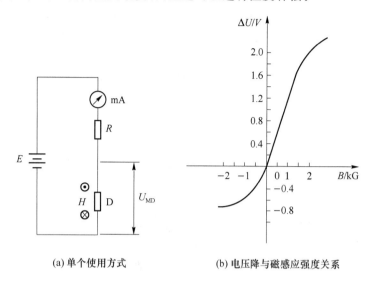

(a) 单个使用方式   (b) 电压降与磁感应强度关系

图 8.2.9　磁敏二极管单个使用接线方式

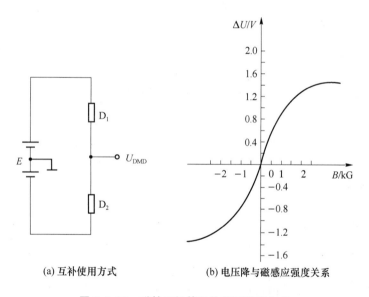

(a) 互补使用方式   (b) 电压降与磁感应强度关系

图 8.2.10　磁敏二极管互补使用接线方式

　　如同霍尔式转速传感器一样,把磁敏二极管或磁敏三极管紧贴在永久磁铁磁极端面上,就组成测量探头。如图 8.2.6 所示,探头正对固定在被测转轴上的齿轮或非导磁体圆盘上交替安装的铁氧体,就可得到频率与被测轴转速成比例的交变电压信号。

5. 光电式转速传感器

　　光电式转速传感器分为透射式和反射式两大类,由光源、光路系统、调制器和光敏元件组成,如图 8.2.11 所示。其中调制器把连续光调制成光脉冲信号,调制器在结构上可以是一个均匀分布的多个缝隙(或小孔)的圆盘,也可在其上涂以黑白相间的条纹。当安装在被测轴上的调制器随被测轴一起旋转时,利用圆盘缝隙(或小孔)的透光性,或黑白条纹对光的吸收或反射性把被测转速调制成相应的光脉冲。光脉冲照射到光敏元件上时,即产生相应的电脉冲信号,从而把转速转换成了电脉冲信号。

透射式光电转速传感器的原理如图 8.2.11(a)所示,当被测轴旋转时,安装在其上的圆盘调制器使光路周期性地交替断和通,因而使光敏元件产生周期性变化的电信号。

反射式光电转速传感器原理如图 8.2.11(b)所示,光源发出的光经过透镜 1 投射到半透膜 4 上。半透膜具有对光半透半反的特性,透射的部分光被损失掉,反射的部分光经透镜 3 投射到转轴上涂有黑白条纹的部位。黑条纹吸收光,白条纹反射光。在转轴旋转过程中,光照处的条纹黑白每变换一次,光线就被反射一次。被反射回的光经过透镜 3 又投射到半透膜 4 上,部分被半透膜反射损失掉,部分透过半透镜并经透镜 2 聚集到光敏元件上,光敏元件就由不导通状态变为导通状态,从而产生一个电脉冲信号。因此,转轴每旋转一圈,光敏元件输出脉冲数与白条纹数目相同。

如果光电信号脉冲频率为 f,周期为 T,调制器的缝隙数或白条纹数为 Z,则测转速 n 为

$$n = 60\frac{f}{Z} \quad \text{或} \quad n = 60\frac{1}{TZ} \tag{8.2.12}$$

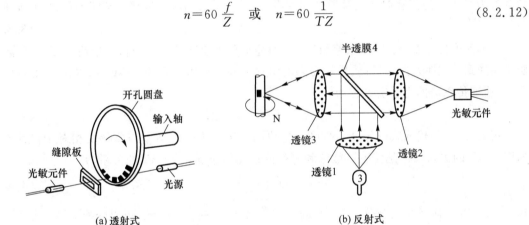

(a) 透射式   (b) 反射式

图 8.2.11 光电式转速传感器

8.3 加速度测量

线加速度是物体在空间运动本质的一个基本物理量,可以通过测量加速度来测量物体的运动状态,是物体重心沿其运动轨迹方向的加速度。加速度与速度、位移存在微分关系,所以加速度的测量可以通过速度和位移的微分运算来获得。

加速度测量在工程实际中有两个主要的应用,一个是加速度通过积分运算获得运动物体的速度和位移,常用于物体运动的加速度、速度和位移的测量。例如飞机的惯性导航系统通过加速度计来测量飞行器的加速度,进而计算飞行的速度、位置、飞行距离以及相对于预定到达点的方向等。另一个是通过测量加速度来判断运动机械系统所承受的加速度负荷的大小,以便正确设计其机械强度和按照设计指标正确控制其运动加速度,以免机件损坏。

线加速度的单位是 m/s²,工程中常以重力加速度 g 作为计量单位,例如 $2g$、$3g$ 等。对于加速度,常用绝对法测量,即把惯性型测量装置安装在运动体上进行测量。

8.3.1 理论基础

加速度传感器可视作由质量块 m、弹簧 k 和阻尼器 c 组成惯性型二阶测量系统,质量块 m 通过弹簧 k 和阻尼器 c 与传感器基座相连接,传感器基座与被测运动体相固联,原理如图 8.3.1(a)所示。加速度传感器进行加速度测量时,传感器基座随运动体一起相对于惯性空间作相对运动。质量块通过弹簧和阻尼器与传感器基座连接,在惯性力作用下与基座之间产生相对位移。质量块敏感加速度并产生与加速度成比例的惯性力,从而使弹簧产生与质量块相对位移相等的伸缩变形,弹簧变形又产生与变形量成比例的反作用力。当惯性力与弹簧反作用力相平衡时,质量块相对于基座的位移与加速度成正比,因此可以通过位移或惯性力来测量加速度。

设加速度传感器检测竖直方向的加速度,设传感器基座相对于惯性空间参考坐标的位移为 x_b,质量块 m 相对于惯性空间参考坐标的位移为 x。选择加速度为零时,质量块重力与弹簧弹性力平衡时为传感器基座参考坐标的零点,设质量块相对于传感器基座的位移为 y,则

$$y = x - x_b \tag{8.3.1}$$

当加速度传感器竖直方向敏感相对于惯性空间的加速度 $\ddot{x}$ 时,分析质量块 m 的受力情况,质量块受到的惯性力为 $m\ddot{x}$;质量块受到的阻尼力和弹性力分别为 $c\dot{y}$ 和 ky,如图 8.3.1(b)所示;加速度传感器的力平衡方程为

$$m\ddot{x} + c\dot{y} + ky = 0 \tag{8.3.2}$$

将式(8.3.1)代入式(8.3.2),得到质量块相对于壳体的位移 y 与质量块相对于惯性空间加速度 $\ddot{x}_b$ 的关系,$\ddot{x}_b$ 是传感器敏感和测量的运动加速度,y 与 $\ddot{x}_b$ 的关系为

$$m\ddot{x} + c\dot{y} + ky = -m\ddot{x}_b \tag{8.3.3}$$

式(8.3.3)为二阶系统的微分方程,令 $\omega_n = \sqrt{\dfrac{k}{m}}$,$\zeta_n = \dfrac{c}{2\sqrt{mk}}$,$\ddot{x}_b = a$ 可以变换为

$$\ddot{y} + 2\zeta_n \omega_n \dot{y} + \omega_n^2 y = -a \tag{8.3.4}$$

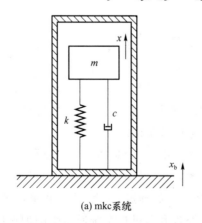

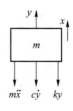

(a) mkc系统　　　　　　　　(b) mkc系统受力分析

图 8.3.1　二阶惯性系统

式中:a——检测的加速度(m^2/s);

ω_n——二阶系统的固有角频率(rad/s);

ζ_n——系统的阻尼比系数；

m——质量块的质量(kg)；

k——弹簧的刚度系数(N/m)；

c——阻尼系数(N·s/m)。

将加速度 a 视作输入，质量块相对于壳体的位移 y 视作输出，则传递函数为

$$H(s)=\frac{Y(s)}{A(s)}=\frac{-1}{s^2+2\zeta_n\omega_n s+\omega_n^2} \tag{8.3.5}$$

设待测的物体在惯性空间以正弦规律振动，振动加速度 $a=a_m\sin\omega t$，当质量块达到稳定振动情况时，质量块相对于壳体的相对位移 y 为

$$y(t)=\frac{\frac{1}{\omega_n^2}a_m}{\sqrt{\left[1-\left(\frac{\omega}{\omega_n}\right)^2\right]^2+\left(2\zeta_n\frac{\omega}{\omega_n}\right)^2}}\sin(\omega t+\varphi) \tag{8.3.6}$$

质量块相对于壳体的相对位移 y 的初相位为

$$\varphi(\omega)=\begin{cases}-\pi-\arctan\dfrac{2\zeta_n\frac{\omega}{\omega_n}}{1-\left(\frac{\omega}{\omega_n}\right)^2}, & \omega\leqslant\omega_n \\[4mm] -2\pi+\arctan\dfrac{2\zeta_n\frac{\omega}{\omega_n}}{\left(\frac{\omega}{\omega_n}\right)^2-1}, & \omega>\omega_n\end{cases} \tag{8.3.7}$$

根据式(8.3.5)可得加速度传感器归一化幅频特性为

$$|H(j\omega)|=\left|\frac{Y_m\omega_n^2}{a_m}\right|=\frac{1}{\sqrt{\left[1-\left(\frac{\omega}{\omega_n}\right)^2\right]^2+\left(2\zeta_n\frac{\omega}{\omega_n}\right)^2}} \tag{8.3.8}$$

幅频特性曲线如图 8.3.2(a)所示，当 $\omega\ll\omega_n$ 时，相对幅值 $|H(j\omega)|\to1$，即测量加速度时要求质量块的质量 m 小，弹簧刚度 k 大。因为只有弹簧较硬时才能传递较多的能量给质量块，使其跟随基座一起振动，但是，当敏感质量 m 太小时，测量的灵敏度非常低，因此通过测量质量块相对于基座的位移 y 来实现的加速度传感器适合于较低频率、较大幅值加速度的测量。事实上，当加速度作用于敏感质量时，所引起的惯性力不仅会产生较大的机械位移，而且还会产生较大的应变或应力。通过测量应变、应力的方式就可以改善上述不足。

通常基于应变、应力测量的加速度传感器，敏感质量块与基座是刚性连接的，传感器基座的位移与敏感质量的位移几乎是一致的。

相频特性如式(8.3.7)所列，相频特性曲线如图 8.3.2(b)所示，相对位移与加速度的相位差随振动加速度角频率从 0 变为 $-\pi$，质量块相对于基座位移的方向与基座的加速度方向相反，因此相对位移的相位随着角频率从 $-\pi$ 变为 -2π。

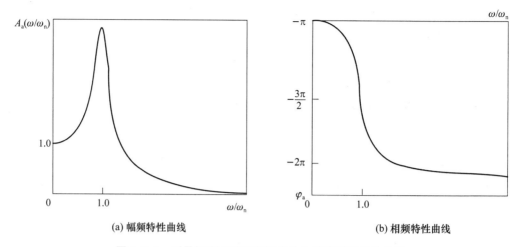

(a) 幅频特性曲线　　　　　　　　　　　　　　(b) 相频特性曲线

图 8.3.2　测量加速度时的幅频特性曲线和相频特性曲线

8.3.2　位移式加速度传感器

根据质量-弹簧-阻尼($m-k-c$)系统可以将加速度转换为与质量块相对于传感器基座的位移,因此,基于变磁阻式、电容式、霍尔式、电位器式位移传感器作为变换器,把质量块的相对位移转变成与加速度成比例的电信号,就可构成各种类型的位移式加速度传感器,如图 8.3.3 所示。

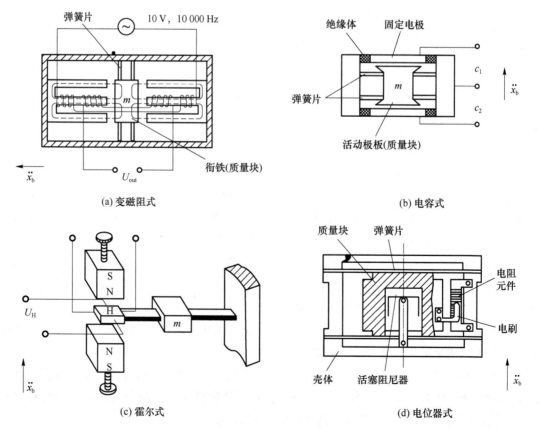

(a) 变磁阻式　　　　　　　　　　　　　　(b) 电容式

(c) 霍尔式　　　　　　　　　　　　　　(d) 电位器式

图 8.3.3　几种位移式加速度传感器原理结构

变磁阻式加速度传感器如图 8.3.3(a) 所示,质量块 m 为差动变压器的衔铁,它通过弹簧片与加速度传感器的壳体连接。当质量块敏感加速度产生相对位移时,差动变压器输出与位移或与加速度成近似线性关系的电压,加速度方向改变时,输出电压的相位相应地改变 $180°$。

电容式加速度传感器如图 8.3.3(b) 所示,质量块 m 为具有活动极板的差动电容器,电容以弹簧片支撑在加速度传感器的壳体上,并以空气作为阻尼。电容式加速度传感器频率响应范围宽,测量范围大。

霍尔式加速度传感器结构如图 8.3.3(c) 所示,质量块 m 固定在弹性悬臂梁的中部,弹性梁自由端固定安装着测量位移的霍尔元件 H,另一端固定在传感器壳体上。在霍尔元件的上下两侧,同极性相对安装着一对永久磁铁,以形成线性磁场,永久磁铁磁极间的间隙可通过调整螺丝进行调整。当质量块感受竖直方向的加速度时,质量块的惯性力使梁发生弯曲变形,自由端就产生与加速度成比例的位移,霍尔元件就输出与加速度成比例的霍尔电势 U_H。

电位器式加速度传感器如图 8.3.3(d) 所示,杯形空心质量块 m 由硬弹簧片支撑,内部装有与壳体相连接的活塞,当质量块感受加速度相对于活塞运动时,就产生气体阻尼效应,阻尼系数可通过一个螺丝改变排气孔的大小来调节。电位器的电刷与质量块刚性连接,电阻元件固定安装在传感器壳体上。质量块带动电刷在电阻元件上滑动,从而输出与位移成比例的电压。因此,当质量块感受加速度时,并在系统处于平衡状态后,电位器的输出电压与质量块所感受的加速度成正比。电位器式加速度传感器主要用于测量变化很慢的线加速度和低频振动加速度。

通过质量-弹簧-阻尼系统将加速度转换为质量块相对位移的加速度传感器一般灵敏度都比较低。因此,通过质量块敏感加速度转换为惯性力,再通过弹性元件把惯性力转变成应变、应力,或通过压电元件把惯性力转变成电荷量,然后通过测量应变、应力或电荷来间接测量加速度,是目前应用较为广泛的加速度测量方法。

8.3.3　应变式加速度传感器

应变式加速度传感器的结构形式繁多,工作原理相似。选择等强度楔形弹性悬臂梁组成的应变式加速度传感器结构如图 8.3.4 所示。等强度楔形弹性悬臂梁一端固定安装在传感器基座上,梁的自由端固定质量块 m,在梁的根部附近粘贴四个性能相同的应变片,上下各两个,应变片接成对称差动电桥。

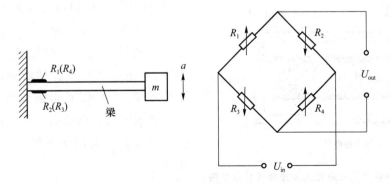

图 8.3.4　应变式加速度传感器原理

假设被测加速度的频率远小于悬臂梁固有频率。在被测加速度 $a(\ddot{x}_b)$ 作用下,R_1 和 R_4

两个应变片感受拉伸应变,电阻增大;另外 R_2 和 R_3 两个应变片感受压缩应变,电阻减小。通过四臂受感电桥将电阻变化转换为电压的变化,获得最大的灵敏度,同时具有良好的线性度及温度补偿性能。当被测加速度为零时,四个桥臂的电阻值相等,电桥输出电压为零。当被测加速度不为零时,四个桥臂的电阻值发生变化,电桥输出电压与加速度成线性关系。从而通过检测电桥输出电压,实现对惯性力的测量,即实现对加速度的测量。

当质量块感受加速度 a 而产生惯性力 F_a 时,在力 F_a 的作用下,悬臂梁发生弯曲变形,其应变 ε 为

$$\varepsilon = \frac{6L}{Ebh^2}F_a = \frac{-6L}{Ebh^2}ma \qquad (8.3.9)$$

式中:L,b,h——梁的长度(m),根部宽度(m)和厚度(m);

$\quad\quad E$——材料的弹性模量(Pa);

$\quad\quad m$——质量块的质量(kg);

$\quad\quad a$——被测加速度(m/s²)。

粘贴在梁两面上的应变片分别感受正(拉)应变和负(压)应变而使电阻增加和减小,电桥失去平衡而输出与加速度成正比的电压 U_{out},即

$$U_{out} = U_{in}\frac{\Delta R}{R_0} = U_{in}k\varepsilon = -\frac{6U_{in}KL}{Ebh^2}ma = K_a a \qquad (8.3.10)$$

$$K_a = -\frac{6U_{in}KL}{Ebh^2}m \qquad (8.3.11)$$

式中:U_{in}——电桥工作电压(V);

$\quad\quad R_0$——应变片的初始电阻(Ω);

$\quad\quad \Delta R$——应变片产生的附加电阻(Ω);

$\quad\quad K$——应变片的灵敏系数;

$\quad\quad K_a$——传感器的灵敏度(V·s²m)。

综上可见,应变式加速度传感器结构简单、设计灵活、具有良好的低频响应,可测量常值加速度。

应变式加速度传感器应变片也可以采用非粘贴方式,如图 8.3.5 所示由金属应变丝作为敏感电阻,质量块用弹簧片和上下两组金属应变丝支撑。应变丝加有一定的预紧力,并作为差动对称电桥的两桥臂。在加速度作用下,一组应变丝受拉伸而电阻增大,另一组应变丝受"压缩"而电阻减小,因而电桥输出与加速度成比例的电压 U_{out}。非粘贴式加速度传感器主要用于测量频率相对较高的振动。

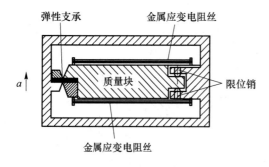

图 8.3.5 一种非粘贴应变式加速度传感器结构

8.3.4　压电式加速度传感器

压电式传感器具有很好的高频响应特性,因此广泛地用于测量力、压力、加速度、振动和位移等。压电式加速度传感器由于体积小、质量小、频带宽(由零点几 Hz～数十 kHz),测量范围宽(由 $10^{-6}\sim10^3$ g),使用温度可达 400 ℃以上,因此广泛用于加速度、振动和冲击测量。

1. 压电式加速度传感器的结构

压电式加速度传感器的结构如图 8.3.6 所示,由质量块 m、弹簧 k、压电晶片和基座组成。整个组件都装在基座上,基座一般较厚,防止应变传到压电晶片上,而产生错误信号。质量块一般由比重较大的材料(如钨或重合金)制成,弹簧的作用是对质量块加载,产生预压力,以保证在作用力变化时,晶片始终受到压缩。为了获得较高的灵敏度,采用电荷放大器时,一般把两片压电元件重叠放置并按并联,采用电压放大器时,两片压电元件重叠放置串联方式连接。

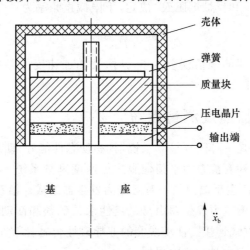

图 8.3.6　压电式加速度传感器的结构

2. 工作原理

当传感器基座随被测物体一起运动时,由于弹簧刚度很大,相对而言质量块的质量 m 很小,即惯性很小,因而可认为质量块感受与被测物体相同的加速度,并产生与加速度成正比的惯性力 F_a。惯性力作用在压电晶片上,就产生与加速度成正比的电荷 q 或电压 u_a,这样通过电荷量或电压来测量加速度 a。

3. 传递函数

压电式加速度传感器主要有三个测量环节,质量-弹簧-阻尼系统将加速度变换为质量块的相对位移,即压电晶体的变形,压电变换元件和测量放大电路。

质量-弹簧-阻尼系统二阶系统将敏感质量块感受到的加速度转换为质量块的机械变形 y,传递函数 $H(s)=\dfrac{Y(s)}{A(s)}$ 如式 (8.3.5) 所列。压电晶片基于压电效应,在压电晶片上就会产生电荷 $q(s)$,电荷量为

$$q(s)=k_{yq}Y(s) \tag{8.3.12}$$

式中,k_{yq} 为转换系数(C/m),表示单位变形量引起的电荷量,它与传感器结构参数、物理参数,

压电晶片的结构参数、物理参数、压电常数等密切相关。

当加速度传感器配置电荷放大器时,其特性 $U_{\text{out}} = -Z_f^{'}qs = -\dfrac{R_f qs}{1+R_f C_f s}$,$Z_f$ 为反馈阻抗,电荷放大器中的反馈是一个电阻 R_f 与一个电容 C_f 的并联,可得电荷放大器输出 $U_{\text{out}}(s)$ 与被测加速度 $A(s)$ 之间的传递函数

$$\frac{U_{\text{out}}(s)}{A(s)} = \frac{R_f k_{yq}s}{1+R_f C_f s} \cdot \frac{1}{s^2 + 2\zeta_n \omega_n s + \omega_n^2} \tag{8.3.13}$$

它相当于一个高通滤波器和一个低通滤波器串联构成的带通滤波器。

4. 频率响应特性

压电式加速度传感器的上限响应频率主要取决于机械部分的固有频率 ω_n 和阻尼比系数 ζ_n,下限响应频率主要取决于压电晶片及放大器。当采用电荷放大器时,传感器的频响下限由电荷放大器的反馈电容 C_f 和反馈电阻 R_f 决定,下限截止频率为

$$\omega_L = \frac{1}{R_f C_f} \tag{8.3.14}$$

当允许高频端和低频端的幅值误差为 5% 时,被测加速度的频率范围大致在 $3\omega_L < \omega < 0.2\omega_n$,一般为几 Hz～数千 Hz。

8.3.5 伺服式加速度测量系统

伺服式加速度传感器是一种闭环检测系统,具有动态性能好、动态范围大和线性度好等特点。如图 8.3.7 所示是一种有静差力平衡伺服式加速度测量系统,由片状弹簧支撑的质量块 m、位移传感器、放大器和产生反馈力的一对磁电力发生器组成。活动质量 m 实际上由力发生器的两个活动线圈构成。磁电力发生器由高稳定性永久磁铁和活动线圈组成,为了提高线性度,两个力发生器按推挽方式连接。活动线圈的非导磁性金属骨架在磁场中运动时,产生电涡流,从而产生阻尼力,因此它也是一个阻尼器。

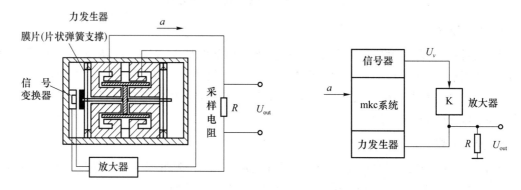

图 8.3.7 有静差力平衡伺服式加速度测量系统

当加速度沿敏感轴方向作用时,活动质量偏离初始位置而产生相对位移。位移传感器检测位移并将其转换成交流电信号,电信号经放大并被解调成直流电压后提供一定功率的电流传输至力发生器的活动线圈。位于磁路气隙中的载流线圈受磁场作用而产生电磁力去平衡被测加速度所产生的惯性力而阻止活动质量继续偏离。当电磁力与惯性力平衡时,活动质量即停止运动,处于与加速度相应的某一新的平衡位置。这时位移传感器的输出电信号在采样电

阻 R 上建立的电压降(输出电压 U_{out})就反映出被测加速度的大小。显然,只有活动质量新的静止位置与初始位置之间具有相对位移时,位移传感器才有信号输出,磁电力发生器才会产生反馈力,因此这个系统是有静差力平衡系统。

由于有反馈作用,增强了抗干扰的能力,提高测量精度,扩大了测量范围,伺服加速度测量技术广泛地应用于惯性导航和惯性制导系统中,在高精度的振动测量和标定中也有应用。

如果在有静差系统的闭环前馈支路内增设积分环节,就可构成无静差系统。

8.4　振动测量

机械振动是物体沿直线或者曲线在平衡位置附近所做的周期性的往复运动,振动的测量包括振动位移(振幅)、振动速度、振动加速度和振动频率的测量,振动加速度的测量在 8.3 节已经介绍过了,下边重点讨论振动位移和振动速度的测量。

物体振动时,振动位移、振动速度和振动加速度都是同时存在,振动频率一样,这几个量相互之间存在积分和微分的关系。

8.4.1　mkc 振动位移测量原理

与基于质量块–弹簧–阻尼器惯性系统加速度测量原理类似,选择如图 8.3.1 所示的质量块–弹簧–阻尼的惯性系统,将质量块相对于惯性空间的位移,转换为相对于壳体的位移,进行振动位移测量,此时质量–弹簧–阻尼参数选择与加速度测量不同。振动位移测量时,输入量为传感器基座相对于惯性空间的位移,即振动体的振动位移,是振动加速度的重积分,从式(8.3.5)可得振动位移的幅频特性和相频特性的表达式为

$$A_x(\omega) = \left| \frac{Y_m}{X_m} \right| = \frac{\left(\dfrac{\omega}{\omega_n} \right)^2}{\sqrt{\left[1 - \left(\dfrac{\omega}{\omega_n} \right)^2 \right]^2 + \left(2\zeta_n \dfrac{\omega}{\omega_n} \right)^2}} \tag{8.4.1}$$

欲将基座相对于惯性空间的位移转换为质量块相对于壳体的位移,为了获得最大的灵敏度,质量块相对于基座的振幅 Y_m 与基座相对惯性空间的振幅 X_m 应相等,即质量块相对惯性空间保持静止。

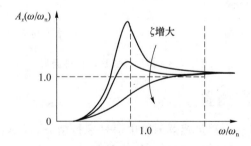

图 8.4.1　测量振动位移的幅频特性

质量块相对于基座的振动位移随振动频率变化,根据式(8.4.1)可知,只有当 $\omega/\omega_n \gg 1$ 时,相对幅值 $A_x(\omega)$ 才接近于 1,即质量块相对于壳体的位移趋近于壳体相对于惯性空间的位移。也就是说,只有当质量块 m 较大即惯性大,弹簧刚度 k 较小时即弹簧较软,ω_n 较小,振动频率

ω 足够高,质量块来不及跟随振动体一起振动,以致相对于惯性空间接近于静止状态时,质量块相对于基座的振幅 Y_m 才近似等于振动体的振幅 X_m。由于弹簧软,振动能量几乎全部被它吸收而产生伸缩变形,伸缩量接近等于振动体的振幅。这就是二阶惯性系统用于测量振幅与测量加速度时在参数选取方面的根本差别。

同样,利用不同的位移传感器作为变换元件,把质量块相对于基座的位移转换成电量,就可构成不同的振动位移传感器。

8.4.2 霍尔式振动位移测量

霍尔式振动位移传感器如图 8.4.2 所示,霍尔元件固定在非导磁材料制成的平板上,平板与顶杆紧固在一起,顶杆通过触头与被测振动体接触,随其一起振动。一对永久磁铁用来形成线性磁场。振动体通过触头、顶杆带动霍尔元件在线性磁场中往返运动,因此霍尔电势就反映出振动体的振幅和振动频率。

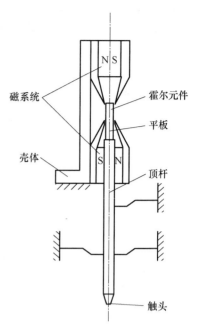

图 8.4.2 霍尔式振动位移
测量原理

8.4.3 电涡流式振动位移测量

电涡流式振动位移传感器如图 8.4.3 所示。图 8.4.3(a)是沿轴向并排放置的几个电涡流传感器,分别测量轴各处的振动位移,从而测出轴的振型。图 8.4.3(b)是测量涡轮叶片的示意图,叶片振动时周期性地改变其与电涡流传感器之间的距离,因而电涡流传感器就输出幅值与叶片振幅成比例、频率与叶片振动频率相同的电压。

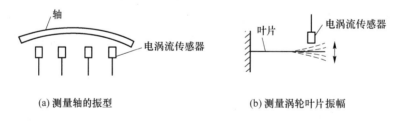

(a) 测量轴的振型　　　　　　　　　　(b) 测量涡轮叶片振幅

图 8.4.3 电涡流式振动位移测量

8.4.4 振动速度测量

振动速度可通过对振动位移传感器的输出信号进行微分,或对振动加速度传感器的输出信号进行积分来测量,也可通过磁电感应式传感器和激光多普勒效应来测量。本节振动速度测量基于 8.4.1 小节所述的质量-弹簧-阻尼系统,将基座相对于惯性空间的位移转换为磁电感应装置的振动位移,通过磁电感应,变换为感应电压,与振动速度成比例,实现了振动速度的测量。

磁电感应式振动速度传感器分为动圈式和动铁式两种,其工作原理完全相同,都是基于线圈在恒定磁场中运动切割磁力线而在其上产生与它和磁场之间的相对运动速度成正比的感应电势 e 来测量运动速度。

动圈式振动速度传感器如图 8.4.4(a) 所示，常用于监测飞机发动机振动。振动速度传感器由弹簧、线圈、线圈骨架、磁钢、套筒、壳体等组成。磁钢用上、下两个软弹簧支撑，装在不锈钢制成的套筒内，套筒装于线圈骨架内腔中并与壳体相固定，线圈骨架和磁钢套筒起电磁阻尼的作用。线圈组件由不锈钢骨架和由高强度漆包线绕制成的两个螺管线圈组成，两个线圈按感应电势的极性反相串联，线圈骨架与传感器壳体固定在一起。传感器壳体用磁性材料铬钢制成，它既是磁路的一部分，又起磁屏蔽作用。永久磁铁的磁力线从一端出来，穿过工作气隙、磁钢套筒、线圈骨架和螺管线圈，再经由传感器壳体回到磁铁的另一端，构成了一个完整的闭合回路。这样就组成一个质量－弹簧－阻尼系统。线圈和传感器壳体随被测振动体一起振动时，如果振动频率 f 远高于传感器的固有频率 f_n，永久磁铁相对于惯性空间接近于静止不动，因此它与壳体之间的相对运动速度就近似等于振动体相对于惯性空间的振动。在振动过程中，线圈在恒定磁场中往返运动，产生与振动速度成正比的感应电势 e，通过感应电动势的测量就可以实现振动速度的测量。

动铁式振动速度传感器如图 8.4.4(b) 所示，是一种地面使用的振动速度传感器。振动速度传感器由芯轴、磁铁、圆形弹簧片、磁钢、线圈、阻尼杯、壳体等组成。芯轴穿过磁铁中心孔，并由上下两片柔软的圆形弹簧片支撑在壳体上。芯轴一端固定着一个线圈，另一端固定着一个圆筒形阻尼杯。磁铁与传感器壳体固定在一起。线圈组件、阻尼杯和芯轴构成活动质量块 m。当振动频率远高于传感器的固有频率时，线圈组件接近于静止状态，而磁铁随振动体一起振动，从而在线圈上感应出与振动速度成正比的电势。

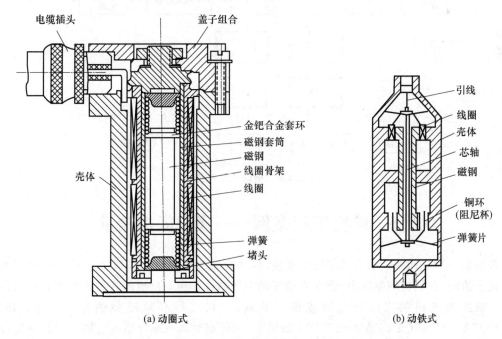

(a) 动圈式　　　　　　　　　(b) 动铁式

图 8.4.4　动圈式振动速度传感器和动铁式振动速度传感器

磁电感应式传感器的敏感的是振动位移，通过磁电感应，转换为与振动速度成正比的感应电动势,实现振动速度测量。如果配以积分电路就可测量振动位移,配以微分电路也可测量振动加速度。由于这种传感器不需要另设参考基准,因此特别适用于运动体,如飞机、车辆等的振动测量。

基于激光测速原理也可以进行激光振动速度测量,激光测量振动测量不需要固定参考系,无接触,不需要在振动体上附加任何其他部件,故不影响振动体本身的振动状态,因而测量精度高、测量频率范围宽,凡是激光能照到的地方都可进行测量,而且使用方便;缺点是易受其他杂散光的影响。由于与激光测速原理相同,这里就不再赘述。

8.4.5　振动测量系统的组成

机械振动测量是一个复杂的测量过程,振动包括振动方向和振动频率。在一个方向的振动中,振动位移、振动速度和振动加速度同时存在,它们之间互为微分和积分关系,因此只要测得其中的一个参数所对应的输出信号,就可通过微分或积分电路而得到对应其余两个参数的信号,故在一般测振系统中大都包括有积分和微分环节。

如图 8.4.5 所示,在一个方向振动测量中,考虑到振动频率的复杂性,一般需要分别选择低频振动传感器和高频振动的测量传感器,低频振动测量(磁电式传感器),为了抑制与被测振动体主振频率无关的其他高频振动,系统一般均设有低通滤波器;高频振动测量(压电式传感器),为了抑制与被测振动体主振频率无关的其他低频振动,系统一般均设有高通滤波器。

综上所述,振动测量时需要根据实际情况,测振系统的结构多种多样。

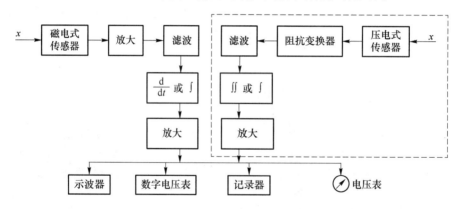

图 8.4.5　振动测量系统

8.5　航空工程案例——飞机颤振测量

颤振是一种气动弹性动力学不稳定现象,具体表现为当飞机在气流中运动并加速到某一临界速度值时,在结构的弹性力、惯性力和气动力等耦合作用下出现的一种振幅不衰减的自激振动。颤振对飞机的飞行安全构成极大威胁,飞机飞行必须避免颤振的发生。按照 GJB 67.7A - 2008以及 CCAR - 25 - R4 的要求,新机定型试飞或合格审定试飞时必须进行颤振飞行试验,以确保新机的各种构型在整个飞行包线范围内都不会发生颤振现象。

传统的飞行包线扩展试验主要采用的是亚临界方法,并不是实际飞到颤振速度。其基本思路是:对选定的每一种试验构型,分别在不同的飞行高度和速度下对飞机进行激励,并记录飞机结构对激励的响应。通过对这些响应的计算分析,求出若干个感兴趣的结构模态的频率和阻尼。根据这些模态频率和阻尼随速度(或速压)的变化规律进行工程外推,来预测飞机的颤振临界速度。地面测试过程中,通常利用 1~15 Hz 的操纵面扫频激励方法对飞机结构进行激励,测量得到的飞机机翼尖部结构响应。不论是飞行测试还是地面测试,对于测量传感器的要求都是具备良好的动态特性,以便充分记录颤振模态。

1. 颤振激励方法

在对飞机结构的激振方式中,通常有小火箭脉冲激振法、翼稍气动小翼激振法、惯性激励器以及操纵面扫频激振法等,这些方法各有优缺点。

操纵面(舵面)扫频激振法是中国颤振飞行试验采用的新方法,它将信号发生器产生的扫频信号作为指令信号输入给舵机,依靠改变舵偏角产生的气动力激励飞机结构振动。操纵面扫频激振法大多使用在具有电传操纵系统的飞机试飞中,基本原理是利用信号发生器生成各种试验所需的电子信号,在有效的安全监控下,通过适当的方式耦合到电传飞行控制系统中,并按规定的要求借助飞行控制系统舵机,控制飞机的操纵面来激励飞机结构。它的基本原理如图 8.5.1 所示。

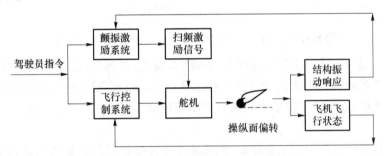

图 8.5.1　颤振舵面扫频激励试验原理

由于颤振模态所在频带高于飞控系统的截止频率及模态陷波器的影响,可忽略飞控系统的反馈指令对试验的影响,将试验系统视为典型的开环系统。在试验时,通常采用多个舵面同时激励,依靠不同位置的多个传感器获得飞机振动信号。若将扫频信号视为输入,传感器测得的振动信号(位移、速度、加速度)视为输出,则处于飞行试验状态下的飞机应被看作是一个多输入多输出系统,可采用线性多变量状态空间模型进行描述。

2. 颤振飞行试验

现代民用飞机设计普遍采用大展弦比机翼,飞机结构柔性大,具有模态频率低且密集的特点。例如 ARJ21 - 700 飞机 6 Hz 以下有 5 阶主要结构模态。而军用飞机机翼展弦比较小,结构刚度相对较大,因此模态频率高(军用飞机主要模态普遍大于 5 Hz),且密集度不显著。因此从颤振试飞技术角度来讲,如何规划颤振试飞方案,获取飞机结构低频密集模态,是民用飞机颤振试飞最主要的技术难题。

以 ARJ21 - 700 飞机为例,介绍飞机颤振试飞测试和数据处理方法。ARJ21 - 700 飞机颤振试飞是国内首次进行的受 FAA 影子审查的民用运输类飞机颤振验证试飞,与以往的军用飞机颤振试飞有显著不同。为了完成 ARJ21 - 700 飞机颤振试飞,首先在飞机上进行测试改装。在飞机左右机翼翼尖前缘、后缘,左右机翼翼中前缘、后缘,垂尾翼尖前缘、后缘,垂尾中部前缘、后缘,左右平尾翼尖前缘、后缘,左右平尾中部前缘、后缘,机身头部、中部、后部,各操纵面,发动机,小翼和内外襟翼等部位共安装 51 个振动加速度传感器,测量结构振动响应加速度值。测试传感器全机布置如图 8.5.2 所示。

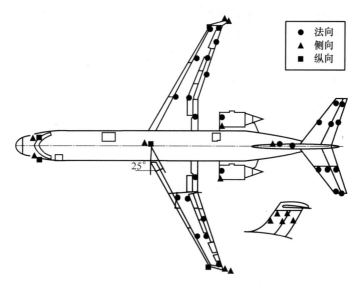

图 8.5.2 ARJ21 – 700 飞机振动加速度传感器全机布置

试飞过程中记录振动加速度以及高度、速度、马赫数、过载、油量等飞行参数,所有测量参数都以脉冲编码调制(PCM)方式记录在机载记录器上。根据飞行安全的需要,还在飞机上加装了一套遥测系统,以便将主要结构部位的振动加速度和飞行参数发送到地面监控站供实时监控。

传感器数据分析与处理的主要任务,首先是计算传感器测量数据的频谱和加速度功率谱密度;然后通过系统辨识方法确定飞机结构的辨识模型,通过参数辨识方法在四个试飞高度的所有试验点上,得到主要模态的频率和阻尼;最后绘制典型高度下机翼对称一弯和反对称一弯模态频率和阻尼随马赫数的变化曲线。

习题与思考题

8.1 测量运动速度的方法主要有哪几种?分别有什么特点?

8.2 简述多普勒原理。

8.3 简述离心式转速表的工作原理及特点。

8.4 简述磁性转速表的工作原理及特点。

8.5 给出一种电涡流式转速传感器的原理结构图,并说明工作工程。

8.6 给出一种霍尔式转速传感器的原理结构图,并说明工作过程。

8.7 给出一种光电频率转速传感器的原理结构图,并说明工作过程。

8.8 以质量块 m、弹簧 k 和阻尼器 c 组成的惯性型二阶测量系统,说明加速度传感器的基本工作原理。

8.9 质量 m、弹簧 k、阻尼器 c 组成的惯性型加速度传感器测量系统,如何选择测量系统的参数?并简述其依据。

8.10　给出一种位移式加速度传感器的原理结构图,说明工作过程及特点。

8.11　给出一种应变式加速度传感器的原理结构图,说明工作过程及特点。

8.12　试建立悬臂梁应变式加速度传感器的传递函数。

8.13　给出一种压电式加速度传感器的原理结构图,说明工作过程及特点。

8.14　压电式加速度传感器的动态特性主要取决于哪些参数? 并分析相位特性。

8.15　给出一种伺服式加速度测量系统原理结构图,说明工作过程及特点。

8.16　振动测量有几种主要方法?

8.17　比较振动位移(振幅)测量与振动加速度测量。

8.18　计算二阶系统在测量振动位移、速度和加速度时的谐振频率点。

8.19　某压电式加速度传感器的电荷灵敏度为 $k_g = 120$ pC/g,若电荷放大器的反馈部分只是一个电容 $C_f = 1\,200$ pF。当被测加速度为 $5\sin 10\,000t$ m/s² ,试求电荷放大器的稳态输出电压。

8.20　题 8.19 中,若电荷放大器的反馈部分除了上述反馈电容外,还有一个并联反馈电阻 $R_f = 2$ MΩ,当被测加速度为 $5\sin 10\,000t$ m/s² 时,试求电荷放大器的稳态输出电压。

8.21　题 8.19 中,若电荷放大器的反馈部分除了上述反馈电容外,还有一个串联反馈电阻 $R_f = 2$ MΩ,当被测加速度为 $5\sin 10\,000t$ m/s² 时,试求电荷放大器的稳态输出电压。

8.22　某电涡流式转速传感器用于测量在圆周方向开有 18 个均布小槽的转轴的转速。当电涡流式传感器的输出为: $U_{out} = U_m \cos\left(2\pi \times 900t + \dfrac{\pi}{3}\right)$,试求该转轴的转速为每分钟多少转? 若考虑测量过程中有 ± 1 个计数误差,那么实际测量可能产生的转速误差为每分钟多少转?

第9章　力、转矩检测

力是重要的物理量之一,转矩是各种机械传动轴的基本载荷,各种机械运动的实质都是力和转矩的传递过程,因此力和力矩的检测具有重要的意义。

9.1　力的检测

力在国际单位制(SI)中是导出量,为质量和加速度的乘积,因此其标准和单位都取决于质量和加速度的标准与单位。质量的国际单位为 kg,加速度的国际单位是 m/s^2,因此力的国际单位是牛顿(N),定义为使 $1\,kg$ 质量的物体产生 $1\,m/s^2$ 加速度的力,即 $1\,N = 1\,kg \cdot 1\,m/s^2 = 1\,kg \cdot m/s^2$。

力体现了物质之间的相互作用,按照产生原因的不同,力分为重力、弹性力、惯性力、膨胀力、摩擦力、浮力、电磁力等。力的测量方法很多,大致有以下六种:

① 力平衡式法,基于比较测量原理,是用一个已知力来平衡待测的未知力,从而获得待测力的大小。平衡力可以是已知质量的重力、电磁力和气动力等。

② 加速度测量法,将待测力 F 作用在已知质量 m 的物体上,使其产生加速度 a,通过测量加速度获得待测力,即根据 $a = F/m$ 实现测力。

③ 压力测量法,将待测力转换成液体或气体的压力,再通过测量压力来测量力。

④ 位移测量法,在力作用下,弹性元件产生变形,测量位移变化获得待测力的大小。

⑤ 利用某些物理效应测量,物体在力作用下会产生某些物理效应,如应变效应、压电效应、压磁效应等,根据这些物理效应来获得力的大小。

⑥ 谐振式测力法,被测力作用在张紧的钢质振动弦丝(或音叉)上,改变弦丝(或音叉)的横向刚度来改变其固有振动频率,通过测量弦丝的固有频率来测量力。

上述方法①、②、③用于静态力或缓慢变化力的测量;而方法④、⑤既可以测量静态力,也可以测量交变力;方法⑥测量静态力或缓慢变化力时精度很高,测量较高频率的交变力时精度有所下降,特别当被测力的交变频率接近于弦丝(或音叉)的固有频率时,测量系统将不能正常工作。

9.1.1　力平衡式测力装置

1. 机械式力平衡装置

机械式测力计工作原理如图 9.1.1 所示,杠杆可绕 M 处刀形支承转动,杠杆左端 N 处悬挂有刀形支承,在支承的下端加载被测力 F。杠杆右端为质量 m 已知的可滑动的砝码 G,当调整砝码 m 的位置使之与被测力 F 平衡时,即杠杆转动中心指针指示平衡位置(竖直方向),此时杠杆力矩达到平衡,即 $Fa = mgb$,则有

$$F = \frac{b}{a}mg \tag{9.1.1}$$

式中：a,b——F 和 mg 的力臂（m），其中 a 为已知的固定值；

　　　　g——当地重力加速度（m/s²）。

从式（9.1.1）可知，当砝码重力 mg 确定了，被测力 F 的大小与砝码的力臂 b 成正比，因此可以在杠杆上直接刻出力的大小，且刻线为线性分布。

机械式测力计结构简单，可以获得很高的测量精度，常用于材料试验机的测力系统中。但这种基于静态重力力矩平衡的测量方法，仅适于静态测量。

2. 磁电式力平衡装置

磁电式力平衡测力是一种伺服式测力系统，原理如图 9.1.2 所示，由光源、光敏元件、放大器和磁电式力发生器（磁铁＋线圈）组成。无外力作用时，系统处于初始平衡位置，光源发出的光线全部遮住，光敏元件无电流输出，力发生器不产生力矩。当被测力 F 作用在杠杆上时，杠杆由于失去平衡发生偏转，遮光窗口打开相应的缝隙。光线通过缝隙，照射到光敏元件上，光敏元件输出与光照成比例的电信号，经放大器放大后，通入磁电力矩发生器的旋转线圈上，线圈产生磁链与磁场相互作用而产生电磁力矩，以平衡被测力 F 与配重（标准质量 m）力的力矩之差，使杠杆重新处于平衡状态。当杠杆处于新的平衡状态时，杠杆的转角与被测力 F 成正比，即放大器输出电信号在采样电阻 R 上的电压降 U_{out} 与被测力 F 成比例。

磁电式力平衡系统与机械式测力杠杆相比较，尺寸小、反应快、便于远距离测量、连续记录和自动控制、使用更方便、受环境条件影响较小。

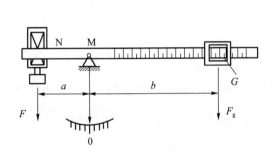

图 9.1.1　机械式测力计

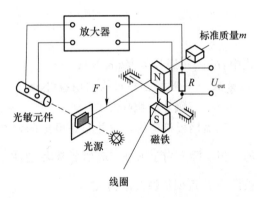

图 9.1.2　磁电式力平衡测力系统

9.1.2　压力式测力系统

1. 液压式测力系统

液压活塞式测力系统的原理如图 9.1.3 所示，系统由活塞、膜片、桥环、油路和油等组成，其中活塞由膜片密封，浮动不与液压缸壁相接触，消除了可能的可变摩擦对测量精度的影响。当被测力 F 作用在活塞上，将引起充满于膜片下面空间的油的压力变化，通过力测量系统的油路，将压力传递到压力传感器，因此可以通过测量油的压力来测量力。液压活塞式测力系统测量范围大，可达几十 MN，精度可达 0.1%，动态性能主要取决于压力敏感元件的动态响应特性。

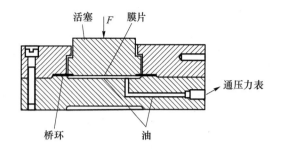

图 9.1.3　液压活塞式测力系统

2. 气压式测力系统

气压式测力系统是闭环测力系统,原理如图 9.1.4 所示。气压式测力系统由恒压源、压力测量装置、加载板、膜片、喷嘴挡板和排气阀等组成,其中喷嘴挡板机构用作一个高增益的放大器。当被测力 F 加到膜片上时,膜片带动挡板向下运动,使喷嘴截面积减小,由于恒压源持续通气,气体压力 p_0 增高。压力 p_0 作用在膜片上产生一个等效集中力 F_p,F_p 力图使膜片返回到初始位置。当 $F=F_p$ 时,喷嘴挡板静止不动,系统处于平衡状态,被测力 F 与气体压力 p_0 满足

$$(F-p_0 S)K_d K_n = p_0 \tag{9.1.2}$$

即

$$p_0 = \frac{F}{S+\dfrac{1}{K_d K_n}} \tag{9.1.3}$$

式中:K_d——膜片柔度(m/N);

　　K_n——喷嘴挡板机构的增益($\mathrm{Nm^{-3}}$);

　　S——膜片面积($\mathrm{m^2}$)。

喷嘴挡板机构的增益并非是恒定的常数,膜片位移 x 与气体压力 p_0 的关系也是非线性的。但实际上由于 $K_d K_n$ 取值非常大,膜片面积 S 与 $\dfrac{1}{K_d K_n}$ 相比,$\dfrac{1}{K_d K_n}$ 可忽略不计,从而可得被测力 F 近似线性关系为

$$F \approx p_0 S \tag{9.1.4}$$

因此可以通过压力 p_0 来测量力 F 的大小。

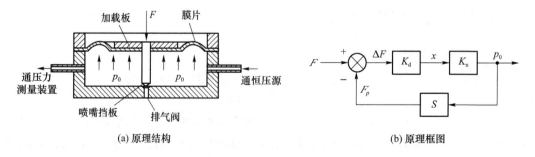

(a) 原理结构　　　　　　　　　　　　　　(b) 原理框图

图 9.1.4　气压式测力系统

9.1.3　位移式测力系统

位移式测力系统先将被测力转换为位移,然后通过位移传感器测量位移,从而实现力的测量。位移式差动变压器测力传感器如图 9.1.5 所示,差动变压器的轴由两个螺旋形挠性元件(弹性元件)支承,安装传动变压器的两端。通过外部螺纹环调节轴与线圈框架的相对位置,使传感器的零位输出为零。当被测力作用于轴时,通过螺旋形挠性元件,衔铁产生与被测力呈线性关系的位移,然后通过差动变压器传感器变换为电信号,从而实现力的测量。

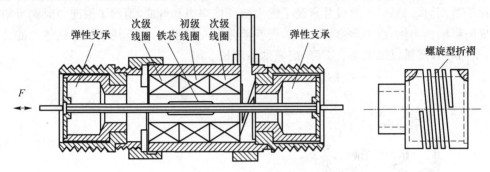

图 9.1.5　差动变压器式力传感器

9.1.4　应变式测力系统

应变式测力系统将被测力作用于弹性元件,将力变换为弹性元件的应变,再基于电阻应效应变换为电阻,通过电桥电路转换为电压,从而实现力的测量。因此弹性敏感元件是应变式测力系统的基础,应变片是测力系统的核心。应变式测力系统中常见的弹性敏感元件有柱式、环式、梁式和 S 形等形式。

应变式测力系统与应变式压力测量系统的工作原理类似,一般采用四个相同的应变片,当被测力变化时,其中两个应变片感受拉伸应变,电阻增大;另外两个应变片感受压缩应变,电阻减小。然后将四个应变片组成四臂差动电桥,将电阻变化转换为电压输出,以获得最大的灵敏度、良好的线性度以及温度补偿性能。

1. 柱式测力传感器

柱式测力传感器用于测量较大的力,最大量程可达 10 MN,柱式弹性元件通常都做成圆柱形或者方柱形。在载荷较小时(1～100 kN),多采用空心柱体,可以提高灵敏度,同时也便于粘贴应变片和减小由于载荷偏心或侧向分力引起的弯曲影响。如图 9.1.6(a)所示,由于方形空心柱体纵向应变与横向应变是互为反向变化,所以四个应变片粘贴的位置和方向应保证其中两片感受纵向应变,另外两片感受横向应变。

当被测力 F 沿柱体轴向作用在弹性体上时,其纵向应变和横向应变分别为

$$\varepsilon = \frac{F}{ES} \tag{9.1.5}$$

$$\varepsilon_t = -\mu\varepsilon = -\frac{\mu F}{ES} \tag{9.1.6}$$

式中:S——柱体的截面积(m^2);

　　E——材料的弹性模量(Pa);

μ——材料的泊松比。

在实际测量中,被测力可能与轴线之间存在一微小的角度或偏心,即被测力一般不太可能与柱体的轴线完全重合,因此弹性柱体除了受纵向力作用外,还会受到横向力和弯矩的作用,从而影响测量的精度。可以采用承弯膜片结构消除横向力的影响,承弯膜片是极薄的膜片,一般采用一片或两片,安装在传感器刚性外壳上端,如图9.1.6(b)所示。承弯膜片在其平面方向刚度很大,因此作用在膜片平面内的横向力就经膜片传至外壳和底座,不会在弹性筒上产生横向力或者弯矩;同时,承弯膜片在垂直于其平面方向上膜片刚度很小,因此沿柱体轴向的变形正比于被测力。显然,承弯膜片承受了绝大部分横向力和弯曲,消除了横向力对测量精度可能造成的影响。当然,由于承弯膜片也承受一部分轴向作用力,使作用于敏感柱体上的力有所减小,从而导致测量灵敏度略有下降,但通常不超过5%。

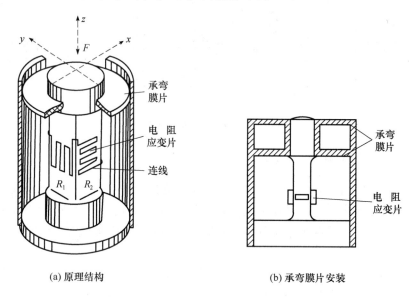

(a) 原理结构　　　　　　　　　(b) 承弯膜片安装

图 9.1.6　承弯柱式测力传感器

为了解决被测力方向与测力轴方向偏差的问题,另一种被广泛采用的测量方式是轮辐式结构,由轮圈、轮毂、轮辐条和应变片组成。轮辐条数量成双且对称地连接轮圈和轮毂,如图9.1.7(a)所示。当外力作用在轮毂上端面和轮毂下端面时,矩形轮辐条就产生平行四边形变形,如图9.1.7(b)所示,形成与外力成正比的切应变。在辐条两面沿与辐条水平中心线成45°方向的两个垂直方向分别粘贴8个相同的应变片,8个应变片分别粘贴在四根辐条的正反两面,接成四臂差动电桥。当被测力 F 作用在轮毂端面上时,沿辐条对角线伸长方向粘贴的应变片敏感压应变,电阻值增大,如图9.1.7(b)中 R_1 和 R_4;沿辐条对角线缩短方向粘贴的应变片敏感压应变,电阻值减小,如图9.1.7(b)中 R_2 和 R_3。因此,电桥的输出电压与所测力成正比,即

$$U_{out} = \frac{3F}{16bhG}\left(1 - \frac{L^2 + B^2}{6h^2}\right)KU_{in} \tag{9.1.7}$$

式中:U_{out}——电桥输出电压(V);

U_{in}——电桥工作电压(V);

b, h——轮辐条的厚度(m)和高度(m);

L, B——应变片的基长(m)和栅宽(m)；

K——应变片的灵敏系数；

G——弹性材料的剪切弹性模量(Pa)，$G = \dfrac{E}{2(1+\mu)}$；

E, μ——弹性模量(Pa)和泊松比。

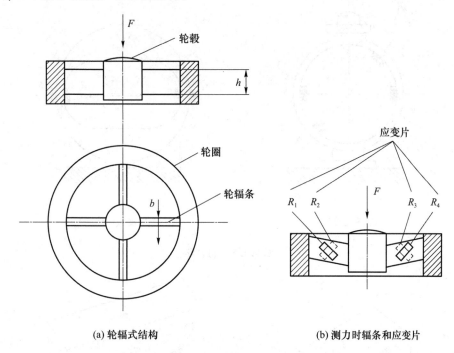

(a) 轮辐式结构　　　　　　(b) 测力时辐条和应变片

图 9.1.7　轮辐式测力传感器

轮辐式测力传感器基于剪切力作用原理设计，力作用点位置的精度对传感器测量精度影响不大；由于轮辐和轮圈的刚度很大，因此耐过载能力很强，测量范围比较宽；且具有良好的线性。

2. 环式测力传感器

当载荷大于 500 N 时，应变式测力一般采用环式弹性元件，常见的结构形式有等截面环和变截面环两种，其中等截面环用于测量较小的力，变截面环用于测量较大的力，如图 9.1.8 所示。

环式测力传感器在测量时，环式弹性元件上各点应力分布不均匀，有正应变(拉应变)区、负应变(压应变)区和应变近似为零的部位。对于不带刚性支点的等截面圆环，当受压力作用时，在环内表面垂直轴方向处正应变最大，而在环内表面水平轴方向处负应变最大，在与轴线成某一夹角的方向上应变为零。由于这一特点，可根据测力的要求，灵活地选择应变片的粘贴位置。对于等截面环，应变片一般贴在环内侧正、负应变最大的地方，但要避开刚性支点，如图 9.1.8(a)所示。变截面环，最大的应变为环的水平轴方向，当受到压缩力作用时，外侧产生最大的拉应变，内侧产生最大的压应变，因此将应变片粘贴在环水平轴的内外两侧面上，如图 9.1.8(b)所示。封闭的环形结构刚度大，固有频率高，测力范围大，结构简单，使用灵活。

在一些特殊的测力场合，还有一些特殊结构的测力环，如图 9.1.9 所示的八角环和平行四边形环,测力环除箭头所指方向外,其他方向的刚度非常大,因此八角环可以测量图示两个方向的力,平行四边形环可以测量图示一个方向的力。当然,任何一种应变式力测量传感器,应变片都要贴在敏感最大的正负应变处,以获得最大的灵敏度、输出线性和补偿温度温差等。

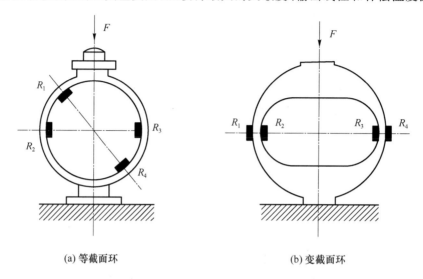

(a) 等截面环　　　　　　　　(b) 变截面环

图 9.1.8　测力环

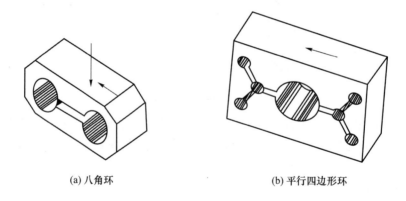

(a) 八角环　　　　　　　　(b) 平行四边形环

图 9.1.9　特殊结构的测力环

3. 梁式测力传感器

对于较小力的测量一般采用梁式测力传感器,弹性梁的常见结构有一端固定的悬臂梁,两端固定梁和剪切梁等形式。

① 悬臂梁。悬臂梁适于小载荷情况的测量,灵敏度高,应变片容易粘贴,在力作用下悬臂梁上有正应变和负应变区,悬臂梁常见的有等截面梁和等强度楔式梁两种形式,如图 9.1.10 所示。

等截面梁结构参数如图 9.1.10(a)所示,当自由端施加竖直向下的作用力 F 时,梁就发生向下弯曲变形,在等截面梁上表面产生正应力,另截面梁下表面产生负应力。沿梁长度方向各处的应变(应力)与该处的弯矩成正比,而该处的弯矩又与其力臂成正比,因此梁根部的应变(应力)最大为

$$\varepsilon_{\max} = \frac{6L}{Ebh^2}F \tag{9.1.8}$$

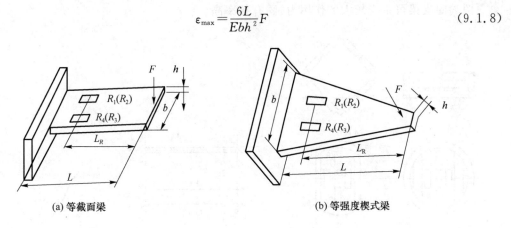

(a) 等截面梁   (b) 等强度楔式梁

图 9.1.10 悬臂梁式传感器

因此悬臂梁式力传感器,通常在梁根部的上、下表面各贴两个应变片,接成四臂受感电桥电路,输出电压与作用力成正比。

等强度梁上其各处沿梁的长度方向的应变相同,因此粘贴应变片更加方便,一般在等强度梁上下表面对称位置粘贴四个应变片,然后接成四臂差动电桥,如图 9.1.10(b)所示。

图 9.1.11 给出了悬臂梁自由端受力作用时,弯矩 M 和剪切力 Q 沿长度方向的分布图。可以看出与剪切力 Q 成正比的剪切应变为常数,而弯矩则正比于到力作用点的距离,所以力作用点的变化将影响测量结果。

② 两端固定梁式力传感器。两端固定梁力传感器如图 9.1.12(a)所示,被测力 F 作用在力传感器中心处的圆柱上,梁的受力状态对称。

以梁的中心为坐标原点建立坐标系,如图 9.1.12(b)所示,梁受到向下的作用力 F 时,梁的上表面其轴向应变可近似描述为

$$\varepsilon_x = -\frac{5F}{61Ebh^2L^3}(240x^4 - 144x^2L^2 + 7L^4) \tag{9.1.9}$$

式中:L,b,h 为梁的长度(m)、宽度(m)和厚度(m)。

梁轴向应变 ε_x 与原点位置的变化关系如图 9.1.12(c)所示,可知当敏感向下的力 F 时,固支梁上最大的正应变在固支梁的根部,即应变片 R_3 近似粘贴处,应变为

$$\varepsilon_x\left(\pm\frac{L}{2}\right) = \frac{70FL}{61Ebh^2}$$

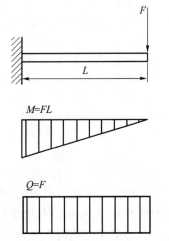

图 9.1.11 弯矩和剪切力的分布

最大的负应变在固支梁的几何中心,即应变片 R_1 粘贴处,应变为

$$\varepsilon_x(0) = -\frac{35FL}{61Ebh^2}$$

当待测力向下的力 F 时,R_3 敏感拉应变,阻值增大;R_1 敏感压应变,阻值减小。同时在梁的下表面对称位置,粘贴应变片 R_2 和 R_4,R_2 敏感拉应变,阻值增大,R_2 阻值增大量与 R_1 阻值减小相等,R_2 的拉应变大小与 R_1 的压应变大小相等;R_4 敏感压应变,阻值减小,R_4 阻值减小与 R_3 阻值增大相等,R_4 敏感压应变大小与 R_3 敏感的拉应变大小相等。

两端固支梁可承受较大的作用力,固有频率高。

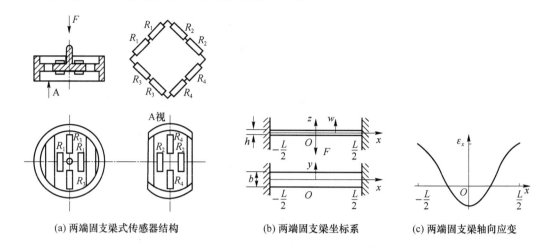

(a) 两端固支梁式传感器结构　　(b) 两端固支梁坐标系　　(c) 两端固支梁轴向应变

图 9.1.12　两端固支梁

③ 剪切梁。单端固支的悬臂梁自由端受力点位置,将影响悬臂梁式力传感器的输出,可采用剪切梁。为了增强抗侧向力的能力,梁的截面通常采用工字形,如图 9.1.13(a) 所示。

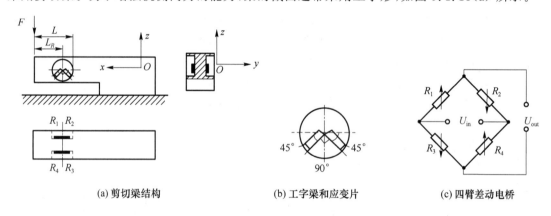

(a) 剪切梁结构　　　　(b) 工字梁和应变片　　　　(c) 四臂差动电桥

图 9.1.13　剪切梁式力传感器

从图 9.1.11 可知,悬臂梁在自由端受力作用时,其剪切应力在梁长度方向各处是相等的,不受力作用点变化的影响,因此可以通过测量剪切应力来测量力。将四个应变片贴在工字梁腹板的两侧面,分别沿与梁中心线成 45° 方向上的拉应力和压应力方向,则两应变片的方向互为 90°,与梁中心线的夹角为 45°,如图 9.1.13(b)所示。当待测力 F 竖直向下时,应变片 R_1 和 R_4 敏感拉应变,阻值增大;应变片 R_2 和 R_3 敏感压应变,阻值减小。四个应变片组成四臂差动电桥,如图 9.1.13(c)所示,将力转换成比例关系的电压输出。由于应变片只感受由剪切应力引起的拉应变和压应变,而不受弯曲应力的影响,因而测量精度高,线性度和稳定性好,并有很强的抗侧向力的能力,这种传感器被广泛地应用于各种电子衡器中。

4. S 形弹性元件测力传感器

S 形弹性元件有双连孔形、圆孔形和剪切梁形,一般用于称重或测量 $10 \sim 10^3$ N 的力,结构如图 9.1.14 所示。

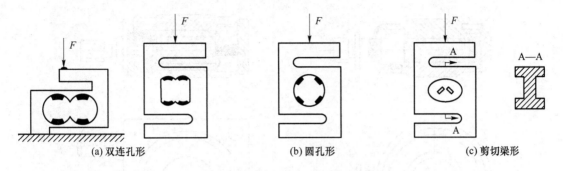

(a) 双连孔形　　　　　　(b) 圆孔形　　　　　　(c) 剪切梁形

图 9.1.14　S 形弹性元件测力传感器

　　以双连孔形弹性元件为例,介绍其工作原理。四个应变片贴在开孔的中间梁上下两侧最薄的地方,并接成四臂差动电桥电路。当力 F 作用在上下端时,其弯矩 M 和剪切力 Q 的分布如图 9.1.15 所示。应变片 R_1 和 R_4 敏感压应变电阻值增大,R_2 和 R_3 敏感压应变电阻值减小,因此电桥输出与作用力成比例的电压 U_{out}。

　　如果力的作用点向左偏离 ΔL,则偏心引起的附加弯矩为 $\Delta M = F \Delta L$,此时弯矩分布如图 9.1.16 所示。应变片 R_1 和 R_3 敏感的弯矩绝对值增加了 ΔM,应变片 R_2 和 R_4 敏感的弯矩绝对值减小了 ΔM。偏心引起的附加弯矩 ΔM 必将引起四个应变片的附加变化,R_1 电阻值增大 $\Delta R_{\Delta M}$,R_4 电阻值减小 $\Delta R_{\Delta M}$,R_2 电阻值增加 $\Delta R_{\Delta M}$,R_3 电阻值减小 $\Delta R_{\Delta M}$,$\Delta R_{\Delta M}$ 变化量对电桥输出电压的影响相互抵消,因此补偿了力偏心对测量结果的影响。侧向力只对中间梁起拉伸或压缩作用,使四个应变片发生方向相同的电阻变化,因而对电桥输出无影响。

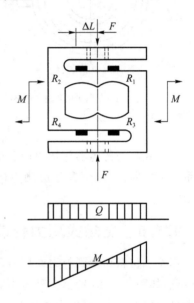

图 9.1.15　弯矩和剪切力分布示意

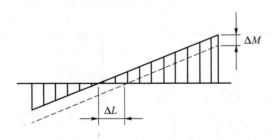

图 9.1.16　偏心力补偿原理

9.1.5　压电式测力传感器

　　压电式测力传感器的结构如图 9.1.17 所示,基本原理基于晶体材料的压电效应,输出电荷 q 与作用力成正比,压电式测力传感器由基座、盖板、压电晶片、电极、绝缘件及信号引出插座等部分组成。

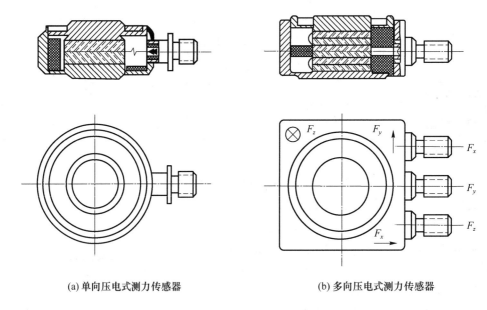

(a) 单向压电式测力传感器   (b) 多向压电式测力传感器

图 9.1.17 压电式测力传感器

压电式测力传感器包括单向压电力和多向压电力传感器两大类,单分量测力传感器只能测量一个方向的力,而多分量测力传感器则利用不同方向的压电效应可同时测量几个方向的力。

9.1.6 压磁式测力传感器

当铁磁材料在受到外力作用时,其内部产生应力,铁磁材料的导磁率随应力的大小和方向而变化,如图 9.1.18 所示。受压力时,沿力作用方向的导磁率减小,而在垂直于作用力的方向上导磁率略有增大;受拉力作用时则导磁率的变化相反。这种物理现象就是铁磁材料的压磁效应,这种效应可做成压磁式测力传感器。

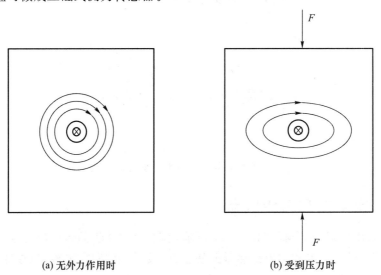

(a) 无外力作用时   (b) 受到压力时

图 9.1.18 压磁效应

如图 9.1.18 所示的铁磁体,在其中间开孔,孔中穿一导线并通电流,则在导线周围形成磁场。当无外力作用于铁磁体上时,如图 9.1.18(a)所示,由于各向同性,磁力线分布为围绕导线的同心圆;当铁磁体受压力作用时,如图 9.1.18(b)所示,沿力作用方向的导磁率下降,垂直于力作用方向的导磁率提高,于是磁力线就变为椭圆分布。

如图 9.1.19(a)所示,压磁式测力计由压磁元件、传力钢球、弹性机架等组成。压磁元件由铁磁材料薄片叠成,压磁元件上冲有四个对称分布的孔,孔 1 和 2 之间绕有激磁绕组 W_{12}(初级绕组),孔 3 和 4 间绕有测量绕组 W_{34}(次级绕组),如图 9.1.19(b)所示。当激磁绕组 W_{12} 通有交变电流时,铁磁体中就产生一定大小的磁场。若无外力作用,激磁绕组磁力线相对于测量绕组平面对称分布,合成磁场强度 H 平行于测量绕组 W_{34} 的平面,磁力线不与测量电阻 W_{34} 交链,故绕组 W_{34} 不产生感应电势。当有压缩力 F 作用于压磁元件上时,磁力线的分布图发生变形,不再对称于测量绕组 W_{34} 的平面,合成磁场强度 H 不再与测量绕组平面平行,因而就有部分磁力线与测量绕组 W_{34} 相交链,而在其上感应出电势。作用力愈大,交链的磁通愈多,感应电势愈大。

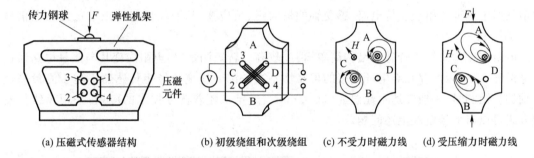

(a) 压磁式传感器结构　　(b) 初级绕组和次级绕组　　(c) 不受力时磁力线　　(d) 受压缩力时磁力线

图 9.1.19　压磁式传感器的结构和工作原理

压磁式传感器的激磁电源需要稳定,传感器输出电势大,一般不需要放大电路,只要经过滤波整流就可直接输出。

9.2　转轴转矩测量

使机械元件转动的力矩或力偶称为转动力矩,简称转矩。转矩是作用在转轴上的旋转力矩。如果作用力 F 与转轴中心线的垂直距离为 L,则转矩 M 的大小 $M=FL$。转矩的基本单位是[N·m]。转矩经常采用测量扭轴两横截面间的相对转角或剪切力的方法来实现转矩的测量。

9.2.1　电阻应变式转矩传感器

由材料力学知,空心轴在转矩 M 的作用下,横截面上最大剪切应力 $\tau_{\max}$ 与轴截面的抗扭模数 W_p 和转矩 M 之间的关系为

$$\tau_{\max}=\frac{M}{W_p} \tag{9.2.1}$$

$$W_p=\frac{\pi D^3}{16}\left(1-\frac{d^4}{D^4}\right) \tag{9.2.2}$$

式中：D——轴的外径（m）；

$\quad d$——空心轴的内径（m）。

最大剪应力 τ_{max} 是不能用应变片来测量，但与转轴中心线成 45°夹角方向上的正负应力 σ_1 和 σ_3 的数值等于 τ_{max}，即

$$\sigma_1 = -\sigma_3 = \tau_{max} = \frac{16DM}{\pi(D^4 - d^4)} \tag{9.2.3}$$

根据应力应变关系，应变为

$$\varepsilon_1 = \frac{\sigma_1}{E} - \mu\frac{\sigma_3}{E} = (1+\mu)\frac{\sigma_1}{E} = \frac{16(1+\mu)DM}{\pi E(D^4 - d^4)} \tag{9.2.4}$$

$$\varepsilon_3 = \frac{\sigma_3}{E} - \mu\frac{\sigma_1}{E} = (1+\mu)\frac{\sigma_3}{E} = -\frac{16(1+\mu)DM}{\pi E(D^4 - d^4)} \tag{9.2.5}$$

式中：E——材料的弹性模量（Pa）；

$\quad \mu$——材料的泊松比。

根据式（9.2.4）和式（9.2.5），沿正负应力 σ_1 和 σ_3 方向粘贴应变片，即沿轴向±45°方向分别粘贴四个应变片组成全桥电路，感受轴的最大正、负应变，从而输出与转矩成正比的电信号 U_{out}，如图 9.2.1 所示。

电阻应变片式转矩传感器结构简单，精度较高。转矩测量时，电阻应变片与测量电路通过导电滑环引出，因此存在导电环连接的可靠性不高缺陷。应变片转矩传感器不适于测量高速转轴的转矩测量，一般转速不超过 4 000 r/min。近年来随着蓝牙技术的应用，采用无线传输的方式可以有效地解决上述问题。

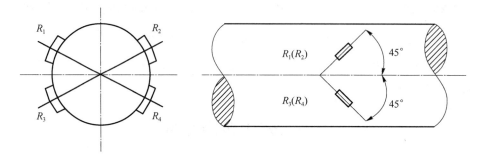

图 9.2.1　应变片式转矩传感器

9.2.2　压磁式转矩传感器

采用铁磁材料制作转轴，使转轴具有压磁效应。如图 9.2.2 所示，转轴敏感转矩后，沿拉伸应力 $+\sigma$ 方向磁阻减小，沿压缩应力 $-\sigma$ 方向磁阻增大。旋转轴附近两个互相垂直的铁芯线圈 A、B，线圈而开口端与被测轴保持 $1\sim2$ mm 的间隙，由导磁转轴将磁路闭合，AA 沿轴向，BB 垂直于轴向。

在铁芯线圈 A 的中通以 50 Hz 的交流电流，形成交变磁场。在转轴未敏感转矩作用时，其各向磁阻相同，BB 方向正好处于磁力线的等位中心线上，因而铁芯 B 上的绕组不产生感应电势。当转轴敏感转矩作用时，表面上出现各向异性磁阻特性，磁力线将重新分布，而不再对称，因此在铁芯 B 的线圈上产生感应电势。转矩愈大，感应电势愈大，在一定范围内，感应电

势与转矩成线性关系,因此可通过感应电势 e 来测量转矩大小。

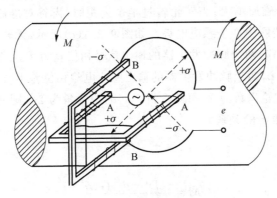

图 9.2.2　压磁式转矩传感器原理

压磁式转矩传感器是非接触测量,使用方便,结构简单可靠,基本上不受温度影响和转轴转速限制,而且输出电压很高(可达 10 V)。

9.2.3　扭转角式转矩传感器

扭转角式转矩传感器是通过扭转角来测量转矩。根据材料力学的知识,在转矩 M 作用下,转轴上相距 L 的两截面之间的相对转角 φ 为

$$\varphi = \frac{32ML}{\pi(D^4 - d^4)G} \tag{9.2.6}$$

式中: G 为轴的剪切弹性模量(Pa)。

由式(9.2.6)可知,当转轴敏感转矩作用时,相距 L 的两截面间相对扭转角 φ 与转矩 M 成比例,因此可以通过扭转角来测量转矩。根据这一原理,可以制成振弦式转矩传感器、光电式转矩传感器、相位差式转矩传感器等。

1. 光电式转矩传感器

光电式转矩传感器测量原理如图 9.2.3 所示,通过转换结构将轴 AA′ 处转角传递到接近 BB′ 处,AA′ 与 BB′ 轴向间距为 L,通过两片圆盘光栅可测量其相对扭转角 φ。在无转矩作用时,两片光栅的阴暗条纹相互错开,完全遮挡住光路,因此放置于光栅另一侧的光敏元件无光线照射,无电信号输出。当有转矩作用于转轴上时,则两截面相对转角 φ 通过结构传递到圆盘光栅,根据光栅角位移测量原理,输出扭转角 φ 的电信号。转矩越大,扭转角越大,光栅输出电信号也越大。

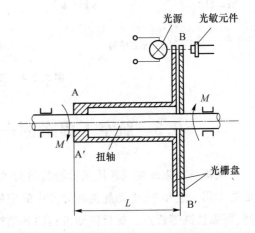

图 9.2.3　光电式转矩传感器测量原理

2. 相位差式转矩传感器

相位差式转矩传感器测量方法是基于磁感应原理。如图 9.2.4(a)所示,在被测转轴相距 L 的两端处各安装一个齿形转轮,靠近转轮沿径向各放置一个感应式脉冲发生器(在永久磁铁

上绕一固定线圈而成),放大图如图9.2.4(b)所示。当转轮的齿顶对准永久磁铁的磁极时,磁路气隙减小,磁阻减小,磁通增大;当转轮转过半个齿距时,齿谷对准磁极,气隙增大,磁通减小,变化的磁通在感应线圈中产生感应电势。如图9.2.4(c)所示,无转矩作用时,转轴上安装转轮的两处无相对角位移,两个脉冲发生器的输出信号相位差为θ_0。当有转矩作用时,两转轮之间就产生相对扭转角φ,两个脉冲发生器的输出感应电势相位差不再为θ_0,而出现与转矩成比例的相位差$\Delta\theta$。设转轮齿数为Z,每两个齿之间的相位角为2π,则两个脉冲发生器的输出信号相位差$\Delta\theta$与扭转角φ的关系为

$$\Delta\theta = Z\varphi \tag{9.2.7}$$

代入式(9.2.6)得

$$M = \frac{\pi(D^4 - d^4)G}{32L}\frac{\Delta\theta}{Z} \tag{9.2.8}$$

因而,可通过测量相位差$\Delta\theta$测量转矩。与光电式转矩传感器一样,相位差式转矩传感器也是非接触测量,结构简单,工作可靠,对环境条件要求不高,精度一般可达0.2%。

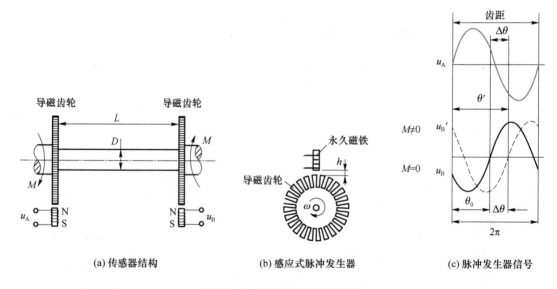

(a) 传感器结构   (b) 感应式脉冲发生器   (c) 脉冲发生器信号

图9.2.4　相位差式转矩传感器

9.3　航空工程案例——电动舵机摩擦力矩测量

舵机是用来改变或保持飞行器航向的关键执行部件,在飞行器的飞行过程中起着至关重要的作用。近年来,电动舵机在导弹中的应用越来越广泛,它具有体积小、功率密度大、维护方便、可靠性高等优点。舵机传动机构的各项性能指标直接关系舵机的稳定性,其中舵机传动机构的摩擦力矩对舵机的整体性能有重大影响。从静态方面看,它相当于死区的影响,会增加稳态误差,从而降低系统的精度;从动态方面讲,主要影响是造成系统低速运动时的平稳性,换向过程中的延时。准确测量舵机传动机构的摩擦力矩为舵机设计参数和加工工艺提供了科学的改进依据。

当物体的两运动副元素之间产生相对转动,发生在两运动副元素间阻碍其相对转动的力矩称为摩擦力矩。如图 9.3.1 所示,当传动机构的转速为 0 时,传动机构的摩擦力矩表现为静摩擦力矩,其摩擦力矩大小与施加在该传动机构上的力矩大小相等,方向相反。随着施加在传动机构上的力矩值逐渐增大,传动机构上的摩擦力矩也相应增大,当达到静摩擦力矩最大值后,传动机构开始转动,传动机构进入滑动摩擦力矩作用阶段。传动机构开始转动时,由于液体润滑作用,动摩擦力矩随转速增加而减小,从而直至接触面完全润滑。

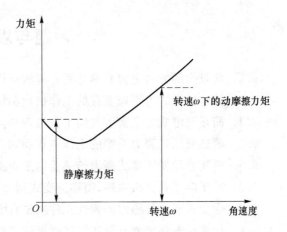

图 9.3.1　传动机构的静动摩擦力矩曲线

摩擦力矩的测量传感器是扭矩传感器和角度传感器,由于传感器的动态测量中误差和滞后相应,以及机械装配中的误差难以根除,必须对传感器采集数据进行信号处理,对原始数据进行数据滤波与曲线拟合,才能使实际实验曲线更接近理论曲线,确保观测值更为准确、可靠。

舵机摩擦力矩检测系统主要由三部分组成,分别为上位机、下位机和机电系统部分,如图 9.3.2 所示。

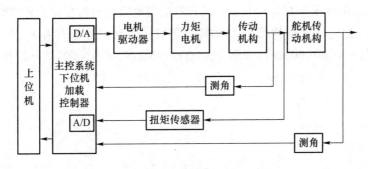

图 9.3.2　摩擦力矩检测系统

舵机传动机构摩擦力矩的测量分为静摩擦力矩的测量和动摩擦力矩的测量。进行静摩擦力矩测量时,首先控制加载力矩电机产生一定小量的力矩使舵机沿顺时针转动一小段位移后缓慢停止,以创造静摩擦力产生的条件。然后控制力矩电机在舵机传动机构的输入轴加载由零开始的级梯递增的顺时针力矩直至舵机输出轴产生转动,其过程中系统实时采集扭矩传感器的输出值,并进行 A/D 转换、滤波、补偿等处理,通过上位机绘制静摩擦力矩特性曲线分析计算得出传动机构的静摩擦力矩特性。

该段位移运行完成后,开始测量舵机传动机构的动摩擦力矩。首先,施加正向力矩控制舵机传动机构进行匀速转动并逐步减小力矩,使传动机构以不同梯级的速度作正向匀速转动直至停止,记录下各力矩,最后得到摩擦力矩特性曲线。正向动摩擦力测试完成后,反向动摩擦力的测试过程的原理相同。

习题与思考题

9.1 测量力的方法主要有哪几种？哪些可以用于动态力的测量？

9.2 简述机械式力平衡装置的工作机理和特点。

9.3 简述磁电式力平衡装置的工作机理和测力的特点。

9.4 简述液压式测力系统的工作原理和测力的特点。

9.5 简述差动变压器式测力传感器的工作原理和测力的特点。

9.6 基于应变式变换原理，简述应变式测力传感器的原理。

9.7 应变式测力传感器的弹性元件主要有哪几种？分别有什么特点？

9.8 什么是等强度梁？简述等强度梁构成的测力传感器中的特点。

9.9 简述压电式测力传感器的测量原理和特点。

9.10 简述什么是压磁效应，简述压磁式测力的基本原理。

9.11 简述压变式转矩传感器的测量原理，并说明测量过程。

9.12 简述扭转角式转矩传感器的测量原理，并说明测量过程。

9.13 某等强度悬臂梁应变式测力传感器采用四个相同的应变片，试给出一种正确粘贴应变片的实现方式和相应的电桥连接方式原理图。

9.14 题9.13中，若该力传感器所采用的应变片的应变灵敏系数为 $K = 2.0$，电桥工作电压为 $U_{in} = 10\ V$，输出电压为 $U_{out} = 20\ mV$，试计算应变电阻的相对变化和悬臂梁受到的应变。

9.15 题9.14中，若上述情况下，该力传感器对应受到的静态力为 $F = 1.0\ N$，那么当电桥工作电压为 $U_{in} = 5\sin(5\ 000t)\ V$，被测力为 $f(t) = 5\cos(200t)\ N$ 时，试分析该传感器的稳态输出电压信号。

第10章 智能传感与检测

10.1 概 述

随着集成电路技术的发展,微处理器的能耗越来越低,功能越来越多,运算能力越来越强大,与传感器的通信和组合越来越方便,甚至有些传感器的敏感元件、变换电路、微处理器等集成在一起,使得传感器具有通信、储存、补偿、逻辑判断等智能化的功能,形成了智能传感器(smart sensor)。智能传感器与传统的传感器相比,具有功能强大、体积小、能耗小、精度高、线性输出、灵敏度高、稳定性良好和可靠性高等优点。

目前业内虽然对智能传感器还没有一个统一的定义,但是形成了基本共识,认为智能传感器是带微处理器、兼有信息检测和信息处理功能的传感器,智能传感器将传感器检测信息的功能与微处理器的信息处理功能有机地融合在一起。因此,一般智能传感器除了实现物理量敏感、信号调理、信号分析处理、计算、通信等基本功能外,还兼具自检、自校、自补偿、自诊断等功能,以及多种敏感功能,具备其中部分功能或全部功能的传感器都可以称为智能传感器。

10.1.1 智能传感器的结构和实现方法

1. 智能传感器的结构

智能传感器系统将传感器、信号调理电路、微控制器及数字信号接口组合为一整体,其结构如图 10.1.1 所示。传感器敏感被测量,将物理量转换为电信号,通过信号调理电路对传感器输出电信号进行放大、调理和滤波等,通过 A/D 转换为数字信号,送入微控制器,由微控制器进行分析处理后的测量结果经数字信号接口输出。智能传感器系统以硬件作为测量的基础,以功能强大的软件支持来完成正确和高精度的测量任务,采用数字信号作为输出,便于和计算机测控系统接口,具有良好的传输特性和很强的抗干扰能力。

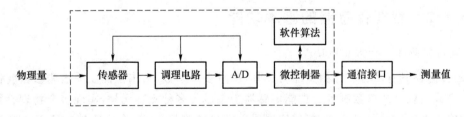

图 10.1.1 智能传感器系统结构

2. 智能传感器的实现方法

智能传感器以微处理器为核心,智能化的功能依赖于微处理器强大的数据处理能力,图 10.1.1 虚线框中,传感器、调理电路和微控制器存在非集成、集成和混合的三种形式,因此智能传感器的实现技术也分为这三种基本形式。

① 非集成实现：非集成化智能传感器是将传感器、调理电路组成信号检测模块，再接入微处理器或者计算机，组合为一整体而构成的一个智能传感器。实质是传感器的输出信号经接口电路送到微处理器或计算机部分进行运算处理，依托微处理器或计算机的数据处理和计算能力，具有完善的智能化功能，在原有传统非集成化变送器基础上附加一块带数字总线接口的微处理器插板后组装而成的，再开发通信、控制、自校正、自补偿、自诊断等智能化软件，从而实现智能传感器，这是实现智能传感器系统的最快途径与方式，又称传感器的智能化，或智能化传感器。

② 混合实现：将系统各个集成化环节，如敏感单元、信号调理电路、微处理器单元、数字总线接口，以不同的组合方式集成在两块或三块芯片上，并根据需要封装在一个外壳中。

③ 集成化实现：集成化智能式传感器，是指利用集成电路技术和微机电系统（MEMS）把传感器与调理电路、微处理器、信号接口等集成在同一块芯片上，封装在一个外壳中的传感器，组成智能式传感器集成电路，称作集成智能传感器。这类传感器不仅具有完善的智能化功能，它嵌入了标准的通信协议和标准的数字接口。利用传感器具有信号提取、信号处理、双向通信、逻辑判断和计算等功能，具有更高级的传感器阵列信息融合等功能，传感器的集成度更高、功能更强大。集成智能传感器的功能有三个方面的优点：第一，较高信噪比：传感器的弱信号先经集成电路信号放大后再远距离传送，可大大改进信噪比；第二，改善性能：由于传感器与电路集成于同一芯片上，对于传感器的零漂、温漂和零位可以通过自校单元定期自动校准，又可以采用适当的反馈方式改善传感器的频响；第三，信号归一化：传感器的模拟信号通过程控放大器进行归一化，又通过 A/D 转换成数字信号，微处理器按数字传输的几种形式进行数字归一化，如串行、并行、频率、相位和脉冲等。集成智能式传感器具有多功能、一体化、精度高、适宜于大批量生产、体积小和便于使用等优点，是传感器发展的必然趋势。

智能集成化传感器具有智能化的功能，它不仅有检测功能，还可以进行信号的分析与处理，自动地进行温漂、时漂、非线性校正等，最终能以数字的形式输出信息。随着科学技术的进步，传感器完全必将可以将检测、逻辑和记忆等功能集成在一块半导体芯片上。

智能传感器智能化功能都是在软件支持下实现的，其智能化功能、基本性能、方便使用程度、工作可靠程度，在一定程度上依赖于软件设计质量，这些软件主要包括标度换算、数字调零、非线性补偿、温度补偿、数字滤波技术等五大类。

10.1.2　智能传感器的基本功能

1. 复合敏感和多参数测量功能

智能传感器具有复合敏感测量能力，同时测量多个参数，给出全面反映被测参数变化规律的信息，完成高精度的参数测量。智能传感器中集成了多种敏感元件，实现多个物理参数的检测，同时输出多参数的测量值；智能传感器采用间接的测量方法，将普通传感器无法测量或者测量精度低的参数，通过相关联的其他参数测量，比如温度、湿度、压力、声、光、电、热、力等参数中的一种或多种，然后获得更加精确的测量值；智能传感器复合敏感也可能同时实现多参数测量和间接的高精度测量。

2. 自补偿和强大的计算功能

普通传感器敏感单一物理量，信号处理能力弱，存在非线性误差、温度误差、时漂、动态误差、测量噪声、测量干扰等缺点,虽然在传感器设计时,也进行了大量的误差处理和补偿设计,但都未从根本上解决问题。智能传感器具有强大的计算能力,为传感器的误差自补偿提供了新的解决方案,相同精度指标下,智能传感器加工精度要求更低,只要传感器的重复性好,利用微处理器计算能力,通过软件补偿算法,采用多次拟合和插值计算方法对漂移和非线性进行补偿,从而获得较高精度的测量结果,同时也会降低传感器加工成本。

3. 自检、自校、自诊断功能和报警功能

普通传感器的精度需要传感器自身的测量精度,以及传感器的定期检验和标定规范来保证,在检测时传感器工作是否正确,只能靠检测人员的职业经验判断。智能传感器可以通过软件对传感器开机的正确性进行自检诊断测试,以确定智能传感器工作正常,其次测量时也可以在线进行校正,微处理器利用存在 EPROM 内的计量特性数据进行对比校对,可实时发现传感器故障,如果传感器发生故障,智能传感器可以发出报警信息,从而避免检测错误带来的损失。

4. 信息存储和数字通信功能

智能传感器具有信息存储和数字通信的功能,智能传感器基于通信网络以数字形式进行双向通信,可以通过网络远传测试数据,也可以接收上位机的指令来实现测试,例如进行传感器的增益的设置、补偿参数的设置、内检参数设置、测试数据设置等。

10.1.3 智能传感器的特点

1. 多参数和多功能

能进行多参数、多功能测量,是新型智能传感器的一大特色。瑞士 Sensirion 公司最新研制的 SHT11/15 型高精度、自校准、多功能式智能传感器,可以同时测量相对湿度、温度和露点等参数,兼有数字温度计、湿度计和露点计这 3 种仪表的功能,可广泛用于工农业生产、环境监测、医疗仪器、通风及空调设备等领域。

2. 自适应能力强

由于智能传感器具有判断、分析与处理功能,能够根据系统工作情况决策各部分的供电情况与上位计算机的数据传送速率,使系统工作在最优低功耗状态和优化传送速率。例如,美国 Microsemi 公司和 Agilent 公司相继推出了能够实现人眼仿真的集成化可见光亮度传感器,其光谱特性及灵敏度都与人眼相似,能代替人眼去感受环境亮度的明暗程度,自动控制 LCD 显示器背光源的亮度,以充分满足用户在不同时间、不同环境中对显示器亮度的需求。

3. 高可靠性与高稳定性

智能传感器可以自动补偿因检测条件与环境发生变化引起传感器系统特性的漂移。例如,温度变化会引起零点和灵敏度的漂移,被测参数变化后自动切换量程,实时进行系统的自检、分析、判断所采集到的数据的合理性,并给出异常情况的应急处理(报警或故障提示)等,增强了传感器系统的高可靠性和高稳定性。

4. 高性价比

高性价比是对传感器的各个环节进行精心设计与调试,通过与微处理器相结合,采用廉价的集成电路工艺和芯片以及强大的软件来实现的。例如,美国 Veridicom 公司推出的第 3 代

CMOS 固态指纹传感器,增加了图像搜索、高速图像传输等多种新功能,其成本却低于第 2 代
CMOS 固态指纹传感器,因此具有更高的性价比。

5. 超小型化、微型化

随着微电子技术的迅速发展,智能传感器正朝着短、小、轻、薄的方向发展,以满足航空航
天及国防尖端技术领域的急需,并且为开发便携式、袖珍式检测系统创造了有利条件。例如,
SHT 11/15 型智能传感器,外形尺寸仅为 7.62 mm(长)×5.08 mm(宽)×2.5 mm(高),质量
只有 0.1 g。LX1970 型集成可见光亮度传感器的外形尺寸仅为 2.95 mm(长)×3 mm(宽)×
1 mm(高)。

6. 微功耗

降低功耗对智能传感器具有重要意义,这不仅可简化系统电源及散热电路的设计,延长智
能传感器的使用寿命,还为进一步提高智能传感器芯片的集成度创造了有利条件。智能传感
器普遍采用大规模或者超大规模 CMOS 电路,使传感器的耗电量大为降低,有的可用叠层电
池或纽扣电池供电。暂时不进行测量时,还可采用待机模式将智能传感器的功耗降至更低。
例如,FPS200 型指纹传感器在待机模式下的功耗仅为 100 μW。

7. 高信噪比与高分辨力

智能传感器具有数据存储、记忆与信息处理功能,通过软件进行数字滤波、相关分析等处
理,可以去除输入数据中的噪声,将有用信号提取出来;通过数据融合、神经网络技术,可以消
除多参数状态下交叉灵敏度的影响,从而保证在多参数状态下对特定参数测量的分辨能力。
例如,ADXRS300 型单片偏航角速度陀螺仪在噪声环境下保证测量精度不变,角速度噪声密
度低至 $0.2°/(s \cdot Hz^{-\frac{1}{2}})$。

10.2 智能传感器的设计

智能传感器由传感器、调理电路、微处理器和信号接口组成,传感器和调理电路的工作原
理与前文所述的原理相同,是智能传感器的基础。在智能化过程中,主要是依赖新的敏感机理
和集成化的工艺方法,很大程度上决定了智能传感器的性能指标。微处理器和信号接口电路
由集成电路组成,主要功用是测试信号的处理、线性化、补偿和智能传感器的通信等,除了硬件
实现外,还需要软件设计。在智能传感器中,软件和硬件的结合可以大大增强传感器的功能、
提高传感器的精度,又可以使传感器的结构更为简单和紧凑,使用更加方便。因此,智能传感
器的设计必须从硬件和软件两方面综合考虑。

智能传感器的设计应明确智能传感器的基本功能要求和应达到的技术指标,这是整个设
计的基础,要对智能传感器进行系统分析。系统分析是确定系统总方向的重要阶段,主要是对
要设计的智能传感器系统进行全面的分析和研究。在现有的技术和软/硬件条件下,选择最优
的设计方案,以达到预期的目标。确定设计的目标和系统的功能;提出初始方案,分析方案的
合理性和可行性;提出具体实施计划,包括资金、人力、物力和设备的分配、使用情况等;指出关
键技术问题,并进行分析研究。

10.2.1 智能传感器信号的硬件设计

智能传感器的核心是微处理器,智能传感器的硬件包括传感器、信号调理电路、微处理器、ROM、RAM、I/O 接口和定时/计数电路、人-机交互接口、接口电路以及串行或并行数据通信接口等组成。

1. 智能传感器信号的放大与隔离

传感器敏感元件实现信息到信号的变换,敏感元件敏感物理量变换为一个表征物理量的弱电信号,信号微弱且含有干扰噪声,需要通过调理电路的变换,主要包括信号放大、阻抗匹配、微分、积分、整形、信号变换、滤波、零点校正、线性化、温度补偿、误差修正和量程切换等,然后经过 A/D 转换送入微处理器。智能传感器中应用的硬件电路和技术与传感器敏感元件的敏感机理密切相关,本书以通用增益程控小信号放大电路为例说明。

在 A/D 转换前,需要对毫伏级或微伏级的弱信号进行隔离、放大才,此时放大器要求精度高、温度漂移小、共模抑制比高、频带宽。

测量放大器是传感器中应用最为广泛的放大器,这种放大器的输入阻抗高、精度高、共模抑制比大、放大能力强,其原理如图 10.2.1 所示,$U_O = \left(1 + \dfrac{R_2}{R_1} + 2\dfrac{R_2}{R_G}\right)U_i$,调整 R_G 可改变放大器的比例增益。运算放大器芯片可选择 AD521,AD522,AD612,AD605 等。

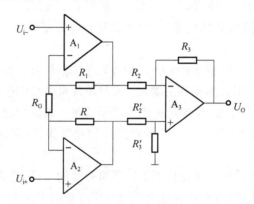

图 10.2.1 增益可调差模放大器

如果图 10.2.1 所示的差模放大器需要程控放大,则可选用图 10.2.2 所示的程控放大电路,其中电子开关 S_1,S_2,S_3 和 S_1',S_2',S_3' 由微处理器的程序经开关驱动电路控制,电子开关的通断,调整了差分放大器的增益,广泛应用于有微处理器的放大电路。

2. 微处理器的选择

智能传感器通常采用模块化积木式的结构,微处理器是智能传感器的核心,它的选择至关重要,一般包括单片机和嵌入式微处理器两种。

(1)单片机的选择原则

单片机是为中低成本控制领域设计和开发的,单片机的位控能力强,价格低、使用方便。单片机的选择主要考虑以下几个方面的问题:

① 单片机品牌的选择。目前自动化领域应用较广的单片机产品除了 Intel 公司的 MCS-51

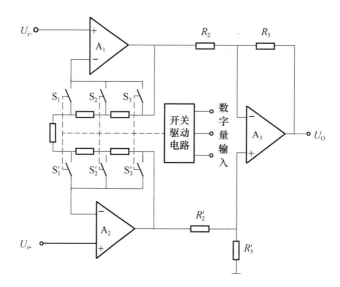

图 10.2.2　程控放大器

单片机及其兼容产品(目前推出兼容产品的公司有 ATMEL、PHILIPS、TEMIC、ISSL WINEOND、LG 等)外,还有美国 Microchip 公司的基于 RISC 指令集的 PLC 系列单片机、Motorola 公司的 MC 系列单片机、西门子公司的 C500 或 C166 系列单片机等。

②　为缩短开发周期,降低开发成本,应尽可能选择指令集熟悉的系列产品。在相同条件下,选择价格较低的产品。

③　主机字长选择。智能传感器系统的许多功能与主芯片的字长有着密切关系,字长越长其运算和控制能力就越强,但成本也随之增加。8 位单片机是目前应用广泛的一种,可以用于数据处理或一般的监控系统。16 位单片机组成的系统是一种高性能的计算机系统,它们主要用于数据处理并兼顾控制方面的要求,其特点是处理速度快、精度高、功能强,能满足实时性要求。

④　寻址范围选择。单片机的地址长度反映了可寻址的范围,它表示系统中可存放的程序和数据量。例如,8 位单片机,其地址长度为 16 位,可寻址的范围为 64 KB。设计时应根据应用系统的要求确定合理的存储容量。

⑤　指令功能。一般来说,指令条数多的单片机,其操作功能要强一些,这可使编程更灵活有效。但是一个单片机的功能究竟丰富与否,不能单由指令的数量决定,还要看每一条指令的具体内存。因为每一个厂家都有自己计算指令的方式。所选取的单片机,指令功能应该面向所要处理的问题。若侧重于控制,要特别注意访问外部设备(或接口)指令的功能。如果侧重于数据处理,则应注意数据操作指令的功能,如算术和逻辑运算、十进制调整、位操作指令、控制转移等指令的功能是否齐全。

⑥　处理速度。应用程序执行的速度,取决于单片机的时钟周期、执行一条指令所需的周期数及指令系统结构三种因素。一般而言,时钟周期越短,执行的速度越快。但不能单以时钟速率来衡量微处理器的执行速度。指令的执行时间应从时钟频率和执行该指令所需的周期数计算而得。对于采样周期较短、有大量实时计算的数据处理时,应选择高速单片机。

⑦　中断能力。实际应用中,有时为了处理某些紧急工作,需要单片机暂停执行主程序,而

转向执行某个服务子程序,同时,中断还是单片机实现任务调度的一种方式,为此系统应具有较强的中断功能。对于需要快速、多任务实时处理的情况,应选择中断功能很强的单片机,同时应具备中断优化判断电路以便对多个中断源有效处理。

⑧ 功耗。功耗由器件工艺、器件的复杂性和时钟速率所支配。字长较长的单片机,因器件电路复杂,其功耗比字长较短而工艺相同的单片机大。从器件工艺来说,高速双极性单片机的功耗较大,NMOS 和 PMOS 单片机的功耗居中,而 CMOS 单片机的功耗最小。时钟速率也影响一些单片机的功耗。在较慢的时钟速率下,单片机的功率也较小。此外,还应按照系统所允许的工作范围和工作环境等条件来选择不同功耗的单片机。

(2) 嵌入式微处理器的选择原则

① CPU 总线的位数。根据系统处理数据的主要类型来定 CPU 总线的位数,如果主要数据的位数大于 8 位,就应该选择 16 位或 32 位的 CPU。如对信号采样时,A/D 或 D/A 为 12 位的,如果采用 8 位的 CPU,在输入或输出以及在中间的数据处理时都要进行数据的类型转换,否则影响程序运行效率。

② 供货。对于工业应用来说,价格供货稳定性和可靠性是选择的一个非常重要的原因。

③ 开发工具的支持。开发工具在嵌入式系统的开发中具有重要地位,不仅影响开发的进度,而且直接关系到设备的性能甚至项目的成败。

④ 操作系统的支持。一般简单的机电系统应用不需要操作系统,直接采用汇编语言或 C 语言就可以编程,一般采用 8 位 MCU 就可以完成任务;而对于较复杂的应用,通常需要操作系统的支持。代码的继承性往往决定了 CPU 的选择,在军用设备中,为了保证系统的可靠性及研制周期,会直接沿用原来类型的 CPU。

3. 硬件电路设计

硬件电路的构成与测量信号的特性、微处理器的情况和对传感器性价比的要求都有直接的关系。在智能传感器中,由于微处理器具有很强的功能,可以用软件完成许多过去由硬件电路完成的工作。因此,充分发挥软件的作用可以简化硬件电路、降低成本、减小体积、提高精度和增加可靠性。但是,有些功能是软件无法实现的;有些功能如果用硬件完成,电路可能并不复杂,但采用软件时,程序却相当复杂,而且会使速度降低。这些情况仍需要使用硬件来完成。因此设计的开始阶段应反复权衡硬件和软件的任务分配,合理地将智能传感器的功能划分成为若干部分,并确定哪些由硬件实现,哪些由软件完成。这种计划工作的完成,能节省投资和研制时间。

硬件电路设计的第一步是根据功能的要求进行电路原理图的设计和仿真。包括电路结构、元器件的参数计算等。这一步的工作是整个工作的基础,对传感器的性能、成本、精度等有很大的影响。设计时要考虑技术上可行,经济上合理。在设计中有重大的革新或创新性质时,则应先通过一些实验来证实可行性后再在电路原理图中使用。

第二步是制作电路实验板进行试验。电路实验板可以是一个功能模块,也可以是整个传感器的硬件电路。一般电路实验板上组件的安装、排列、布置及走线并不是主要的,要着重考虑的是电气性能。试验阶段与电路原理图设计阶段往往要反复进行。通过试验发现问题后要进行修改设计,重新设计后又要再次进行实验,直至最后臻于完美。在电路设计定型后就要设计、制作正规的印制电路板。设计印制电路板时对组件的安排、走线等均应认真考虑,因为印制电路板的合理与否对传感器的正常工作会有很大的影响。印制电路板安装完成后首先要做一些功能与逻辑检验,确保正常工作后才能用于调试。

第三步是软硬件调试。在硬件与软件分别进行初步调试以后,必须对传感器系统进行总体调试。在总体调试中将进一步发现硬件和软件两方面的问题,其中最主要的是检验软/硬件能否协调运行。总体调试通过后,设计研制工作才算完成。

10.2.2 智能传感器信号的软件设计

智能传感器的软件通常由监控程序、测量控制程序和数据处理程序、中断处理程序组成。监控程序:控制传感器系统按预定操作方式运行,是整个软件系统的核心。监控程序起着引导智能传感器进入正常工作状态,并协调各部分软、硬件有条不紊地工作的重要作用。其主要功能有:管理键盘和显示器;接收输入/输出接口、内部电路等发出的中断请求信号,并按照中断优先级的顺序进入相应的服务程序;对定时器进行管理;实现传感器的初始化和自检等。测量控制程序:主要完成测量以及测量过程的控制等任务。例如,多路切换、采样、A/D 转换、D/A转换、越限报警、程控放大器增益控制等。这些程序可以由若干程序模块实现,供监控程序或中断服务程序调用。数据处理程序:主要实现各种数值运算(算术逻辑运算和各种函数运算)、非数值运算(如查表、排序等)和数据处理(非线性校正、温度补偿、数字滤波、标度变换等)。中断处理程序:用来处理各种中断服务请求,可能会调用测量控制程序或数据处理程序。

1. 智能传感器的软件的设计内容

(1)量程自动转换

实际被测参数都有着不同的量纲和数值,根据不同的检测参数,采用不同的传感器,就有不同的量纲和数值。例如,检测温度常用热电偶,不同热电偶输出的热电势也各不相同,如铂铑-铂热电偶在 1 600 ℃时,其热电势为 16.677 mV,而镍铬-镍铬热电偶 1 200 ℃时,热电势为48.87 mV。这些参数需要经过传感器及检测电路转换成 A/D 转换器所需要的 0~5 V 电压信号,经过 A/D 转换成数字量,以便于微处理器进行数据的处理。如果传感器和显示器的分辨率一定,而仪表的测量范围很宽,为了提高测量精确度,智能传感器需要自动转换量程。多传感器检测系统中,为保证送到计算机的信号一致(0~5 V),也必须能够进行量程的自动转换。量程自动转换是指采用可编程增益放大器,如图 10.2.2 所示,根据需要通过程序调节放大倍数,使 A/D 转换器满量程信号达到一致化,从而大大提高测量精确度。

(2)标度变换技术

在被测信号变换成数字量后,往往还要变换成人们所熟悉的测量值,如压力、温度和流量等。这是因为被测对象的输入值不同,经 A/D 变换后得到一系列的数字量,必须把它变换成带有量纲的数据后才能运算、显示和打印输出,这种变换叫标度变换。

(3)数字调零技术

在检测系统的输入电路中,一般都存在零点漂移、增益偏差和器件参数不稳定等现象。它们会影响测量数据的准确性,必须对其进行自动校准。在实际应用中,常常采用各种程序来实现偏差校准,称为数字调零。除数字调零外,还可在系统开机时或每隔一定时间,自动测量基准参数,实现自动校准。

(4)非线性补偿

在检测系统中,希望传感器具有线性特性,这样不但读数方便,而且使仪表在整个刻度范围内灵敏度一致,从而便于对系统进行分析处理。但是传感器的输入/输出特性往往有一定的非线性,为此必须对其进行补偿和校正。

用微处理器进行非线性补偿常采用插值方法实现。首先用实验方法测出传感器的特性曲线,然后进行分段插值,只要插值点数取得合理且足够多,即可获得良好的线性度。

在某些检测系统中,有时参数的计算非常复杂,仍采用计算法会增加编写程序的工作量和占用计算时间。对于这些检测系统,采用查表的数据处理方法,经微处理器对非线性进行补偿更合适。

(5) 温度补偿

环境温度的变化会给测量结果带来不可忽视的误差。在智能传感器的检测系统中,要实现传感器的温度补偿,只要能建立起表达温度变化的数学模型(如多项式),用插值或查表的数据处理方法,便可有效地实现温度补偿。

实际应用中,由温度传感器在线测出传感器所处环境的温度,将测温传感器的输出经过放大和 A/D 变换送到微处理器处理,即可实现温度误差的校正。

(6) 数字滤波技术

当传感器信号经过 A/D 变换输入微处理器时,经常混有如尖脉冲之类的随机噪声干扰,尤其在传感器输出电压低的情况下,这种干扰更不可忽视,必须予以削弱或滤除。对于周期性的工频(50 Hz)干扰信号,采用积分时间等于 20 ms 的整数倍的双积分 A/D 变换器,可以有效地消除其影响;对于随机干扰信号,利用软件数字滤波技术有助于解决这个问题。

2. 智能传感器的软件的设计方法

常用的软件设计方法有结构化程序设计、自顶向下的程序设计和模块化程序设计。这三种设计方法往往综合在一起使用,通过自顶向下、逐步细化、模块化设计、结构化编码来保证软件的快速实现。

(1) 自顶向下的程序设计

程序设计有两种截然不同的方式,一种是"自顶向下,逐步细化"的程序设计,另一种是"自底向上,逐步积累"的程序设计。"自顶向下"就是从整体到局部,最后到细节。即先考虑整体目标,明确整体任务,然后把整体任务分解成一个个子任务,一层层地分下去,直到最底层的每一个任务都能单独处理为止。"自底向上"就是先解决细节问题,再把各个细节结合起来,就完成了整体任务。"自底向上"设计方法在设计各个细节时,对整体任务没有进行透彻的分析和了解,因而在设计时很可能会出现一些没有预料到的情况,以至于要修改或重新设计。因此,多采用"自顶向下"的设计方法。

(2) 模块化程序设计

当明确对软件设计的总体任务之后,就要进入软件总体结构的设计。此时,一般采用"自顶向下"的方法,把总任务从上到下逐步细分,一直分到可以具体处理的基本单元为止。如果这个基本单元程序单元定义明确,可以独立地进行设计、调试、纠错及移植,它就称之为模块。每个模块独立地开发、测试,最后再组装出整个软件。这种开发方法是对待复杂事物"分而治之"的一般原则在软件工程领域的具体体现,它将软件开发的复杂性在分解过程中予以降低。模块化的总体结构具有结构概念清晰、组合灵活和易于调试、连接及纠错等优点。在处理故障或改变功能时,往往只涉及局部模块而不影响整体。因此是一种常被采用的理想结构。

模块是单独命名的可编址的元素,若组合成层次结构形式,就是一个可执行的软件,也就是满足一个软件项目需求的可行解。模块化的目的是降低软件的复杂性,使软件设计、调试、维护等操作简单、容易。一个模块具有输入/输出、功能、内部数据、程序代码四个特性。输入、输出分别是模块需要的和产生的信息,功能是指模块所做的工作;输入/输出和功能构成一个模块的外部特性,模块用程序代码完成它的功能;内部数据是仅供该模块内部使用的数据,内部数据和程序代码是模块的内部特性。对模块的外部环境来说,只需了解它的外部特性就足够了,不必了解其内部特性。在软件设计阶段,通常要先确定模块的外部特性,然后确定它的内部特性。

模块化方法的关键是如何将系统分解成模块和模块设计,在模块设计中遵循什么样的规则。把系统分解成模块,在一个模块内部有最大限度的关联,只实现单一功能的模块具有最高的内聚性。保持最低的耦合度,即不同的模块之间的关系尽可能减弱。模块间用链的深度不可过多,即模块的层次不能过高,一般应控制在 7 层左右;模块接口清晰、信息隐蔽性好;模块大小适度。尽量采用已有的模块,提高模块重用率。

(3) 结构化程序设计

进行程序设计时,一般先根据程序的功能编制程序流程图,然后根据程序流程图用汇编语言或高级语言来编写程序。对于一般中小规模的程序,这种方法还是可行的。但是,当程序规模较大,结构比较复杂时,要画出整个完整的程序流程图是不容易的。虽然可以分解成一些小的程序模块,再把它们连接起来,但在错综复杂的连接中很容易出错。此外,程序流程图一般只表示过程的算法,而不提供有关数据方面的详细信息。而在连接程序段时,信息接口是十分重要的。后一段程序如果不能从前面某个程序获得必要的正确数据,那程序就不能正常运行。结构化编程就是以一种清晰易懂的方法来表示出程序文本与其对应过程之间的关系,进而组织程序的设计和编码。

结构化程序设计方法的核心是"一个模块只要一个入口,也只要一个出口"。这里,模块只有一个入口应理解为一个模块只允许有一个入口被其他模块调用,而不是只能被一个模块调用。同样,只有一个出口应理解为不管模块内部的结构如何,分支走向如何,最终应集中到一个出口退出模块。根据这一原则,凡是有两个或两个以上入口的模块,应重新划分为两个或两个以上的模块。凡有两个或两个以上出口的模块,要么将出口归纳为一个(如果程序逻辑允许),否则也应重新划分成两个或两个以上的模块。图 10.2.3 为同一程序两种结构的比较图。

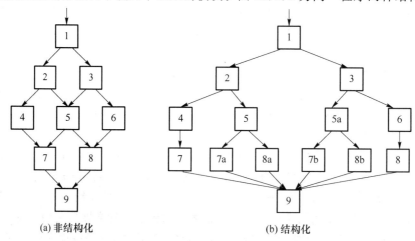

(a) 非结构化　　　　　　　　　　　　(b) 结构化

图 10.2.3　非结构化程序设计与结构化程序设计

从图 10.2.3 中可以看出,非结构化程序网状交织,条理不分明;结构化程序脉络分明,清晰明了。在结构化程序设计中仅允许使用下列三种基本结构。①顺序结构,这是一种线性结构,在这种结构中程序被顺序连接地执行,如图 10.2.4(a)所示。即首先执行 P1,其次执行 P2,最后执行 P3。这里 P1、P2、P3 可以是一条简单的指令,也可以是一段完整的程序;②选择结构,是 IF-THEN-ELSE 结构,如图 10.2.4(b)所示,是一种逻辑判断结构,按照一定的条件由两个操作中选择一个;③循环结构,不同的编程环境指令不同。一般都分为两种,一种是先执行过程然后再判断条件,另一种是先判断条件,满足后再执行过程,如图 10.2.4(c)(d)所示。

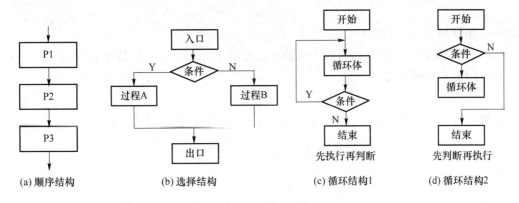

图 10.2.4　结构化程序

10.3　智能传感器中的算法

智能算法在智能传感器中应用越来越广泛。智能算法被称为"软计算",是人们受自然(生物界)规律的启迪,根据其原理模仿求解问题的算法。从自然界得到启迪,利用仿生原理对算法进行设计,这就是智能算法的思想。智能算法内容很多,如回归分析、人工神经网络、遗传算法、模拟退火算法等。

10.3.1　回归分析

在客观世界中变量之间的关系有两类,一类是确定性关系,可以精确地求出。另一类是非确定性关系,即所谓相关关系。即便是具有确定关系的变量,由于试验误差的影响,其表现形式也具有某种程度的不确定性。具有相关关系的变量之间虽然具有不确定性,但通过对它们的不断分析与研究,可以探索出它们之间的统计规律,回归分析就是研究这种统计规律的一种数学方法。

回归分析是以概率论与数理统计为基础,回归分析法(Regression Analysis)是确定两种或两种以上变量间相互依赖的定量关系的一种统计分析方法。回归分析按照涉及的自变量的多少,可分为一元回归分析和多元回归分析;按照自变量和因变量之间的关系类型,可分为线性回归分析和非线性回归分析。在第 3 章静态测试数据的最小二乘的线性回归方法就是一元回归的实例,下边来看多元回归的数学模型。

设因变量 y 与 m 个自变量 $x_1, x_2, \cdots, x_m$ 之间有线性关系为

$$y = \alpha_0 + \alpha_1 x_1 + \alpha_2 x_2 + \cdots + \alpha_m x_m + \varepsilon \qquad (10.3.1)$$

其中 ε 为随机变量，称为剩余误差，可以将 ε 理解为 y 中无法用 $x_1, x_2, \cdots, x_m$ 线性表示的各种复杂的随机因素组成的误差。称式(10.3.1)为回归方程，$\alpha_0, \alpha_1, \alpha_2 \cdots \alpha_m$ 为回归系数。

将 n 次观测数据 $x_{i1}, x_{i2} \cdots x_{im}, i = 1, 2 \cdots n$ 代入式（10.3.1），可得多元线性回归的数学模型为

$$\begin{cases} y_1 = \alpha_0 + \alpha_1 x_{11} + \alpha_2 x_{12} + \cdots + \alpha_m x_{1m} + \varepsilon_1 \\ y_2 = \alpha_0 + \alpha_1 x_{21} + \alpha_2 x_{22} + \cdots + \alpha_m x_{2m} + \varepsilon_2 \\ \qquad\qquad\qquad \vdots \\ y_n = \alpha_0 + \alpha_1 x_{n1} + \alpha_2 x_{n2} + \cdots + \alpha_m x_{nm} + \varepsilon_n \end{cases} \qquad (10.3.2)$$

$\varepsilon_1, \varepsilon_2 \cdots \varepsilon_n$ 相互独立，且服从同一正态分布 $N(0, \sigma^2)$。

回归系数的最小二乘估计，假设由某种方法得到 $\alpha_0, \alpha_1, \alpha_2 \cdots \alpha_m$ 的估计值 $\beta_0, \beta_1, \beta_2, \cdots, \beta_m$，则 y 的观测值可以表示为

$$y_i = \beta_0 + \beta_1 x_{i1} + \beta_2 x_{i2} + \cdots + \beta_m x_{im} + e_i, \quad i = 1, 2, \cdots, n \qquad (10.3.3)$$

这里 e_i 是 ε_i 的估值，也称作残差或者剩余。令 $\hat{y}_i$ 为 y_i 的估计值，即

$$\hat{y}_i = \beta_0 + \beta_1 x_{i1} + \beta_2 x_{i2} + \cdots + \beta_m x_{im}, \quad i = 1, 2, \cdots, n \qquad (10.3.4)$$

则

$$e_i = y_i - \hat{y}_i = y_i - \beta_0 - \beta_1 x_{i1} - \beta_2 x_{i2} - \cdots - \beta_m x_{im} \qquad (10.3.5)$$

与一元回归相似，对 $\alpha_0, \alpha_1, \alpha_2 \cdots \alpha_m$ 进行最小二乘的估计，就是要选取 $\beta_0, \beta_1, \beta_2 \cdots \beta_m$，使得残差的平方和

$$Q = \sum_{i=1}^{n} e_i^2 = \sum_{i=1}^{n} (y_i - \beta_0 - \beta_1 x_{i1} - \beta_2 x_{i2} \cdots - \beta_m x_{im})^2, \quad i = 1, 2, \cdots, n \quad (10.3.6)$$

达到最小，即

$$\bar{x}_j = \frac{1}{n} \sum_{i=1}^{n} x_{ij}, \quad j = 1, 2, \cdots, n \qquad (10.3.7)$$

$$\bar{y} = \frac{1}{n} \sum_{i=1}^{n} y_i \qquad (10.3.8)$$

$$S_{ij} = S_{ji} = \sum_{k=1}^{n} (x_{ki} - \bar{x}_i)(x_{kj} - \bar{x}_j), \quad i, j = 1, 2, \cdots, n \qquad (10.3.9)$$

$$S_{jy} = \sum_{i=1}^{n} (x_{ij} - \bar{x}_j)(y_i - \bar{y}), \quad j = 1, 2, \cdots, n \qquad (10.3.10)$$

由极值定理可知，$\beta_0, \beta_1, \beta_2 \cdots \beta_m$ 应满足方程

$$\frac{\partial Q}{\partial \beta_i} = 0, \quad i = 1, 2, \cdots, n \qquad (10.3.11)$$

整理并简化可得

$$\begin{cases} S_{11}\beta_1 + S_{12}\beta_2 + \cdots + S_{1m}\beta_m = S_{1y} \\ S_{21}\beta_1 + S_{22}\beta_2 + \cdots + S_{2m}\beta_m = S_{2y} \\ \qquad\qquad\qquad \vdots \\ S_{m1}\beta_1 + S_{m2}\beta_2 + \cdots + \beta_m S_{mn} = S_{my} \end{cases} \qquad (10.3.12)$$

$$\beta_0 = \hat{y} - \beta_1 \bar{x}_1 - \beta_2 \bar{x}_2 - \cdots - \beta_m \bar{x}_m \qquad (10.3.13)$$

式(10.3.12)为正规方程,从中可以解出 $\beta_1,\beta_2,\cdots,\beta_m$,再由式(10.3.13)求出 β_0,于是可得经验回归方程:

$$\hat{y}=\beta_0+\beta_1 x_1+\beta_2 x_2+\cdots+\beta_m x_m \tag{10.3.14}$$

在计算 S_{ij} 和 S_{jy} 时,经常采用下式简化:

$$S_{ij}=S_{ji}=\sum_{k=1}^{n}x_{ki}x_{kj}-\frac{1}{n}\Big(\sum_{k=1}^{n}x_{ki}\Big)\Big(\sum_{k=1}^{n}x_{kj}\Big),\quad i,j=1,2,\cdots,n \tag{10.3.15}$$

$$S_{jy}=\sum_{k=1}^{n}x_{kj}y_k-\frac{1}{n}\Big(\sum_{k=1}^{n}x_{kj}\Big)\Big(\sum_{k=1}^{n}y_k\Big),\quad i,j=1,2,\cdots,n \tag{10.3.16}$$

10.3.2　人工神经网络

人工神经网络(Artificial Neural Network,ANN),是 20 世纪 80 年代以来人工智能领域兴起的研究热点。它从信息处理角度对人脑神经元网络进行抽象,建立某种简单模型,按不同的连接方式组成不同的网络。神经网络是一种运算模型,由大量的节点(或称神经元)之间相互连接构成。每个节点代表一种特定的输出函数,称为激励函数(activation function)。每两个节点间的连接都代表一个对于通过该连接信号的加权值,称之为权重。网络的输出则依网络的连接方式,权重值和激励函数的不同而不同。

人工神经网络的核心成分是人工神经元,如图 10.3.1 所示。每个神经元接收来自其他几个神经元的输入,将它们乘以分配的权重,将它们相加,然后将总和传递给一个或多个神经元。一些人工神经元可能在将输出传递给下一个变量之前将激活函数应用于输出。

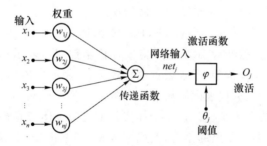

图 10.3.1　人工神经元的结构

人工神经网络由一个输入层和一个输出层组成,其中输入层从外部源(数据文件、图像、硬件传感器、麦克风等)接收数据,一个或多个隐藏层处理数据,输出层提供一个或多个数据点基于网络的功能。

神经网络的主要工作是建立模型和确定权值,一般有前向型和反馈型两种网络结构。通常神经网络的学习和训练需要一组输入数据和输出数据对,选择网络模型和传递、训练函数后,神经网络计算得到输出结果,根据实际输出和期望输出之间的误差进行权值的修正,在网络进行判断的时候就只有输入数据而没有预期的输出结果。神经网络一个重要的能力是其网络能通过它的神经元权值和阈值的不断调整从环境中进行学习,直到网络的输出误差达到预期的结果,就认为网络训练结束。

10.3.3　遗传算法

遗传算法(Genetic Algorithm,GA)是一种随机全局搜索优化方法,它模拟了自然选择和遗传中发生的复制、交叉和变异等现象,从任一初始种群出发,通过随机选择、交叉和变异操作,产生一群更适合环境的个体,使群体进化到搜索空间中越来越好的区域,这样一代一代不断繁衍进化,最后收敛到一群最适应环境的个体,从而求得问题的优质解。

由于遗传算法是由进化论和遗传学机理而产生的搜索算法,所以在这个算法中会用到一些生物遗传学知识,涉及的常用术语有:① 染色体:染色体又可称为基因型个体,一定数量的个体组成了群体,群体中个体的数量叫做群体大小;② 位串:个体的表示形式,对应于遗传学中的染色体;③ 基因:基因是染色体中的元素,用于表示个体的特征。例如有一个串(即染色体)S=1011,则其中的 1,0,1,1 这 4 个元素分别称为基因;④ 特征值:在用串表示整数时,基因的特征值与二进制数的权一致;例如在串 S=1011 中,基因位置 3 中的 1,它的基因特征值为 2;基因位置 1 中的 1,它的基因特征值为 8;⑤ 适应度:各个个体对环境的适应程度叫做适应度。为了体现染色体的适应能力,引入了对问题中的每一个染色体都能进行度量的函数,叫适应度函数。这个函数通常会被用来计算个体在群体中被使用的概率;⑥ 基因型:或称遗传型,是指基因组定义遗传特征和表现。对应 GA 中的位串;⑦ 表现型:生物体的基因型在特定环境下的表现特征。对应 GA 中的位串解码后的参数。

基本遗传算法(也称标准遗传算法或简单遗传算法,Simple Genetic Algorithm,简称 SGA)是一种群体型操作,该操作以群体中的所有个体为对象,只使用基本遗传算子(Genetic Operator):选择算子、交叉算子和变异算子,其遗传进化操作过程简单,容易理解,是其他一些遗传算法的基础,它不仅给各种遗传算法提供了一个基本框架,同时也具有一定的应用价值。选择、交叉和变异是遗传算法的 3 个主要操作算子,它们构成了遗传操作,使遗传算法具有了其他方法没有的特点。其表示方法如式(10.3.7)所示,

$$SGA=(C,E,P0,M,\phi,\Gamma,\psi,T) \tag{10.3.17}$$

其中,C 表示个体的编码方案,E 表示个体适应度评价函数,$P0$ 表示初始种群,M 表示种群大小,ϕ 表示选择算子,Γ 表示交叉算子,ψ 表示变异算子,T 表示遗传算法的终止条件。

遗传算法的执行过程是从代表问题可能潜在的解集的一个种群开始,而一个种群则由经过基因编码的一定数目的个体组成。每个个体实际上是染色体带有特征的实体。染色体作为遗传物质的主要载体,即多个基因的集合,其内部表现(即基因型)是某种基因组合,它决定了个体形状的外部表现,如黑头发的特征是由染色体中控制这一特征的某种基因组合决定的。因此,在一开始需要实现从表现型到基因型的映射即编码工作。由于仿照基因编码的工作很复杂,我们往往进行简化,如二进制编码。初代种群产生之后,按照适者生存和优胜劣汰的原理,逐代演化产生出越来越好的近似解。每一代都根据问题域中个体的适应度大小选择个体,并借助于自然遗传学的遗传算子进行组合交叉和变异,产生出代表新的解集的种群。这个过程将导致种群像自然进化一样,后代种群比前代种群更加适应当时环境,末代种群中的最优个体经过解码,可以作为问题的近似最优解。

10.4　智能传感器的通信

信息技术的三大任务是信息的采集、处理和传输,完成这三大任务的技术分别是传感器技术、计算机技术和网络通信技术,具有网络通信功能的智能传感器第一次综合运用这三大技术,将信息的采集、处理和传输统一起来。智能传感器是在传统传感器基础上加上处理单元

（微处理芯片），使传感器具有改善线性度、消除外界环境影响和提高精度的功能；更进一步具有自校正、自诊断等自我调节的功能。由于传感器智能化程度的不断提高，智能传感器通信技术就成为智能传感器发展的关键因素。

根据传感器通信方式的不同，可将智能传感器的发展分为以下几个阶段：在 20 世纪 70 年代，传感器信号在工业控制领域开始采用统一的二线制 4～20 mA 电流和 1～5 V 电压标准，这种点到点输出的测控系统，在目前工业控制领域仍然广泛使用。但是，它的最大缺点是布线复杂、抗干扰性差。20 世纪 80 年代初，随着智能传感器广泛应用，现场采集的信息量不断增加，传统的通信方式就成为智能传感器发展的"瓶颈"。在 DCS 控制系统中，数据通信标准 RS-232、RS-422、RS-485 等被广泛采用。但是智能传感器与控制设备之间仍然是采用传统的模拟电流或电压信号通信。20 世纪 80 年代末至 90 年代初，现场总线（Fieldbus）技术的推出，将智能传感器通信技术引进了一个新的阶段。现场总线的不断发展和基于现场总线通信协议的智能传感器的广泛使用，使智能传感器的通信技术进入局部测控网络阶段。现场总线下的局部测控网络通过网关和路由器可以实现与网络的相连，但是由于商业和技术两方面的原因，通信标准还没有统一。

综上所述，智能传感器的通信协议目前仍不统一，多种协议并存。目前应用比较多的是 HART（Highway Addressable Remote Transducer）协议、FF（Foundation Fieldbus）基金会现场总线协议、LonWorks 总线协议、PROFIBUS 总线协议、CAN 总线协议、以太网和无线网协议等。

10.4.1　现场总线通信

1. 现场总线的体系结构

根据 IEC/ISA 定义，现场总线是连接智能现场设备和自动化系统的数字式、双向传输、多分支的通信网络。它是用于过程自动化最底层的现场设备以及现场仪表的互连网络，是现场通信网络和控制系统的集成。

现场总线将当今网络通信与管理的概念代入控制领域，以 ISO 的 OSI 模型为基本框架，并根据实际需要进行体系结构系统的简化，主要包括物理层、数据链路层、应用层和用户层。物理层向上连接数据链路层，向下连接介质，规定了传输介质（双绞线、无线和光纤）、传输速率、传输距离、信号类型等。在发送期间，物理层编码并调制来自数据链路层的数据流；在接收期间，它用来自媒介的合适的控制信息将收到的数据信息解调和解码并送给链路层。数据链路层负责执行总线通信规则，处理差错检测、仲裁、调度等。应用层为最终用户的应用提供一个简单接口，它定义了如何读、写、解释和执行一条信息或命令。用户层实际上是一些数据或信息查询的应用软件，它规定了标准的功能块、对象字典和设备描述等一些应用程序，给用户一个直观简单的使用界面。

2. 智能传感器和现场总线

现场总线智能传感器是未来工业过程控制系统的主流仪表，它与现场总线组成现场总线控制系统（Fieldbus Control System，FCS）的两个重要部分，将对传统的控制系统结构和方法带来革命性的变化。但现场总线国际标准的制定却进展缓慢，现场总线标准不统一影响了现场总线智能传感器的应用。

从世界范围看,已流行的几种现场总线规范都有各自的优点和特色,很难统一到某一种现场总线标准上,原因是多方面的。首先是技术原因,现有的现场总线都具有各自的协议规范和行业标准,给统一设置了许多技术难题。其次是商业利益,各现场总线与其背后的开发公司息息相关,各企业为今后占有更多的市场份额,都希望在现场总线的国际标准中采用自己的技术。再次是组织原因,现场总线的标准化必须由一个统一的国际性组织来完成。然而,多年来,用户迫切需要现场总线有一个统一的国际标准,以实现现场设备的互操作性和互换性。在这种情况下,产生了 FF 基金会现场总线协议,FF 的宗旨就是开发一种统一的现场总线标准,并推动现场总线的应用。目前,FF 包括了世界上 95% 的仪表及控制系统制造商,已制定了低速 H1 标准(31.25 kb/s),高速 H2 标准正在制定中。现场总线统一标准的最终制定必将全面推进 FCS 的应用,使用户在实现控制策略和系统开发方面发生巨大的变化。

FCS 的关键是现场总线技术与现场总线智能传感器(现场总线智能仪表)。针对传感器智能化和网络化的发展趋势,下面以一种基于 PROFIBUS(Process Fieldbus)的网络化智能传感器为例,介绍该现场总线智能传感器的系统结构、硬件及软件的实现方法。

如图 10.4.1 所示,基于 PROFIBUS 的网络化智能传感器由传感单元、信号转换单元、微处理器单元和网络接口单元四部分组成。传感单元由敏感元件和调理电路组成。其中,敏感元件将被测信号转化成电信号,调理电路则完成模拟滤波、放大等信号预处理功能。信号转换单元包括 A/D、I/O 等单元,主要实现模拟量/数字量之间的转化、状态量的输入和控制量的输出等功能。微处理器单元是智能传感器的核心,主要完成信号数据的采集、处理(如数字滤波、非线性补偿、自诊断)和数据输出调度(包括数据通信和控制量本地输出)。网络接口单元是实现传感信息与网络无缝接入的关键。网络的种类很多,PROFIBUS 是一种国际化的、开放的、不依赖于设备生产商的现场总线标准,该标准在自动化和仪表等众多领域获得了广泛的支持和应用,并成为国际现场总线标准 IEC61158 的组成部分。PROFIBUS 总线协议标准实现网络接口有软件方式(将现场总线协议嵌入到 ROM 中)和硬件方式(直接使用总线协议芯片)两种方式。

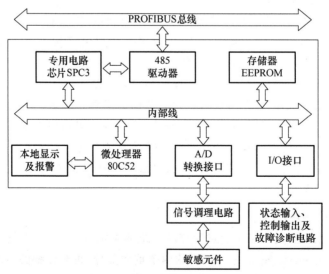

图 10.4.1　基于 PROFIBUS 的网络化智能传感器结构

3. 现场总线智能传感器面临的问题及改进方向

现场总线标准的不统一影响了总线式智能传感器的应用,由于各厂家通信协议标准的不同,存在着智能传感器的兼容和互换性问题。现有的现场总线智能传感器不管是采用何种通信协议,都不是统一的现场总线标准,因此现场传感器和控制系统之间的通信还是以模拟信号为主,其上叠加的数字信号由于传输速率低还不能充分发挥其作用。若完全采用数字通信,会带来诸如更换仪表等问题,给现场总线智能传感器的灵活应用带来障碍。如果现场总线标准不统一,不同生产厂家的产品一旦要实现互相连接,必然会采用网间连接器,不仅增加系统的成本,更重要的是由于数据存储和转发带来的迟滞,使网络的技术性能下降。

现场总线智能传感器与分散控制系统(DCS)不兼容。虽然智能传感器中的微处理器控制系统本身是数字式的,但传统控制系统乃至 DCS 均采用 $4\sim20$ mA 模拟信号作为传输标准。而 FCS 不能立即取代 DCS,在过渡期必然是 DCS 和 FCS 共存阶段,将来许多工厂企业会出现数字智能仪表与模拟仪表并存的局面,为了不使现有用户在 DCS 上投入的资金浪费,这就要考虑现场总线智能传感器与 DCS 兼容的问题,经过对现有 DCS 改造后应该能应用现场总线仪表。因此作为一种向数字标准的过渡,出现了 HART 协议。

HART 协议是一个开放性通信协议,采用频移键控(Frequency Shift Keying,FSK)技术。它基于 Bell202 通信标准。用两种频率 1 200 Hz 和 2 200 Hz 分别代表 1 和 0,因为过程的低幅正弦信号叠加在直流信号上,其平均值为 0,对 $4\sim20$ mA 模拟信号不产生影响,保留了传统的 $4\sim20$ mA 模拟信号,使数字信号和模拟信号能同时传输,互不干扰。现有的模拟信号仪表亦可在附加 HART 接口后继续使用。现在已经开发出了基于 HART 协议的 DCS 接口卡,使 DCS 初步具有 FCS 的功能。

现场总线智能传感器虽然在响应速度、精度、控制检测等方面得到一定的应用,但离真正的智能化还有一段距离,其集成度也有待继续提高。

(1) 智能化水平不高

现在的智能传感器只是利用微计算机进行数据处理,实现线性补偿、温度补偿及进行一些简单的判断和诊断,以增强功能,提高性能指标。这与人工智能行为还相差甚远,它不仅是数据处理层次上的低级智能,其学习能力和对外界环境的分析判断能力也远不及人工智能。智能传感器应该充分利用人工神经网络、人工智能、模糊理论、专家系统等技术,向接近或达到人类智能水平发展,具有完善的学习思维等功能,在实践中不断积累经验,以完成更复杂的任务。这就对软件设计、微机械加工技术等领域提出了更高的要求。

(2) 集成度低

目前实际应用的智能传感器产品有许多还是模块化、分离式结构。有的还仅仅是将敏感元件和电子线路紧凑地安装在同一外壳内组成的所谓混合智能传感器。集成化程度不高,则智能传感器无论在性能还是在体积、重量方面都还没有充分发挥其优势。今后要充分利用传感器技术、微电子技术和微机械加工技术,制造高集成度的智能传感器,使敏感功能、控制功能及存储记忆功能在一个芯片上同时实现。今后一段时期内,一方面要充分利用开发 HART 这种过渡性的协议作为先导,对现有的智能传感器进行改造,逐步实现 DCS 向 FCS 的过渡,为今后 FCS 完全取代 DCS 打下良好的基础。另一方面,要把工作的重点放在加强软件的设计、优化信号预处理算法、开发设计硬件电路及密切关注新型材料、新加工技术、新原理等问题上,为智能传感器本身的更高级发展提供技术上的保障。

现场总线智能传感器是未来传感器发展的主要方向,随着技术问题的解决,以及现场总线国际标准的统一,将会为现场总线智能传感器的应用带来很大的空间。在不久的将来,必将在石油化工、冶金、电力、机器人、制造业等各个领域得到广泛的应用。

10.4.2 以太网通信

以太网及 TCP/IP 通信技术在 IT 行业获得了很大的成功,以太网及 TCP/IP 技术逐步在自动化行业中得到应用并发展成为一种技术潮流。工业以太网和其他的现场总线技术相比具有速度快、价格低、协议规范,信息透明存取等特点,使以太网技术在自动化行业中得到了广泛的应用。

1. 基于工业以太网的测控系统体系结构

工业以太网是将以太网应用于工业控制和管理的局域网技术,形成工业以太网控制系统。工业以太网的网络基础设施有网络接口卡、中继器、集线器、交换机、网关、路由器、桥式路由器、网桥等,传统的控制系统在信息层大都采用以太网,而在控制层和设备层则采用不同的现场总线或其他专用网络。目前,以太网已经渗透到了控制层和设备层,开始成为现场控制网络中的一员,成为新一代的控制网络。

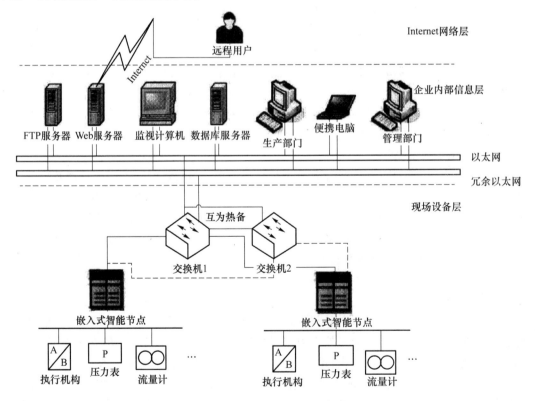

图 10.4.2 以太网测控系统体系结构

如图 10.4.2 所示,以太网技术应用于工业领域形成的工业以太网控制系统,从结构上大致可分为 3 层:现场设备层、企业内部信息层和 Internet 网络层。

① 现场设备层:现场设备可根据需要划分为若干控制区域,每个控制区域为一个子控制

系统,包括一个嵌入式智能节点以及各种仪器仪表、检测设备等。其中嵌入式智能节点采集底层现场数据,送到其微处理器进行运算,然后输出控制信号给执行机构。

② 企业内部信息层:此层是系统的主干网,采用冗余结构设计,可以提高系统的可靠性。此层包括企业的各个生产部门、管理部门等。工作人员通过监视计算机,利用通用浏览器软件对生产现场的生产控制、运行参数进行监测、报警和趋势分析等,并把位于监控之下的所有监控节点的数据集中在局域网服务器中统一管理和保存。

③ Internet 网络层:该层通过交换机、路由器连接企业各个局域网,完成信息的发布。远程授权用户可以通过 Internet 直观地看到现场的工作情况、生产计划完成情况和设备的工作状态等信息。

2. 基于以太网的网络化智能传感器

网络化智能传感器由传感模块、信号处理模块和以太网通信模块组成,如图 10.4.3 所示。

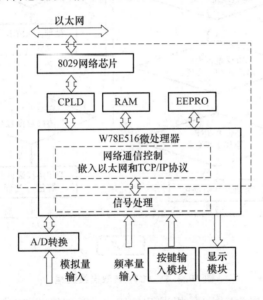

图 10.4.3　基于以太网的网络化智能传感器硬件

传感模块将各种物理量转换为电量,主要由具体的传感单元来实现,如温湿度传感单元、光敏传感单元及气敏传感单元等,其输出包括模拟量、数字量、开关量等。信号处理模块以微处理器为核心,主要完成 A/D 转换、数字信号处理(如数字滤波、非线性补偿、自诊断)和数据输出调度(选择数据远程输出还是本地输出等)。通信模块用来实现本地数据的远程传送及接收远程控制命令等。基于以太网的网络化智能传感器采用的是 TCP/IP 协议和以太网协议,它具有开放性、低成本、高速度、高可靠性等特点,而且联网方便,有众多的应用和开发软件。

3. 以太网智能传感器的数据打包与解包

综合考虑实现的方便性及设备的成本问题,可以采用软硬件结合的方式,即把以太网协议和 TCP/IP 协议写入到单片机中,用单片机驱动 8029 网络芯片,如图 10.4.3 所示。

微处理器是整个系统的核心。一方面,它要处理外部输入数据;另一方面,它既要实现TCP/IP 协议,即根据 IP 地址和端口把待发送的数据压缩成能直接在 Internet 传输的数据包送给网络芯片 8029 发送,又要根据 8029 芯片的逻辑时序,对 8029 进行控制,实现网络数据的发送和接收。网络接口设计的关键在于完成对待收发数据的解包打包及实现对 8029 芯片的控制,即 8029 驱动程序的编写。

将待发送的数据经过某种变换,使之符合某种网络协议,即称之为网络数据的打包;解包与打包过程相反。微处理器处理一次网络数据包的流程如图 10.4.4 所示。

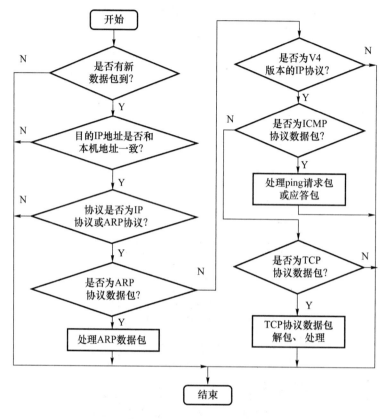

图 10.4.4　TCP/IP 数据线流程

TCP/IP 体系的最高层为应用层,相当于 OSI 的最高三层;TCP/UDP 协议层与 OSI 运输层相当;IP 协议层与 OSI 网络层相当。TCP/IP 体系中没有对最低的两层做出规定。具体应用到网络数据封装中的顺序如下:

① 在待发送数据前后加上 http 协议或 Telnet 等协议内容形成应用层数据包;

② 在应用层数据包前加上 TCP 或 UDP 协议对应的帧头形成 TCP 或 UDP 数据帧;

③ 在 TCP 或 UDP 数据帧前加上 IP 协议头形成 IP 数据帧;

④ 在 IP 数据帧前后加上 IEEE 802.3 局域网的 MAC 帧格式形成最后的网络数据包,将此数据包交给 8029 芯片发送。接收数据时的解包过程与打包过程刚好相反。

10.4.3　无线通信

1. 无线传感器网络结构

无线传感器网络是一项新兴的多学科交叉技术,将真实物理世界与虚拟信息世界融合在一起,成为沟通物理世界和信息世界的桥梁,也将改变人与自然交互的方式。无线传感器网络技术具有低成本、低功耗、多功能、快速自组织等优点,在各个领域都得到了广泛应用。2010 年,美国国家标准技术委员会将无线传感器网络中的 ZigBee 协议列为推荐的通信标准之一。2012 年,IEEE 发布了专用于智能配电网的 WSNs 技术标准 IEEE 802.15.4g。

　　无线传感器网络的典型结构如图 10.4.5 所示,通常包括传感器节点(Node)、汇聚节点(sink)和用户管理节点。大量的传感器节点部署在监测区域附近或内部,将采集到的数据沿着其他传感器节点逐跳进行传输,在数据传输过程中可能被多个节点处理,经过多跳以后汇集到汇聚节点或远方的 sink 节点,最后直接或通过其他通信方式到达用户管理节点。用户管理节点也可以反过来通过同样的方式下达配置和管理指令。目前,无线传感器网络在军事、医疗、工业等领域已经得到了广泛应用。

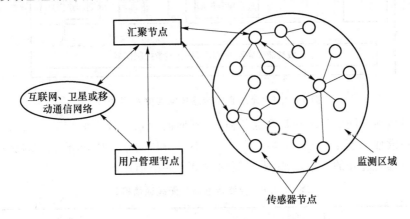

图 10.4.5　无线传感器网络结构

2. 无线智能传感器网络的跨层协作

　　无线传感器网络(WSNs)通信系统和有线通信网络相比,无线网络的状态是高度变化的,而网络的性能很大程度上取决于网络的状态。

　　影响 WSNs 整体通信性能的因素较多,比如网络层中的通信数据的种类、调度模型、路由策略,应用层数据的产生率,物理层数据的发送率(传输功率)、节点队列的长度,MAC 层信道节点的退避策略、发送数据的窗口尺寸,以及目标延时时间、冲撞率、网络数据的有效吞吐率等。

　　无线网络状态的变化会对多个协议层产生影响,因此,为了满足应用的需求,有必要在不同的通信协议层之间进行协作,以适应链路状态、网络拓扑和功率级别等网络状态的变化。根据应用层的实时性、可靠性要求来调整其他相关层的配置,能够提高无线传感器网络的应用效率。

　　图 10.4.6 所示为无线智能传感器网络跨层协作示意图,可以通过动态调整物理层功率来调整数据发送的速度,在保证数据稳定传输的基础上,减少对其他节点的干扰;动态调整 MAC 层的竞争参数和信道检测时间以及链路预测模型参数,保证系统优先传输高优先级别数据,同时也可为网络层的路由决策提供更加准确的链路信息以便路由策略的调整;网络层不仅要完成节点队列数据的排序,同时还需要根据 MAC 层的信息来选择路由策略。当网络饱和或发生拥塞时,可以通过调整应用层节点数据的发送率来调整网络层的通信状态。

3. 智能传感器的无线通信接口

　　智能传感器的一大特点就是能够通过各种接口实现与外部网络或系统的双向通信,并具备自识别、自描述、自组织等功能。目前,适用于智能传感器的通信接口种类繁多,为了优化产品之间的兼容性,规范我国智能传感器的研究和生产,促进产业的发展,有必要对智能传感器接口进行标准化。GB/T 34068—2017 标准对物联网智能传感器所使用的接口技术进行了规范,为智能传感器的接口设计提供了参考与指导。

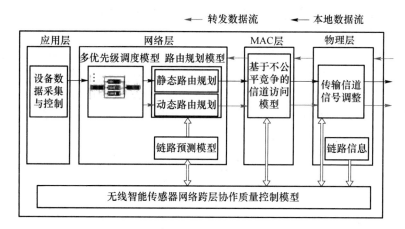

图 10.4.6 无线智能传感器网络的跨层协作

通信接口包括不同的物理接口及通信协议,不同的通信协议之间应基于协议网关达到互操作和数据一致性的要求。表 10.4.1 给出了 GB/T 34068－2017 标准规定的智能传感器无线接口协议及其应遵守的技术规范,限于篇幅这里不详细描述。

表 10.4.1 智能传感器的无线通信接口

序 号	接口协议	技术规范
1	ZigBee	ZigBee－2007
2	蓝牙	蓝牙核心规范 4.0 或其后续版本
3	无线局域网(WLAN)	IEEE 802.11
4	RFID	GB/T 29768
5	无线 HART	GB/T 29910.3～GB/T 29910.6
6	WIA-PA	GB/T 26790
7	ISA100	IEC 62734

10.5 智能传感器工程案例

图 10.5.1 所示为智能化差压传感器,由基本传感器、微处理器和现场通信器组成。传感器采用硅压阻力敏元件。它是一个多功能器件,即在同一单晶硅芯片上扩散有可测差压、静压和温度的多功能传感器。该传感器输出的差压、静压和温度三个信号,经前置放大、A/D 变换,送入微处理器中。其中静压和温度信号用于对差压进行补偿,经过补偿处理后的差压数字信号再经 D/A 变成 4～20 mA 的标准信号输出;也可经由数字接口直接输出数字信号。

该智能传感器指标的特点是:

① 量程比高,可达到 400∶1;

② 精度较高,在其满量程内优于 0.1%;

③ 具有远程诊断功能,如在控制室内就可断定是哪一部分发生了故障;

④ 具有远程设置功能,在控制室内可设定量程比,选择线性输出还是平方根输出,调整阻

尼时间和零点设置等；

　　⑤ 在现场通信器上可调整智能传感器的流程位置、编号和测压范围；

　　⑥ 具有数字补偿功能，可有效地对非线性特性、温度误差等进行补偿。

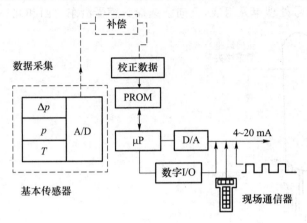

图 10.5.1　智能化差压传感器

　　图 10.5.2 所示为智能化硅电容式集成差压传感器，由两部分组成，即硅电容传感器单元和它的信号处理单元。微硅电容传感器的外形尺寸为 9 mm×9 mm×7 mm。传感器的感压硅膜片由硅微电子集成工艺技术（如等离子刻蚀等工艺）制成。其满量程偏移量仅有 4 μm。微硅电容传感器的工作原理、结构特点和信号变换等可参考第 5 章内容。信号处理单元各部分的功能直接表明在图中，在此不赘述。

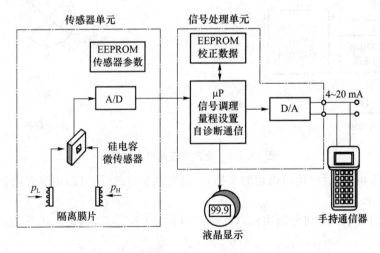

图 10.5.2　智能化硅电容式集成差压传感器

10.6　航空工程案例——智能传感器

1. 全向空速智能传感器航空工程应用案例

由空速测量理论可知：所在方向的空速与相应的压差、气体密度和温度密切相关，同时也与被测空速的范围有关。因此,基于智能传感器的设计思路,构成全向空速传感系统不仅是可行的,也是必要的。

图 10.6.1 所示为用于飞机上测量风速、风向的智能化全向空速传感器。该传感器由固态全向空速探头及其信号处理单元组成,全向空速探头感受沿东—西和北—南轴向的风速。

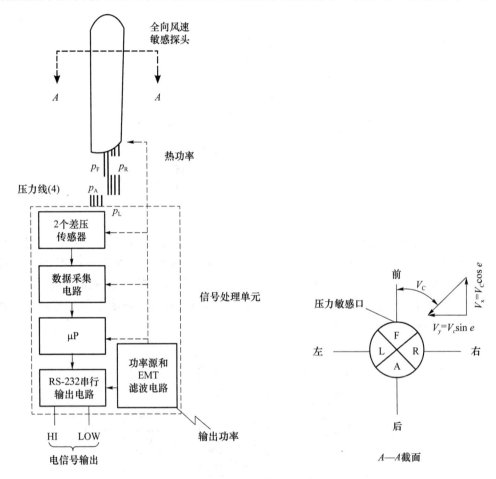

图 10.6.1　全向空速智能传感器

定义 x 轴为由前、后感压口确定的方向;y 轴为由左、右感压口确定的方向。前、后、左、右分别用 F,A,L,R 表示。

合成风速的大小和方向分别由式(10.6.1)和式(10.6.2)确定,即合风速为

$$V_C = \sqrt{V_x^2 + V_y^2} \tag{10.6.1}$$

风向角为

$$\theta = \arctan \frac{V_y}{V_x} \tag{10.6.2}$$

式中:V_x,V_y 为沿 x 轴和 y 轴的风速(m/s)。

它们可以描述为

$$\left. \begin{array}{l} V_x = f(p_F - p_A, \rho_a, T_t) \\ V_y = f(p_L - p_R, \rho_a, T_t) \end{array} \right\} \tag{10.6.3}$$

式中:$f(\cdot)$——空速解算函数;

p_F,p_A——全向空速探头感受前向和后向的压力(Pa);

p_L,p_R——全向空速探头感受左向和右向的压力(Pa);

ρ_a——测量位置处的空气密度(kg/m^3);

T_t——测量位置处的总温(K)。

信号处理单元中含有两个差压传感器,敏感东—西和北—南风速形成的压差,经数据采集电路送至微处理器解算处理后,经所需接口(如串行 RS-232)输出。

全向空速传感器系统是现代飞机上不可缺少的重要监测设备,它为飞机提供不可预测的风速、风向和瞬间的风切变信息,以确保飞机的安全飞行和着陆,对于那些在舰艇上起飞和降落的飞机尤为重要。全向空速智能传感器系统为全向空速的快速、精确测量提供了技术保证。

2. 智能化结构传感器在航空工程中应用案例系统

图 10.6.2 所示为智能化结构传感器系统在先进飞机上应用。现代飞机和空间飞行器的结构更多地采用复合材料已成为发展趋势。更引人瞩目的是,在复合材料内埋入分布式光纤传感器(或阵列),就像植入人工神经元一样,构成智能化结构件;光纤传感器既是结构件的组成部分,又是结构件的监测部分。所以,这种智能化结构是一种具有自我监测功能的构件。设法把埋入在结构中的分布式光纤传感器(或阵列)和机内设备(特别是计算机)联网,便构成智能传感器系统。它们可以连续地对结构应力、振动、温度、声、加速度和结构的完好性等多种状态实施监测和处理,成为飞机的健康监测系统。它们具体可实现如下主要功能:

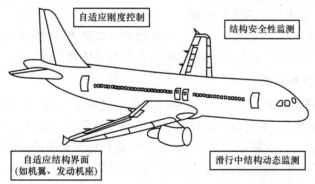

(a) 民用飞机上的智能传感器

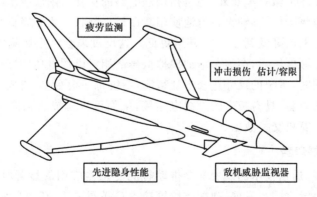

(b) 军品飞机上的智能传感器

图 10.6.2 智能传感器系统在先进飞机上应用

① 提供飞行前完好性和适航性状态报告；
② 监视飞行载荷和环境，并能快速作出响应；
③ 飞行过程中结构完好性故障或异常告警；
④ 具有自适应能力；
⑤ 能适时合理地安排飞行后的维护与检修。

10.7　智能传感与检测的发展前景

传感器的智能化程度主要体现在敏感元件、运算元件以及通信接口三个方面，敏感元件是传感器的基础，运算元件的核心是微处理器，通信接口则依托通讯技术的发展，这三项技术的进步必将促进传感器智能程度增强，并且进一步降低系统成本。下面就详细介绍这三个方面的发展情况。

1. 敏感元件的发展趋势

传感器敏感技术是智能传感技术的核心技术，新的敏感激励的发现和应用，给智能传感技术带来的变革都是革命化的，提高传感器的灵敏度，甚至突破无法检测和难以检测参数的技术瓶颈。随着信息技术的发展，尺寸更小、功耗更低、精度更高的传感器必将层出不穷。例如微射流领域微升甚至是纳升级检测已被成功应用于喷墨打印机以及便携式血液检验设备等装置，实现了压力和温度精确地测量和控制，这一技术将得到检测结果的时间从几天缩短到只需几分钟，传感器技术突破带来的优势显著。

未来传感器会朝着新的物理敏感机理、小型化和灵敏度更高的方向发展，纳米技术等新技术的发展将拓展传感器的应用范围，并促进研发出新型传感器。

2. 微处理器的发展趋势

嵌入式微处理器系统将向着低功耗和微型化的方向发展。超低功耗是便携式或者远程应用中电池寿命的关键因素，同时减小功耗还能降低自发热能耗。很多数字器件的功耗以及发热都与时钟速率成正比。时钟速率翻倍在使系统的运行速度翻倍的同时也会使芯片的功耗翻倍，这为我们提供了一种降低功耗的方法。当芯片的某部分无需工作时，可以关闭或者降低芯片的时钟频率，这样就能显著地降低功耗。

智能传感器的功耗除了微处理器外，还包括调理电路的功耗。随着技术的发展，传感器信号的调理电路的功耗也将降低，移动设备电池使用寿命越来越长。为了降低系统功耗，芯片设计师不得不将芯片供电电压降低到 3.3 V，甚至更低。这反过来会严重影响系统，特别是模拟信号链的性能。降低电源电压后，会显著增加模拟信号链相对电源电压跨度噪声。

处理器微型化的同时，系统的尺寸还会更加精简，系统也还会更小，集成化的程度会更高，发展成一种完全自给的设备，具有板上的无线电连接，从而可以构成通信网络，并与网络内的其他智能传感器或者计算机交换数据。

3. 通信技术的发展趋势

通信技术飞速发展，通信技术的发展又会推动智能传感器应用的显著增长。智能传感器与因特网的连接技术也随之同步发展，智能传感器接入互联网之前，必须为所有设备设定网络地址和通信的带宽，才能有效地通过互联网系统传递信息。

　　无线通信是通信技术发展的趋势,在很多情况下不仅系统可以"剪断连线",还将剪断电源线,低功耗的 ZigBee 协议就是其中的典型代表,适合于低数据传输速率的应用,在单电池供电条件下工作数年。在这些应用中,通信的间隔和频率都有所限制,以便降低功耗。而其他协议,比如流行的用于无线局域网(LAN)的 802.11 x 协议,则支持连续通信,并且可以用于像实时监视和控制的应用中(当然还有为临时中断所做的准备)。ZigBee 和 802.11 x 协议在地理范围上都有所限制。而另一个极端的情况则是无线通信,它采用了蜂窝调制解调器或者其他能够连接全球设备的技术。随着通信技术的发展,无线通信技术的应用会愈加宽广,它的基础设备成本更低,安装更方便,可用性更好。

　　有线和无线网络的安全是一个重要的问题,要特别关注如何保证互联设备的网络不被非法监视甚至篡改,这个问题对于智能传感器系统来说和商业机密一样重要。特别是,必须防止用于控制生产的敏感信号出现讹误或被"窥探",从而防止被人破坏生产或者收集有用的信息。

　　随着智能传感器技术的发展,将有更多的传感器系统集成在一个芯片上(或多片模块上),其中包括微传感器、微处理器和微执行器,它们构成一个闭环工作的微系统。传感器数字接口更便捷与计算机控制系统相连,通过智能控制算法,可对基本微传感器部分提供更好的校正与补偿。智能传感器将具有更强大的功能、更高的精度和可靠性。

　　智能传感器代表着传感技术未来发展的大趋势,这已是世界仪器仪表界共同瞩目的研究内容。伴随着微机械加工工艺与微处理器技术的大力发展,智能传感器必将不断地被赋予新的内涵与功能,推动测控技术的飞速发展。

习题与思考题

10.1　什么是智能传感器?

10.2　相对于一般传感器,智能传感器具有哪些新功能?

10.3　智能传感器的核心技术包括哪些?

10.4　智能传感器为什么会用到程控放大器?

10.5　智能传感器有哪些常见通信协议?

10.6　简述智能传感器网络安全的重要性。

10.7　智能传感器硬件设计和软件设计需要考虑哪些问题?

10.8　智能传感器常用的智能算法有哪些?

10.9　智能传感器在航空航天和工业生产中有哪些典型应用?请举例说明。

参考文献

[1] 樊尚春,周浩敏.信号与测试技术[M].北京:北京航空航天大学出版社,2002.

[2] 周杏鹏.传感器与检测技术[M].北京:清华大学出版社,2010.

[3] 王伯雄,王雪,陈非凡.工程测试技术[M].北京:清华大学出版社,2006.

[4] 董永贵.传感技术与系统[M].北京:清华大学出版社,2006.

[5] 程鹏.自动控制原理[M].北京:北京航空航天大学出版社,1989.

[6] 余瑞芬.传感器原理[M].2版.北京:航空工业出版社,1995.

[7] 王超,苟学科,段英,等.航空发动机涡轮叶片温度测量综述[J].红外与毫米波学报,
2018,37(4):501-512.

[8] 彭建,白庆雪.航空发动机燃烧室温度测量[J].燃气涡轮试验与研究,2000(2):50-52.

[9] 李富亮,雷勇.航空发动机全流程参数试验中温度和压力测量综述[J].机械设计与制造,
2010(3):255-256.

[10] 张加迅,王虹,孙家林.热敏电阻在航天器上的应用分析[J].中国空间科学技术,2004(6):
57-62.

[11] 赵成,华红艳.航空蓄电池运行参数监测系统设计[J].电子技术应用,2013,39(4):
58-61.

[12] 马卉,赵海峰.航天器用蓄电池充电控制技术的研究与探索[J].电源技术,2009,33(6):
519-522.

[13] 佚名.TE 为 NASA 木星探测器"朱诺"号提供负温度系数(NTC)热敏电阻,用于磁强
计温度测量[EB/OL].(2019-12-12)[2023-7-10].https://www.sekorm.com/news/
80703442.html.

[14] 王许琳,赵忠.一种新空速概念及计算方法[J].测控技术,2015,34(6):13-16.

[15] 张建军.拖锥:飞机空速校准的法宝[J].大飞机,2017(9):81-82.

[16] 王峰,阳丽,刘会玲.飞机发动机燃油流量试验方法研究[J].中国科技信息,2009(14):
41-42.

[17] 佚名.涡轮流量计在航空发动机试验燃油流量测量滞后[EB/OL].(2018-5-22)[2023-7-
10].http://www.jshuayun.cn/wolunzilia/1429.html.

[18] 杜乔,姜文,李春景.超声波流量计在飞机燃油流量测试中的应用研究[J].计算机测量
与控制,2017,25(05):53-55.

[19] 郝振海,黄圣国.高精度气压高度表的研制[J].南京航空航天大学学报,2009,41(1):
134-138.

[20] 畅世聪,李建英.气压高度表及其校准方法[J].气象水文海洋仪器,2002(2):36-39.

[21] 李国星,黄如昌.RVDT 传感器在飞机舵面偏度测量中的应用[J].中国科技信息,2017
(8):22-23.

[22] 易坚,陈勇,董新民,等.多操纵面交叉耦合的 SQP 控制分配策略[J].系统工程与电子
技术,2016,38(11):2617-2623.

［23］ 黎玮,白雪,易芳.飞机舵面参数测试校准系统的设计与实现［J］.国外电子测量技术, 2019,38(5):138-141.

［24］ 杨超,宋晨,吴志刚,等.多控制面飞机的全机颤振主动抑制设计［J］.航空学报,2010,31 (8):1501-1508.

［25］ 唐炜,史忠科.飞机颤振模态参数的频域子空间辨识［J］.航空学报,2007(5): 1175-1180.

［26］ 卢晓东,霍幸莉,梁海州.民用飞机颤振试飞技术研究［J］.航空工程进展,2014,5(1): 80-84.

［27］ 张春蔚,曹磊.飞机主动颤振抑制技术的发展研究［C］//中国航空学会控制与应用第十 二届学术年会论文集,2006:162-166.

［28］ 郭栋,李朝富.反操纵负载力矩对电动舵机性能的影响分析［J］.航空兵器,2014(2): 9-11.

［29］ 刘超,何平,王猛,等.基于数字滤波技术的舵机摩擦力矩在线检测［J］.微处理机,2014, 35(5):56-58,62.

［30］ 李运华,焦宗夏,王占林.舵机力矩负载模拟器的混合控制方法研究［J］.航空学报,1998 (S1):61-65.